"十二五"普通高等教育本科国家级规划教材

高校土木工程专业指导委员会规划推荐教材

（经典精品系列教材）

岩土工程测试与监测技术

（第二版）

南京工业大学　　宰金珉　　王旭东　　徐洪钟　　主编

中国矿业大学　　贺永年　　杨维好　　主审

中国建筑工业出版社

图书在版编目（CIP）数据

岩土工程测试与监测技术/宰金珉，王旭东，徐洪钟
主编．—2版．—北京：中国建筑工业出版社，2016.3
"十二五"普通高等教育本科国家级规划教材．高校
土木工程专业指导委员会规划推荐教材（经典精品系列
教材）
ISBN 978-7-112-19186-4

Ⅰ.①岩⋯　Ⅱ.①宰⋯②王⋯③徐⋯　Ⅲ.①岩土
工程－测试－高等学校－教材②岩土工程－监测－高
等学校－教材　Ⅳ.①TU4

中国版本图书馆 CIP 数据核字(2016)第 036573 号

"十二五"普通高等教育本科国家级规划教材
高校土木工程专业指导委员会规划推荐教材
（经典精品系列教材）

岩土工程测试与监测技术
（第二版）

南京工业大学　宰金珉　王旭东　徐洪钟　主编
中国矿业大学　贺永年　杨维好　主审

*

中国建筑工业出版社出版、发行（北京西郊百万庄）
各地新华书店、建筑书店经销
北京红光制版公司制版
北京建筑工业印刷厂印刷

*

开本：787×960毫米　1/16　印张：18　字数：373千字
2016年8月第二版　　2019年6月第十五次印刷
定价：**35.00**元
ISBN 978-7-112-19186-4
(28456)

版权所有　翻印必究
如有印装质量问题，可寄本社退换
（邮政编码 100037）

本书为"十二五"普通高等教育本科国家级规划教材，是在第一版基础上根据近年我国岩土工程测试与监测领域新的标准、规范以及作者的教学、科研实践修订而成的。

岩土工程的测试、检测与监测是从事岩土工程勘察、设计、施工和监理的工作者必须掌握的基本知识，同时也是从事岩土工程理论研究所必须具备的基本手段。本书主要内容包括：绪论、测试技术基础知识、岩土的原位测试技术、地基加固的检验与检测、桩基础的测试与检测、基坑工程监测、地下工程的监测和监控、边坡工程监测等。

本书可作为土木工程、岩土工程、勘察技术与工程等专业本科生和研究生的教材，也可供相关专业技术人员在从事工程勘察、设计、施工和监理等工作时参考。

＊　　＊　　＊

责任编辑：吉万旺　王　跃

责任校对：赵　颖　关　健

出 版 说 明

　　1998 年教育部颁布普通高等学校本科专业目录，将原建筑工程、交通土建工程等多个专业合并为土木工程专业。为适应大土木的教学需要，高等学校土木工程学科专业指导委员会编制出版了《高等学校土木工程专业本科教育培养目标和培养方案及课程教学大纲》，并组织我国土木工程专业教育领域的优秀专家编写了《高校土木工程专业指导委员会规划推荐教材》。该系列教材 2002 年起陆续出版，共 40 余册，十余年来多次修订，在土木工程专业教学中起到了积极的指导作用。

　　本系列教材从宽口径、大土木的概念出发，根据教育部有关高等教育土木工程专业课程设置的教学要求编写，经过多年的建设和发展，逐步形成了自己的特色。本系列教材投入使用之后，学生、教师以及教育和行业行政主管部门对教材给予了很高评价。本系列教材曾被教育部评为面向 21 世纪课程教材，其中大多数曾被评为普通高等教育"十一五"国家级规划教材和普通高等教育土建学科专业"十五"、"十一五"、"十二五"规划教材，并有 11 种入选教育部普通高等教育精品教材。2012 年，本系列教材全部入选第一批"十二五"普通高等教育本科国家级规划教材。

　　2011 年，高等学校土木工程学科专业指导委员会根据国家教育行政主管部门的要求以及新时期我国土木工程专业教学现状，编制了《高等学校土木工程本科指导性专业规范》。在此基础上，高等学校土木工程学科专业指导委员会及时规划出版了高等学校土木工程本科指导性专业规范配套教材。为区分两套教材，特在原系列教材丛书名《高校土木工程专业指导委员会规划推荐教材》后加上经典精品系列教材。各位主编将根据教育部《关于印发第一批"十二五"普通高等教育本科国家级规划教材书目的通知》要求，及时对教材进行修订完善，补充反映土木工程学科及行业发展的最新知识和技术内容，与时俱进。

高等学校土木工程学科专业指导委员会

中国建筑工业出版社

第 二 版 前 言

《岩土工程测试与监测技术》第一版出版于 2008 年，并被列为《"十二五"普通高等教育本科国家级规划教材》。近年来，光纤传感技术等测试与监测新技术、新方法在岩土工程监测领域发挥着重要的作用，国家新颁布或修订了有关的规范、标准。因此，需要对《岩土工程测试与监测技术》教材进行修订，同时也尽可能地反映岩土工程测试与监测技术发展的成果。

本教材在第一版的基础上，依据我国最新颁布的国家标准如《建筑地基基础设计规范》GB 50007—2011、《建筑基坑工程监测技术规范》GB 50497—2009，行业标准如《建筑基坑支护技术规程》JGJ 120—2012 等规范进行了修订和编写，对第一版中的印刷错误予以更正。第 2 章增加了光纤光栅传感器的原理。

修订工作基本上由原书各章的编者分工负责。全书由王旭东和徐洪钟统稿。

限于编者的水平，在修订过程中难免仍有不足之处，恳请广大读者批评指正，以便改进。

编者

2016 年 7 月

第 一 版 前 言

随着现代化建设事业的飞速发展，各类土建工程日新月异，重型厂房、高层建筑、重大的水电枢纽、艰险的铁路、桥梁和隧洞，以及为了向海洋寻找资源、向地下争取空间而进行的各种开发性工程等，都与它们所赖以存在的岩土地层有着极为密切的关系。各类工程的成功与否，在很大程度上取决于岩土体能否提供足够的承载能力，保证建筑物不产生影响其安全、正常使用的过大或不均匀沉降，以及水平位移、稳定性或各种形式的岩土应力作用。为了保证各类工程及周围环境安全，确保工程的顺利进行，必须进行岩土测试、检测和监测。岩土测试技术以岩土力学理论为指导法则，以工程实践为服务对象，而岩土力学理论又是以岩土测试技术为实验依据和发展背景的。不论设计理论与方法如何先进、合理，如果测试技术落后，则设计计算所依据的岩土参数无法准确测求，不仅岩土工程设计的先进性无从体现，而且岩土工程的质量与精度也难以保证。所以，测试技术是从根本上保证岩土工程设计的准确性、代表性以及经济性的重要手段。在整个岩土工程中它与理论计算和施工检验是相辅相成的。

岩土工程的测试、检测与监测是从事岩土工程勘察、设计、施工和监理的工作者所必需的基本知识，同时也是从事岩土工程理论研究所必须具备的基本手段。因此，对土木工程专业学生而言，岩土工程检测和测试技术是一门必须掌握的专业基础课程。

本书讲义在南京工业大学岩土工程、勘察技术与工程等专业本科生、研究生中试用多年，其间曾作过几次修订。

本书编写分工如下：第1章由汪中卫编写，第2章由徐洪钟编写，第3章由袁灿勤编写，第4章由李俊才编写，第5章由黄广龙编写，第6章由王旭东编写，第7章由陈新民编写，第8章由蒋刚编写。全书由宰金珉、王旭东和徐洪钟组撰与统稿。

中国矿业大学贺永年、杨为好教授对本书的初稿进行了详细的审阅，提出了许多宝贵的修改意见和建议，在此表示衷心的感谢！

本书在编辑出版过程中，得到了中国建筑工业出版社的大力帮助和支持，在此也表示感谢！

限于编者水平，书中难免有不足之处，恳请读者批评指正。

编者
2008 年 4 月

目　　录

第1章 绪 论

1.1 本课程的目的和意义

岩土工程是利用土力学、岩体力学及工程地质学的理论与方法，为研究各类土建工程中涉及岩土体的利用、整治和改造问题而进行的系统工作。

随着现代化建设事业的飞速发展，各类土建工程日新月异，重型厂房、高层建筑、重大的水利枢纽、艰险的铁路、桥梁和隧洞，以及为了向海洋寻找资源、向地下争取空间而进行的各种开发性工程等，都与它们所赖以存在的岩土地层有着极为密切的关系。各类工程的成功与否，在很大程度上取决于岩土体能否提供足够的承载能力，保证建筑物不产生影响其安全、正常使用的过大或不均匀的沉降，以及水平位移、稳定性或各种形式的岩土应力作用。为了解决建筑地基、斜坡路基、堤坝挡墙、铁路桥隧、地下建筑、岸边支挡、近海工程、场地抗震、地震区划、地热开发、地下蓄能以及国土开发和环境保护等各类工程的岩土工程问题，在岩土工程方面，提出了一系列新的理论和新的设计方法。例如，根据岩土特性，针对工程特点，可以设计相应的应力—应变本构关系，给定数值计算模型，以便准确掌握岩土体在工程运营期间的性状，预估其长期效果和影响。这可以说是岩土力学新理论的极大贡献。

然而新的岩土力学理论要变为工程现实，如果没有相应的测试手段，则是不可能的。因为，不论设计理论与方法如何先进、合理，如果测试技术落后，则设计计算所依据的岩土参数无法准确测求，不仅岩土工程设计的先进性无从体现，而且岩土工程的质量与精度也难以保证。所以，测试技术是从根本上保证岩土工程设计的精确性、代表性以及经济合理性的重要手段。在整个岩土工程中它与理论计算和施工检验是相辅相成的。

试验工作在岩土工程当中占有非常重要的位置，它不仅是学科理论研究与发展的基础，而且也为岩土工程设计所必需。岩土工程在设计和施工前，必须进行相应的岩土体的室内试验或原位测试，以便为岩土工程师提供最基本的设计数据。由于试验水平和试验条件的局限性，以及很多岩土工程地质条件、荷载条件和施工条件的复杂性，用现有的试验指标和岩土力学理论很难定量计算其强度、稳定性和变形量。为了保证工程的质量和施工的安全性，现在国内外有经验的岩土工程师都非常重视岩土工程的现场检测和监测，其目的在于能够有效控制现场施工质量；同时对由于施工引起的岩土体的位移、应力以及周边环境进行相应的跟踪监测，通过现场反馈信息及时对现场施工方法进行调整或及时进行设计变更，以确保施工安全和保护周边环境。此外，也为今后类似的岩土工程的设计和施工提供经验数据。

因此，岩土工程的测试、检测与监测是从事岩土工程工作的人员所必需的基本知识，同时也是从事岩土工程理论研究所必须掌握的基本手段。所以，对土木工程专业学生而言，这是一门必须掌握的专业基础课程。

1.2   本课程在岩土工程中的地位与作用

岩土体是一种古老而又普通的建筑材料，可作为房屋、水坝、道路、港口码头、隧道等各类建筑物的天然地基和周边介质。地基基础及地下结构形式的确定主要取决于岩土体的具体工程性质。对特定的岩土工程问题，首先进行岩土工程勘察与土工试验，以提供进行岩土工程设计所必需的计算参数；然后利用土力学的理论和相应的工程规范进行具体的岩土工程设计。岩土力学在一定意义上讲就是一门试验力学，试验是土力学发展的基础。借用传统的弹塑性力学理论并通过试验研究加以调整和改造，从而产生岩土体的强度理论和本构模型，并进而逐渐形成现代土力学理论。从计算分析的角度而言，通过勘察、室内试验和原型试验手段测定岩土体的工程性质指标仍是岩土工程当中的一个关键问题。

由于岩土体是天然的产物，不同于钢材等人工制成的材料，在其沉淀及分化过程中受到地质构造、应力状态、应力历史等多种不确定的物理化学因素的影响，因此其力学性质复杂多变，具有很强的不确定性和变异性；由于勘察与试验结果存在着一定的不确定性，在岩土工程施工过程中还必须通过现场监测与检测，以确保岩土工程的安全性。同时通过监测数据进行岩土工程的反演分析，可以验证工程设计的合理性和进一步改进工程设计。

岩土工程测试技术不仅在工程实践中十分重要，而且在学科理论的研究与发展中也起着决定性作用。例如，K. Terzaghi 在 19 世纪 20 年代就创立了土的一维固结理论，对于主固结过程作出了数学解析，同时还提出次固结（次时间效应）的概念性论述。但是，由于当时的测试手段跟不上，所以他始终没有对次固结过程进行过具体的分析，甚至在试验中无法准确划分主、次固结的界限。然而，到了 19 世纪 70 年代，人们开始在土样内实际监测固结过程中的孔隙水压力变化，尤其是在等梯度固结试验等仪器及方法提出之后，才开始能够真正划分二者的界限，从而为建立完整的固结理论提供了有效手段。又如，众所周知的土的非线性应力—应变关系及应力路径描述，是使岩土工程性状分析工作上升到本征性新水平的重要标志，但它也是来源于试验的理论成果，如果没有三轴有效应力测试仪器的产生，就不可能有应力路径的描述和控制设计。如果我们再追溯到早期的达西定律、摩尔—库伦强度理论等旧有的土力学理论，几乎都是基于试验测试的结果。所以，岩土测试技术在工程实践中是以岩土力学理论为指导法则和服务对象的，而岩土力学理论又是以岩土测试技术为实验依据和发展背景的。这就是岩土工程监测和测试在生产实践和科学实验中的地位和作用。

监测与检测的重要性主要体现在三个方面：

（1）保证工程的施工质量和安全，提高工程效益。要做到这一点，各项监测与检测工作必须在充分了解工程总体情况（勘察成果、设计意图、施工组织计划）前提下有针对性地进行。在此基础上，合理安排监测与检测的重点及其在空间和时间上的布局，选择恰当的方法，及时提出阶段性的分析和最后的成果，使工程师们能够尽可能定量地了解和把握工程的进程、所处的状态、质量情况和出现的问题，确定修正设计或施工方案的必要性，甚至在紧急状态下采取应急措施，力争使工程达到质量、进度、安全、效益相统一的最佳效果。

（2）在岩土工程服务于工程建设的全过程中，现场监测与检测是一个重要的环节，可以使工程师们对上部结构与下部岩土地基共同作用的性状及施工和建筑物运营过程的认识在理论和实践上更加完善，便于总结工作经验和形成新的认识。

（3）依据监测结果，利用反演分析的方法，求出能使理论分析与实测基本一致的工程参数。在现代岩土力学中，有人将这种方法称为室内试验和原位测试以外的第三种试验方法。这种通过现场监测，反求力学参数的方法，正越来越多地受到人们的重视。

1.3　岩土工程测试、检测及监测技术简介

随着生产的发展，各类土木工程如雨后春笋般涌现，并向着高、深、大的方向发展，而岩土工程测试技术是从根本上保证岩土工程勘察、设计、治理、监理的准确性、可靠性以及经济合理性的重要手段，因此，岩土体工程特性的准确测试更显得重要。

为解决各类复杂的岩土工程问题，出现了许多新理论和新设计方法，而岩土工程理论是以岩土测试技术和相应的实验依据作为发展背景的。如果没有新的测试技术的相应发展，设计所依据的各项参数就无法测得，设计的结果也无从验证，故而岩土工程理论、设计的先进性也无法体现。因此岩土工程测试不仅在土木工程实践中非常重要，而且在岩土工程学科理论发展中也起着关键作用。

岩土工程测试包括室内土工试验、岩体力学试验、原位测试、原型试验和现场监测等，在整个岩土工程中占有特殊而重要的地位。

1. 室内土工试验

目前，土工试验大致可分为观察判别试验、物理性质试验、化学性质试验和力学性质试验等。

2. 岩体力学试验

岩体力学试验主要任务是进行常规力学指标测试和岩体变形与破坏机理的分析与研究。

3. 原位测试

有些岩土工程由于地质条件复杂或者结构条件与荷载条件复杂，难以用理论计算方法对土体的应力—应变的变化作出准确的预计，也难以在室内模拟现场地层条件和现场荷载条件进行试验。这时，可以通过原位试验为设计提供可靠的依据。原位测试就是在岩土工程施工现场，在基本保持被测试岩土体（或加固体）的结构、含水量以及应力状态不变的条件下测定其基本物理力学性能。岩土原位测试又可以分为两种，一种是作为获取设计参数的原位试验，另一种则是作为提供施工控制和反演分析参数的原位检测。

原位测试的独特优点在于：

（1）避开了取土样的困难，可以测定难以采取不扰动试样的土层（如砂土、贝壳层、流动淤泥等）的有关工程性质；

（2）在原位应力条件下进行试验，避免采样过程中应力释放的影响；

（3）试验的岩土体体积较大，代表性强；

（4）工作效率较高，可大大缩短勘探试验的周期。

原位测试尽管有着诸多优点，但也有其不足之处：

（1）各种原位测试都有其针对性和适用条件，如使用不当则会影响结果的准确性和合理性；

（2）原位测试所得参数与土的工程性质间的关系往往是建立在统计关系上；

（3）影响原位测试成果的因素较为复杂（如周围的应力场、排水条件和施工过程对测试环境的干扰等），使得对测定值的准确判定造成一定的困难；

（4）原位测试中的主应力方向与实际岩土工程问题中多变的主应力方向往往并不一致。

因此，岩土的室内试验与原位测试，两者各有其独到之处，在全面研究岩土的各项性状中，两者不能偏废，而应相辅相成。至于工程物探，与原位测试方法的关系十分密切，有些检测工作本身就是应用物探方法进行的。物探测试技术主要有层析成像（CT）技术、电磁波透视、浅层地震、地质雷达、声呐剖面、瞬变电磁法等。

4. 原型试验

原型试验以实际地下结构物为对象在现场地质条件下按设计荷载条件进行试验，其试验结果具有直观、可靠等优点，主要有桩基试验、锚杆试验等。通过原型试验可以进一步验证工程勘察结果和设计结果的正确性与可靠性。

5. 现场监测

现场监测就是以实际工程作为对象，在施工期及工后期对整个岩土体和地下结构以及周围环境，于事先设定的点位上，按设定的时间间隔进行应力和变形现场观测。岩土工程监测的目的是：

(1) 检验岩土工程施工质量是否满足岩土工程设计和有关规程、规范的要求；

(2) 指导岩土工程的施工方法、流程和施工进度，通过岩土工程监测反馈分析岩土工程设计与施工是否合理，并为后续设计与施工方案提供优化意见；

(3) 检测岩土工程施工对环境的影响，验证岩土工程施工防护措施的效果；

(4) 及时发现和预报岩土工程施工过程中所出现的异常情况、防止岩土工程施工事故，保障岩土工程施工安全；

(5) 提供定量的岩土工程质量事故鉴定依据；

(6) 为建（构）筑物的竣工验收提供所需的监测资料。

现场监测工作主要包括三个方面的内容：

(1) 对岩土所受到的施工作用、各类荷载的大小以及在这些荷载作用下岩土反应性状的监测。比如，岩土体与结构物之间接触压力的量测、地下结构的变形与内力量测、岩土体中的应力量测、岩土体深处其内部变形与位移的监测以及孔隙水压力的量测等。

(2) 对建设中或运营中结构物的监测。对建筑物的沉降观测就是一个最常见的例子，除此之外，还包括对基坑开挖支护结构的监测等。

(3) 监测岩土工程在施工及运营过程中对周围环境的影响。包括基坑开挖和人工降水对邻近结构与设施的影响。

工程中一些现场监测项目和方法见表 1-1 所示。

建筑物与岩土体的现场监测　　　　　　　　　　表 1-1

监测项目		方　　法
地表位移、沉降观测	短距离测量	岩体表面收敛测量、滑坡记录仪等
	长距离测量	光学仪器测量等
岩体内部的变形观测		钻孔伸长仪、钻孔温度计等
土体内部的变形观测		测斜仪、伸长仪、分层沉降观测仪等
建筑物与岩土体间接触压力的测量		压力盒、钢筋应力计等
岩体应力测量	间接测量	钻孔变形计、钻孔应变计、钻孔包体式应力计
	直接测量	水压破裂法测量、液压枕等
土体应力测量		压力盒
孔压测量		测压管、孔隙水压力计

1.4　岩土工程测试与检测技术的现状与展望

近年来，各类建设工程的不断开展，给岩土工程领域带来了巨大活力，同时也提出了更高的要求。新技术、新设备，包括 GPS 等在内的高技术的注入，大大促进了岩土工程检测与测试水平的提高，为岩土工程领域的不断扩展打下了坚实的基础。岩土工程检测与测试始终贯穿于岩土工程勘察、设计、施工、监测的全过程。岩土工程勘察，在解决与工程有关的岩土工程问题，查明不良工程地质现象，提出解决存在问题的方法；利用获得的检测、测试数据合理确定岩土参数；科学准确地作出结论等方面发挥了巨大的作用。岩土工程测试要求技术人员责任心强，它直接关系岩土工程参数提取是否准确与合理。但由于各种原因，在岩土工程测试工作的开展中还存在一些非技术性的不足之处，例如还存在下列情况：

（1）手段单一。岩土工程测试是获得岩土工程科学参数的主要手段。针对不同的岩土工程项目，应采用不同的测试方法，以得到合理的岩土工程参数。如果无视工程复杂程度与否，仅用单一简单方法，难免得到不合实际的结论。

（2）结果缺乏科学合理的解释。岩土工程测试是一项技术性强，责任心强的严肃性工作。如果在重要环节使用非专业人员或人员的素质与训练不够，则结果的科学性与合理性得不到保证。

（3）管理制度不健全。管理制度不健全是阻碍岩土测试及岩土工程领域发展的根本所在。如果无论工程大小与复杂程度，也不管所需的设备是否满足要求，只从经济效益出发，跨越资质、等级，低水平操作是管理失效的主要表现。

（4）人员培训不及时。我国岩土工程领域的快速发展，对岩土工程检测与测试提出了更高的要求，测试新技术的应用被普遍重视，对人员的培训考核显得尤为重要。

充分利用岩土工程检测、测试技术，是保证岩土工程质量的根本保证，是推进岩土工程领域不断扩展的基石。通过对以上几个方面存在问题的回顾，有必要采取以下几方面措施：

（1）首先应建立健全行业管理制度，严肃行业纪律，提高参与岩土工程领域工作人员的素质，确保这一行业向着规范化发展。

（2）增强对从事岩土工程工作的单位考核与管理，应特别注意人员培训与考核、设备保有率与完好率和适应行业发展的能力。

（3）为确保岩土工程质量，应加强对岩土工程各个环节的控制，增强对检测、测试环节的阶段验收和最终评判。

今后，岩土工程测试将在如下几方面得到发展：

（1）取样技术的标准化。实践证明，室内试验仍是不可缺少的技术手段，岩土的一些基础数据，如粒度成分、密度、含水量、可塑性等指标，只能通过室内试验测定。测定土的力学性状时，室内试验可根据需要，控制应力、应变及排水条件，而原位测试很难做到；室内测定的指标，其物理力学意义是明确的，而有些原位测试得到的指标，没有明确的物理力学意义。既然室内试验不能废弃，取样技术问题就不能回避。

（2）新仪器新方法的开发。由于试验方法在很大程度上影响着岩土力学理论的发展，结合有关高技术产业，广泛吸收现代计算机技术、同位素示踪技术、光电子技术、卫星测量技术、电、磁场测试技术、声波测试技术、遥感测试技术以及传感器技术的最新成就，开发出功能强、精度高、速度快、抗干扰、智能化程度高的高精度试验仪器（如高精度局部位移传感器和压力传感器）。高精度测试仪器的出现将使得测试结果的可靠性、可重复性方面得到很大的提高，最终将导致岩土工程方面测试结果在可信度方面的大大改进。地下结构表面的土压力测试等传统测试难题等变得简单而可靠，室内室外试验所得到的试验数据更具有现实的工程意义。

（3）工程地球物理探测。工程物探在我国已有 50 多年历史，早期主要引用传统的物探方法，如地面直流电法、电测井等，方法单一，多解性强，误差很大，效果不理想。近年来，国内外应用各种物探原理（弹性波、声波、电压磁波、应力波等）开发了一批性能很强的专用仪器，如波速仪、探地雷达、管线探测仪、打桩分析仪等，这些仪器具有精度高、抗干扰能力强等优点，而且能适应各种岩土工程的需要。因此各种物探的新技术和新方法将会有很强的生命力，是今后发展的一个重要方向。

（4）现场测试、室内试验、理论预测和数值反分析及其再预测的有机结合与循环。室内试验是基础，并由此做出工程行为理论预测；现场实时监控与测试能提供对预测作出重要的修正，并经反分析得到按既有理论得出符合实际工程反应所需的参数值，从而进行再预测。这种循环高速、定时的进行是现场综合测控的重要方法，远程自动控制与实施是测控的革命性进展。

第2章　测试技术基础知识

2.1　测试的一般知识

在科学技术高度发达的现代社会中，人类已进入瞬息万变的信息时代，人们在从事工业生产和科学实验等活动中，主要依靠对信息资源的开发、获取、传输和处理。传感器处于研究对象与测控系统的接口位置，是感知、获取与检测信息的窗口。一切科学实验和生产过程，特别是自动检测和自动控制系统所获取的信息，都要通过传感器转换为容易传输与处理的电信号。

在岩土工程实践中提出监测和检测的任务是正确及时地掌握各种信息。大多数情况下是要获取被测对象信息的大小，即被测试的值大小。这样，信息采集的主要含义就是测试、取得测试数据。

"测试系统"这一概念是传感技术发展到一定阶段的产物。在工程中，需要有传感器与多台仪表组合在一起，才能完成信号的检测，这样便形成了测试系统。尤其是随着计算机技术及信息处理技术的发展，测试系统所涉及的内容也不断得以充实。

为了更好地掌握传感器，需要对测试的基本概念、测试系统等方面的理论及工程方法进行学习和研究，只有了解和掌握了这些基本理论，才能更有效地完成监测任务。

2.1.1　测　　试

测试是以确定量值为目的的一系列操作。所以测试也就是将被测试值与同种性质的标准量进行比较，确定被测试值对标准量的倍数。它可由下式表示：

$$x = nu \tag{2-1}$$

或

$$n = \frac{x}{u} \tag{2-2}$$

式中　x——被测试值；

　　　u——标准量，即测试单位；

　　　n——比值（纯数），含有测试误差。

由测试所获得的被测的量值叫测试结果。测试结果可用一定的数值表示，也可以用一条曲线或某种图形表示。但无论其表现形式如何，测试结果应包括两部分：比值和测试单位。确切地讲，测试结果还应包括误差部分。

被测试值和比值等都是测试过程的信息，这些信息依托于物质才能在空间和时间上进行传递。参数承载了信息而成为信号。选择其中适当的参数作为测试信号，例如热电偶温度传感器的工作参数是热电偶的电势。测试过程就是传感器从被测对象获取被测试的信息，建立起测试信号，经过变换、传输、处理，从而获得被测试的量值。

2.1.2　测 试 系 统 构 成

测试系统是传感器与测试仪表、变换装置等的有机组合。图 2-1 所示为测试系统原理结构框图。

图 2-1　测试系统原理结构框图

系统中的传感器是感受被测试的大小并输出相对应的可用输出信号的器件或装置。

数据传输环节用来传输数据。当测试系统的几个功能环节独立地分隔开的时候，则必须由一个地方向另一个地方传输数据，数据传输环节就是能够完成这种传输功能的环节。

数据处理环节是将传感器输出信号进行处理和变换。如对信号进行放大、运算、线性化、数-模或模-数转换，变成另一种参数的信号或变成某种标准化的统一信号等，使其输出信号便于显示、记录，既可用于自动控制系统，也可与计算机系统联接，以便对测试信号进行信息处理。

数据显示环节将被测试信息变成人感官能接受的形式，以完成监视、控制或分析的目的。测试结果可以采用模拟显示，也可采用数字显示，也可以由记录装置进行自动记录或由打印机将数据打印出来。

2.2　传感器的基本特性

传感器是指能感受规定的物理量，并按一定规律转换成可用输入信号的器件或装置。

传感器通常由敏感元件、转换元件和测试电路三部分组成。

（1）敏感元件是指能直接感受（或响应）被测量的部分，即将被测量通过传感器的敏感元件转换成与被测量有确定关系的非电量或其他量。

（2）转换元件则将上述非电量转换成电参量。

（3）测量电路的作用是将转换元件输入的电参量经过处理转换成电压、电流或频率等可测电量，以便进行显示、记录、控制和处理的部分。

可通过两个基本特性即传感器的静态特性和动态特性来表征一个传感器性能的优劣。

所谓静态特性，是指当被测量的各个值处于稳定状态（静态测量之下）时，传感器的输出值与输入值之间关系的数学表达式、曲线或数表。当一个传感器制成后，可用实际特性反映它在当时使用条件下实际具有的静态特性。借助实验的方法确定传感器静态特性的过程称为静态校准。校准得到的静态特性称为校准特性。在校准使用了规范的程序和仪器后，工程上常将获得的校准曲线看作该传感器的实际特性。

所谓动态特性，是指当被测量随时间变化时，传感器的输出值与输入值之间关系的数学表达式、曲线或数表。

2.2.1   传感器的静态特性参数指标

根据标定曲线便可以分析测试系统的静态特性。描述测试系统静态特性的参数主要有灵敏度、线性度（直线度）、回程误差（迟滞性）。

1. 线性度（非线性误差）

理想的传感器输出与输入呈线性关系。然而，实际的传感器即使在量程范围内，输出与输入的线性关系严格来说也是不成立的，总存在一定的非线性。线性度是评价非线性程度的参数。其定义为：传感器的输出-输入校准曲线与理论拟合直线之间的最大偏差与传感器满量程输出之比，称为该传感器的线性度或非线性误差。通常用相对误差表示其大小：

$$e_f = \pm \frac{\Delta_{max}}{Y_{FS}} \times 100\% \tag{2-3}$$

式中 e_f——非线性误差（线性度）；

Δ_{max}——校准曲线与理想拟合直线间的最大偏差；

Y_{FS}——传感器满量程输出平均值，如图 2-2 所示。

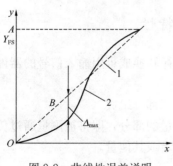

图 2-2   非线性误差说明
1—拟合直线；2—校准曲线

非线性误差大小是以一拟合直线或理想直线作为基准直线计算出来的，基准直线不同，所得出的线性度就不一样。因而不能笼统地提线性度或非线性误差，必须说明其所依据的基准直线。按照所依据的基准直线的不同，有理论线性度、端垂线性度、独立线性度、最小二乘法线性度等。最常用的是最小二乘法线性度。

2. 灵敏度

灵敏度是指稳态时传感器输出量 y 和输入

量 x 之比，或输出量 y 的增量和输入量 x 的增量之比，如图 2-3 所示，用 S 表示为

$$S = \Delta Y/\Delta X \qquad (2\text{-}4)$$

3. 分辨率

传感器能检测到的最小输入增量称分辨率，在输入零点附近的分辨率称为阈值。

4. 测量范围和量程

在允许误差限内，被测量值的下限到上限之间的范围称为测量范围。

5. 迟滞

输入逐渐增加到某一值与输入逐渐减小到同一输入值时的输出值不相等，叫迟滞现象。迟滞差（回程误差）表示这种不相等的程度。如图 2-4 所示，对于同一输入值所得到的两个输出值之间的最大差值 $h_{\max}$ 与量程 A 的比值的百分率，即

$$\delta_{\mathrm{h}} = \frac{h_{\max}}{A} \times 100\% \qquad (2\text{-}5)$$

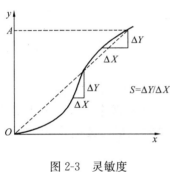

图 2-3　灵敏度

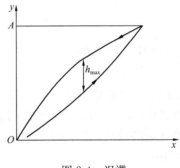

图 2-4　迟滞

6. 重复性

传感器在同一条件下，被测输入量按同一方向作全量程连续多次重复测量时，所得输出—输入曲线的不一致程度，称重复性。

7. 零漂和温漂

传感器在无输入或输入为另一值时，每隔一定时间，其输出值偏离原始值的最大偏差与满量程的百分比为零漂。而温度每升高 1℃，传感器输出值的最大偏差与满量程的百分比，称为温漂。

2.2.2　传感器的动态特性

当测量某些随时间变化的参数时，只考虑传感器的静态性能指标是不够的，还要注意其动态性能指标。只有这样，才能使检测、控制比较正确、可靠。

实际被测量随时间变化的形式可能是各种各样的，所以研究动态特性时，通

常根据正弦变化与阶跃变化两种标准输入来考察传感器的响应特性。传感器的动态特性分析和动态标定都以这两种标准输入状态为依据。对于任一传感器，只要输入量是时间的函数，则其输出量也应是时间的函数。

为了便于分析和处理传感器的动态特性，同样需建立数学模型，用数学中的逻辑推理和运算方法来研究传感器的动态响应。对于线性系统的动态响应研究，最广泛使用的数学模型是普通线性常系数微分方程。只要对微分方程求解，就可得到动态性能指标。这方面的详细论述可参阅有关文献。

2.3　常用传感器的类型和工作原理

传感器一般可按被测量的物理量、变换原理和能量转换方式分类，按变换原理分类如：电阻式、电容式、差动变压器式、光电式等，这种分类易于从原理上识别传感器的变换特性，对每一类传感器应配用的测量电路也基本相同。按被测量的物理量分类如：位移传感器、压力传感器、速度传感器。下面讲述常用传感器的原理。

2.3.1　差动电阻式传感器

该传感器是美国加州大学卡尔逊教授研制的，又习惯被称为卡尔逊式仪器。

其内腔由两根弹性钢丝作为传感元件，受力后一根受拉、一根受压。当受环境量变化作用时，两者的电阻值向相反方向变化，通过两个元件的电阻值比值，测出物理量的数值。当钢丝受到拉力作用而产生弹性变形，其变形与电阻变化之间有如下关系式：

$$\Delta R/R = \lambda \Delta L/L \tag{2-6}$$

式中　ΔR——钢丝电阻变化量；

　　　R——钢丝电阻；

　　　λ——钢丝电阻应变灵敏系数；

　　　ΔL——钢丝变形增量；

　　　L——钢丝长度。

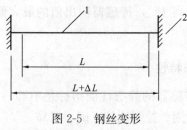

图 2-5　钢丝变形

1—钢丝；2—钢丝固定点

由图 2-5 可见仪器的钢丝长度的变化和钢丝的电阻变化呈线性关系，测定电阻变化（利用式 2-6）可求得仪器承受的变形。钢丝还有一个特性，当钢丝感受不太大的温度改变时，钢丝电阻随其温度变化之间有如下近似的线性关系：

$$R_T = R_0(1 + \alpha T) \tag{2-7}$$

式中 R_T——温度为 T℃ 的钢丝电阻；

$\quad\quad R_0$——温度为 0℃ 的钢丝电阻；

$\quad\quad \alpha$——电阻温度系数，在一定范围内为常数；

$\quad\quad T$——钢丝温度。

只要测定了仪器内部钢丝的电阻值，用式（2-7）就可以计算出仪器所在环境的温度。

差动电阻式传感器基于上述两个原理，利用弹性钢丝在力的作用和温度变化下的特性设计而成，把经过预拉长度相等的两根钢丝用特定方式固定在两根方形断面的铁杆上，钢丝电阻分别为 R_1 和 R_2，因为钢丝设计长度相等，R_1 和 R_2 近似相等，如图 2-6 所示。

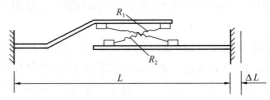

图 2-6 差动电阻式仪器原理

当仪器受到外界的拉压而变形时，两根钢丝的电阻产生差动的变化，一根钢丝受拉，其电阻增加，另一根钢丝受压，其电阻减少，两根钢丝的串联电阻不变而电阻比 R_1/R_2 发生变化，测量两根钢丝电阻的比值，就可以求得仪器的变形或应力。

当温度改变时，引起两根钢丝的电阻变化是同方向的，温度升高时，两根钢丝的电阻都减少。测定两根钢丝的串联电阻，就可求得仪器测点位置的温度。

差动电阻式传感器的读数装置是电阻比电桥（惠斯通型），电桥内有一可以调节的可变电阻 R，还有两个串联在一起的 50Ω 固定电阻 $M/2$，其测试原理见图 2-7，将仪器接入电桥，仪器钢丝电阻 R_1 和 R_2 就和电桥中可变电阻 R，以及固定电阻 M 构成电桥电路。

图 2-7（a）是测试仪器电阻比的线路，调节 R 使电桥平衡，则

$$R/M = R_1/R_2 \tag{2-8}$$

因为 $M=100Ω$，故由电桥测出之 R 值是 R_1 和 R_2 之比的 100 倍，$R/100$ 即为电阻比。电桥上电阻比最小读数为 0.01%。

图 2-7（b）是测试串联电阻时，利用上述电桥接成的另一电路，调节 R 达到平衡时则

$$(M/2)/R = (M/2)/(R_1 + R_2) \tag{2-9}$$

简化式（2-9）得

$$R = (R_1 + R_2) \tag{2-10}$$

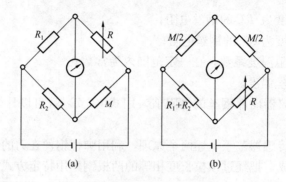

图 2-7　电桥测试原理

　　这时从可变电阻 R 读出的电阻值就是仪器的钢丝总电阻，从而求得仪器所在测点的温度。

　　综上所述，差动电阻式仪器以一组差动的电阻 R_1 和 R_2，与电阻比电桥形成桥路从而测出电阻比和电阻值两个参数，来计算出仪器所承受的应力和测点的温度。

　　图 2-8 为差动式应变计结构示意图，对于差动式电阻应变计，其应变值的计算式为

$$\varepsilon = f(Z-Z_0) + ba(R-R_0) \tag{2-11}$$

式中　Z——测试时的电阻比（R_1/R_2）；

　　　Z_0——初始条件下的电阻比；

　　　R——测试时的总电阻值（R_1+R_2）；

　　　R_0——初始条件下的电阻值；

　　　f——应变计的灵敏度；

　　　b——应变计的温度补偿系数；

　　　a——应变计的温度系数。

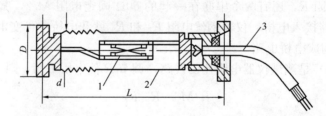

图 2-8　差动式应变计结构示意图
1—敏感元件；2—密封壳体；3—引出电缆

差动式应变计的特点是灵敏度较高、性能稳定、耐久性好。

2.3.2　钢弦频率式传感器

1. 钢弦频率式传感器原理

钢弦式传感器的敏感元件是一根金属丝弦（一般称为钢弦、振弦或简称"弦"）。常用高弹性弹簧钢、马氏不锈钢或钨钢制成，它与传感器受力部件连接固定，利用钢弦的自振频率与钢弦所受到的外加张力关系式测得各种物理量。由于它结构简单可靠，传感器的设计、制造、安装和调试都非常方便，而且在钢弦经过热处理之后其蠕变极小，零点稳定，因此倍受工程界青睐。近年来，钢弦频率式传感器在国内外发展较快，欧美已基本用其替代了其他类型的传感器。

钢弦式仪器是根据钢弦张紧力与谐振频率成单值函数关系设计而成的。由于钢弦的自振频率取决于它的长度、钢弦材料的密度和钢弦所受的内应力。其关系式为

$$f = \frac{1}{2L}\sqrt{\frac{\sigma}{\rho}} \qquad (2-12)$$

式中　f——钢弦振动频率；

　　　L——钢弦长度；

　　　ρ——钢弦的密度；

　　　σ——钢弦所受的张拉应力。

以压力盒为例，钢弦上产生的张拉应力由外来压力 P 引起，则

$$f^2 - f_0^2 = KP \qquad (2-13)$$

式中　f——压力盒受压后钢弦的频率；

　　　f_0——压力盒未受压时钢弦的频率；

　　　K——压力计率定常数（kPa/Hz^2）；

　　　P——压力盒底部薄膜所受的压力。

从式（2-13）可以看出钢弦的张力与自振频率的平方差呈直线关系。

2. 钢弦传感器的种类

钢弦式传感器有钢弦式应变计、钢弦式土压力盒、钢筋应力计等。图 2-9 为钢筋应力计的构造图。

图 2-10 为单膜式和双膜式土压力盒的构造图。土压力计在一定压力作用下，

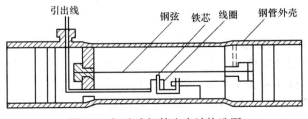

图 2-9　钢弦式钢筋应力计构造图

其传感面（即薄膜）向上微微鼓起，引起钢弦伸长，钢弦在未受压力时具有一定的初始频率，当拉紧以后，它的频率就会提高。作用在薄膜上的压力不同，钢弦被拉紧的程度不一样，测量得到的频率也因此发生差异。可根据测到的不同频率来推算出作用在薄膜上的压力大小，即为土压力值。

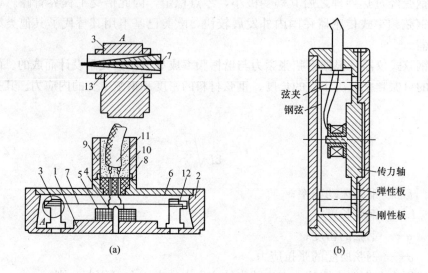

图 2-10   单膜式和双膜式土压力盒的构造图

(a) 单膜式；(b) 双膜式

1—承压板；2—底座；3—钢弦夹；4—铁芯；5—电磁线圈；6—封盖；7—钢弦；

8—塞；9—引线管；10—防水涂料；11—电缆；12—钢弦架；13—拉紧固定螺栓

图 2-11 为钢弦式位移计的构造图。

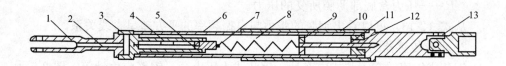

图 2-11   钢弦式位移计的构造图

1—拉杆接头；2—电缆孔；3—钢弦支架；4—电磁线圈；5—钢弦；6—防水波纹管；

7—传动弹簧；8—内保护筒；9—导向环；10—外保护筒；11—位移传动杆；12—密

封圈；13—万向节（或铰）

钢弦式传感器所测定的参数主要是钢弦的自振频率，常用专用的钢弦频率计测定，也可用周期测定仪测周期，二者互为倒数。在专用频率计中加一个平方电路或程序也可直接显示频率平方。图 2-12 所示是钢弦式测试系统。

钢弦式传感器不受接触电阻、外界电磁场影响，性能较稳定，耐久性能好，是岩土工程中比较理想的测试手段。

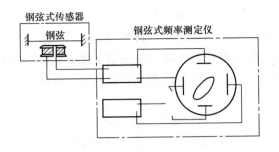

图 2-12 钢弦式测试系统

2.3.3 电感式传感器

电感式传感器是根据电磁感应原理，利用线圈电感的变化来实现非电量电测。它是把被测量如位移、振动、压力、应变、流量、相对密度等，转换为电感量变化的一种装置。按照转换方式的不同，常分为自感式（包括可变磁阻式与涡流式）和互感式（差动变压器式）两种。

1. 自感式电感传感器

图 2-13 是自感式电感传感器原理图。电感式传感器构造形式多种多样，但基本包括线圈、铁芯和活动衔铁 3 个部分。衔铁和铁芯之间有空气隙 δ。当衔铁移动时，磁路中气隙的磁阻发生变化，从而引起线圈电感 L 的变化，这种电感的变化与衔铁位置即气隙大小相对应。因此，只要能测出这种电感量的变化，就能判定衔铁位移量的大小。电感式传感器就是基于这个原理设计制作的。

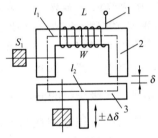

图 2-13 自感式电感
传感器原理图
1—线圈；2—铁芯；3—活动衔铁

根据磁路的基本知识，设电感传感器的线圈匝数为 W，则线圈的电感量 L 为

$$L = W^2/R_M = W^2/(R_f + R_\delta) \tag{2-14}$$

$$R_\delta = 2\delta/(\mu_0 S) \tag{2-15}$$

式中　　R_f——铁芯磁阻；

　　　　R_δ——空气隙磁阻，由式（2-15）计算；

　　　　δ——气隙长度（m）；

　　　　S——气隙截面积（m^2）；

　　　　μ_0——空气导磁率。

由于电感传感器用的导磁材料一般都工作在非饱和状态下，铁芯的导磁率远大于空气的导磁率，因此，铁芯磁阻 R_f 和空气隙磁阻 R_δ 相比是非常小的，常常可以忽略不计。这样把式（2-15）代入式（2-14）便得下式：

$$L = W^2/R_\delta = W^2 \mu_0 S/2\delta \qquad (2\text{-}16)$$

式（2-16）就是电感传感器的基本特性公式。线圈匝数 W 确定，只要改变气隙长度 δ 或改变气隙截面积 S 都能使电感量变化，从而形成相应的单磁路电感传感器：改变气隙长度的，就可用来测量位移；改变气隙截面积，就可用来测量角位移。

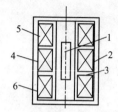

图 2-14　螺管形差动变压器式电感传感器
1—活动衔铁；2—导磁外壳；3—骨架；4—匝数为 W_1 的初级绕组；5—匝数为 W_{2a} 的次级绕组；6—匝数为 W_{2b} 的次级绕组

2. 互感式电感传感器

把被测的非电量的变化转换为线圈互感变化的传感器称为互感式传感器。因为这种传感器是根据变压器的基本原理制成的，并且其次级绕组都用差动形式连接，所以又叫差动变压器式传感器，简称差动变压器。

互感型电感传感器是利用互感 M 的变化来反映被测量的变化。这种传感器实质上是一个输出电压可变的变压器。当变压器初级线圈输入稳定交流电压后，次级线圈便会有感应电压输出，该电压随被测量的变化而变化。

差动变压器式电感传感器是常用的互感型传感器，其结构形式有多种：变隙式、变面积式和螺线管式。螺管形差动变压器式电感传感器如图 2-14 所示。

差动变压器就是基于这种原理制成的：以三节式差动变压器为例，将两个匝数相等的次级绕组的同名端反向串联，当初级绕组 W_1 加以激磁电压 $\dot{U}_1$ 时，根据变压器的作用原理在两个次级绕组 W_{2a} 和 W_{2b} 中就会产生感应电势 $\dot{E}_{2a}$ 和 $\dot{E}_{2b}$。如果工艺上保证变压器结构完全对称，则当活动衔铁处于初始平衡位置时，有

$$\dot{E}_{2a} = \dot{E}_{2b} \quad \dot{U}_2 = \dot{E}_{2a} - \dot{E}_{2b} = 0 \qquad (2\text{-}17)$$

当活动衔铁向某一个次级线圈方向移动时，则该次级线圈内磁通增大，使其感应电势增加，差动变压器有输出电压，其数值反映了活动衔铁的位移。

差动变压器式传感器的优点是：测量精度高，可达 $0.1\mu m$；线性范围大，可到 $\pm 100mm$；稳定性好，使用方便。因而被广泛应用于直线位移或可能转换为位移变化的压力、重量等参数的测量。

2.3.4　电阻应变片式传感器

电阻式传感器的基本原理是将被测物理量的变化转换成电阻值的变化，再经相应的测量电路和装置显示或记录被测量值的变化。按其工作原理可分为变阻器式（电位器式）、电阻应变式和固态压阻式传感器三种。电阻应变片传感器应用特别广泛。

电阻应变片传感器是利用金属的电阻应变片将机械构件上应变的变化转换为电阻变化的传感元件。

1. 金属的电阻应变效应

金属导体在外力作用下发生机械变形时，其电阻值随着它所受机械变形（伸长或缩短）的变化而发生变化的现象，称为金属的电阻应变效应。

若一根金属丝的长度为 l，截面积为 S，电阻率为 ρ（图 2-15），其未受力时的电阻为

$$R = \rho l / S \tag{2-18}$$

式中 R——电阻值（Ω）；

ρ——电阻率（$\Omega \cdot mm^2/m$）；

l——电阻丝长度（m）；

S——电阻丝截面积（mm^2）。

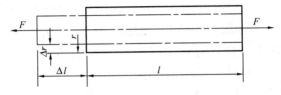

图 2-15 金属的电阻应变效应

设金属丝沿轴向方向受拉力而变形，其长度变化 dl，截面积 S 变化 dS，半径 r 变化 dr，电阻率 ρ 变化 $d\rho$，因而将引起 R 变化 dR，将式（2-18）微分可得：

$$dR/R = (dl/l) - (dS/S) + (d\rho/\rho) \tag{2-19}$$

令 $dl/l = \varepsilon$，为电阻丝轴向相对伸长即轴向应变，而 dr/r 为电阻丝径向相对伸长即径向应变，两者的比例系数即为泊松系数 μ，负号表示方向相反。

$$dr/r = -\mu(dl/l) = -\mu\varepsilon \tag{2-20}$$

又因为 $dS/S = 2(dr/r)$，代入式（2-19）并经整理后得：

$$dR/R = \left[(1 + 2\mu) + \frac{d\rho/\rho}{\varepsilon}\right]\varepsilon \tag{2-21}$$

$$K_0 = \frac{dR/R}{\varepsilon} = (1 + 2\mu) + \frac{d\rho/\rho}{\varepsilon} \tag{2-22}$$

K_0 称为金属材料的应变灵敏系数，其物理意义为单位应变所引起的电阻相对变化。金属材料的应变灵敏系数受两个因素的影响：一个是受力后材料的几何尺寸的变化，即 $(1 + 2\mu)$；另一个是受力后材料的电阻率的变化，即 $(d\rho/\rho)/\varepsilon$。对于金属材料来说，以前者为主，$K_0 = (1 + 2\mu)$。大量实验证明，在电阻丝拉伸的比例极限内，电阻的相对变化与应变是成正比的，即 K_0 为一常数，因此式（2-22）可用下式表示：

$$dR/R = K_0\varepsilon \tag{2-23}$$

K_0 依靠实验求得，通常金属电阻丝的 $K_0 = 1.7 \sim 3.6$。

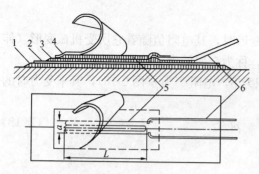

图 2-16 应变片的基本构造

1、3—粘合层；2—基底；4—盖片；5—敏感栅；
6—引出线；L—基长；a—基宽

2. 应变片的基本构造及测量原理

电阻应变片的基本构造见图 2-16。它由敏感栅、基底、胶粘剂、引线、盖片等组成。电阻丝应变片是用直径约 0.01～0.05mm 具有高电阻率的电阻丝制成的。为了获得高的阻值，将电阻丝排列成栅状，称为敏感栅，并粘贴在绝缘的基底上。电阻丝的两端焊接引线。敏感栅上面粘贴有保护作用的覆盖层。基底的作用应保证将构件上应变准确地传递到敏感栅上去。

基底一般厚 0.03～0.06mm，材料有纸、胶膜、玻璃纤维布等，要求有良好的绝缘性能、抗潮性能和耐热性能。引出线的作用是将敏感栅电阻元件与测量电路相连接，一般由 0.1～0.2mm 低阻镀锡铜丝制成，并与敏感栅两输出端相焊接。

电阻应变片的品种繁多，按敏感栅不同分为丝式电阻应变片、箔式应变片和半导体应变片三种。常用的是箔式应变片，它的敏感栅由 0.01～0.03mm 金属箔片制成。箔片电阻应变片用光刻法代替丝式应变片的绕线工艺，可以制成尺寸精确、形状各异的敏感栅，允许电流大，疲劳寿命长，蠕变小，特别是实现了工艺自动化，生产效率高。

应变式传感器是将应变片粘贴于弹性体表面或者直接将应变片粘贴于被测试件上。弹性体或试件的变形通过基底和粘结剂传递给敏感栅，其电阻值发生相应的变化，通过转换电路转换为电压或电流的变化，用显示记录仪表将其显示记录下来，这是用来直接测量应变。其测量原理框图如图 2-17。

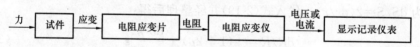

图 2-17 电阻应变片测量原理框图

通过弹性敏感元件，将位移、力、力矩、加速度、压力等物理量转换为应变，则可用应变片测量上述各量，而做成各种应变式传感器。

电阻应变片是美国在二次大战期间研制并首先应用于航空工业，目前应用比较广泛，它具有如下优点：①精度高，测量范围广；②使用寿命长，性能稳定可靠；③结构简单，体积小，重量轻；④频率响应较好，既可用于静态测量又可用于动态测量；⑤价格低廉，品种多样，便于选择和大量使用。

2.3.5 光纤光栅传感器

光纤光栅属于最重要的光纤传感元器件之一，它是利用光纤材料的光敏特性

（外界入射光子和纤芯内锗离子相互作用形成折射率的永久性变化），在纤芯内形成空间相位光栅，从而改变和控制光在其中的传播行为。其中，应用最为广泛的一类是光纤布拉格光栅（Fiber Bragg Grating，简称 FBG），它的折射率沿光纤轴向呈固定的周期性调制分布，是一种均匀光栅，具有良好的波长选择性。当宽带光进入光纤后，满足特定条件波长的入射光在光栅处被耦合反射，其余波长的光会全部通过而不受影响，反射光谱在 FBG 中心波长 λ_B 处出现峰值，如图 2-18 所示。

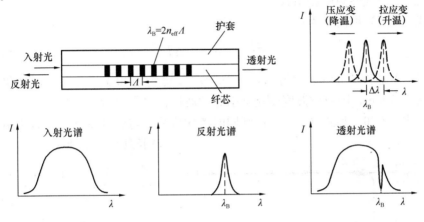

图 2-18　FBG 传感原理图

FBG 反射特定波长的光，该波长满足以下条件：

$$\lambda_B = 2n_{\text{eff}}\Lambda \tag{2-24}$$

式中　λ_B——反射光的中心波长；

　　　n_{eff}——纤芯的有效折射率；

　　　Λ——光纤光栅折射率调制的空间周期。

外界应力和温度变化会引起折射率和栅距的变化，导致 FBG 波长 λ_B 的移位，从物理本质来看，其原因主要包括光纤的弹性形变、弹光效应、热膨胀效应和热光效应等方面。

当外界温度不变，光栅所在处的光纤仅产生均匀轴向应变 ε 时，满足如下关系：

$$\frac{\Delta\lambda}{\lambda_B} = \left\{1 - \frac{n_{\text{eff}}^2}{2}\left[p_{12} - \mu(p_{11} + p_{12})\right]\right\}\varepsilon \tag{2-25}$$

式中　$\Delta\lambda$——FBG 中心波长的变化；

　　　μ——光纤材料的泊松比；

　　p_{11}、p_{12}——分别为光纤材料的弹光系数。

式（2-25）可简化为：

$$\frac{\Delta\lambda}{\lambda_B} = (1 - P_e)\varepsilon \tag{2-26}$$

式中 P_e——有效弹光常数，其值约为 0.22。

如果取波长 λ_B 为 1550nm，则单位轴向应变引起的波长移位为 1.22pm/με。

当外界环境温度变化 ΔT 时，则：

$$\frac{\Delta\lambda}{\lambda_B} = \left\{ \frac{1}{n_{eff}}\left[n_{eff}\alpha_n - \frac{n_{eff}^3}{2}(p_{11} + 2p_{12})\alpha_\Lambda \right] + \alpha_\Lambda \right\}\Delta T \tag{2-27}$$

式中 α_n——光纤的热光系数；

α_Λ——线性热膨胀系数。

式（2-27）可简化为：

$$\frac{\Delta\lambda}{\lambda_B} = (\alpha + \zeta)\Delta T \tag{2-28}$$

对于普通掺锗光纤 α 约为 $0.55\times10^{-6}/℃$，ζ 约为 $8.3\times10^{-6}/℃$，如果取波长 λ_B 为 1550nm，则单位温度变化下引起的波长移位为 10.8pm/℃。

由式（2-26）和式（2-28）得到同时考虑应变 ε 与温度变化 ΔT 时所引起的波长移位 Δλ 满足：

$$\frac{\Delta\lambda}{\lambda_B} = (1 - P_e)\varepsilon + (\alpha + \zeta)\Delta T \tag{2-29}$$

由上述分析可知，应变和温度的变化量与 FBG 反射光中心波长 λ_B 的位移具有良好的线性关系。通过检测反射光中心波长的漂移，实现对温度和变形的检测。

此外，由于 FBG 具有以波长编码的特点，使之容易实现在同一根光纤上不同位置写入多个光栅，利用复用技术构成多点传感网络，实现分布式检测。根据利用形式可分为波分复用（Wavelength Division Multiplexing，WDM）、时分复用（Time Division Multiplexing，TDM）和空分复用（Space Division Multiplexing，SDM）等，如图 2-19 所示。

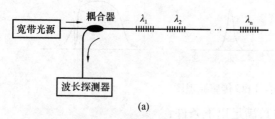

(a)

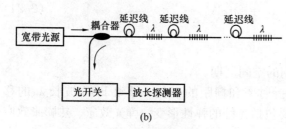

(b)

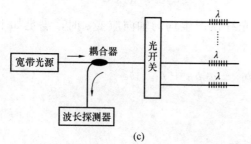

(c)

图 2-19 FBG 的复用技术

（a）波分复用；（b）时分复用；（c）空分复用

2.3.6　其他原理的传感器

除了上述类型的传感器以
外，还有一些利用其他原理制成的安全监测仪器。例如电容式传感器、磁电式传感器、压电传感器等都被用来制成安全监测仪器。

电容式传感器是将被测量（如尺寸、压力等）的变化转换成电容变化量的一种传感器。实际上，它本身（或和被测物）就是一个可变电容器。以最简单的平行极板电容器为例说明其工作原理，在忽略边缘效应的情况下，平板电容器的电容量 C 为：

$$C = \varepsilon\varepsilon_0 s / \delta \tag{2-30}$$

式中　ε_0——真空的介电常数；

　　　　s——极板的遮盖面积（m^2）；

　　　　ε——极板间介质的相对介电系数，在空气中，$\varepsilon = 1$；

　　　　δ——两平行极板间的距离（m）。

式（2-24）表明，当被测量 δ、s 或 ε 发生变化时，都会引起电容的变化。如果保持其中的两个参数不变，而仅改变另一个参数，就可把该参数的变化变换为单一电容量的变化，再通过配套的测量电路，将电容的变化转换为电信号输出。根据电容器参数变化的特性，电容式传感器可分为极距变化型、面积变化型和介质变化型三种，其中极距变化型和面积变化型应用较广。

依据电介质压电效应研制的一类传感器称为压电传感器。压电效应是指：某些电介质在沿一定方向上受到外力的作用而变形时，其内部会产生极化现象，同时在它的两个相对表面上出现正负相反的电荷。当外力去掉后，它又会恢复到不带电的状态，这种现象称为正压电效应。当作用力的方向改变时，电荷的极性也随之改变。相反，当在电介质的极化方向上施加电场，这些电介质也会发生变形，电场去掉后，电介质的变形随之消失，这种现象称为逆压电效应，或称为电致伸缩现象。压电式加速度传感器在飞机、汽车、船舶、桥梁和建筑的振动和冲击测量中已经得到了广泛的应用，特别是航空和宇航领域中更有它不可替代的作用。

磁电式传感器简称感应式传感器，也称电动式传感器。它把被测物理量的变化转变为感应电动势，是一种机-电能量变换型传感器，不需要外部供电电源，电路简单，性能稳定，输出阻抗小，又具有一定的频率响应范围（一般为 10～1000Hz），适用于振动、转速、扭矩等测量。但这种传感器的尺寸和重量都较大。

以上各种类型传感器均需要与此配套的测量仪表，方能测出其输出的电信号，而测定出对应的物理量。为此在选用观测仪器时，应尽量使用同一种原理的观测仪器和测量仪表，有利于人员培训，操作使用与维护管理。

当今，传感器技术的主要发展动向，一是开展基础研究，重点研究传感器的新材料和新工艺；二是实现传感器的智能化。智能型传感器是一种带有微处理器并兼有检测和信息处理功能的传感器。智能型传感器被称为第四代传感器，使传感器具备感觉、辨别、判断、自诊断等功能，是传感器的发展方向。

2.4 监测仪器的选择和标定

2.4.1 监测仪器和元件的选择

岩土工程监测中，根据不同的工程场地和监测内容，监测仪器（传感器）和元件的选择应从仪器的技术性能、仪器埋设条件、仪器测读的方式和仪器的经济性四个方面加以考虑。其原则如下：

1. 仪器技术性能的要求

（1）仪器的可靠性：仪器选择中最主要的要求是仪器的可靠性。仪器固有的可靠性是最简易、在安装的环境中最持久、对所在的条件敏感性最小、并能保持良好的运行性能。为考虑测试成果的可靠程度，一般认为，用简单的物理定律作为测量原理的仪器，即光学仪器和机械仪器，其测量结果要比电子仪器可靠，受环境影响较少。对于具体工程，在满足精度要求下，选用设备应以光学、机械和电子为先后顺序，优先考虑使用光学及机械式设备，提高测试可靠程度；这也是为了避免无法克服的环境因素对电子设备的影响。所以在监测时，应尽可能选择简单测量方法的仪器。

（2）仪器使用寿命：岩土工程监测一般是较为长期、连续进行的观测工作，要求各种仪器能从工程建设开始，直到使用期内都能正常工作。对于埋设后不能置换的仪器，仪器的工作寿命应与工程使用年限相当，对于重大工程，应考虑某些不可预见因素，仪器的工作寿命应超过使用年限。

（3）仪器的坚固性和可维护性：仪器选型时，应考虑其耐久和坚固，仪器从现场组装标定直至安装运行，应不易损坏，对各种复杂环境条件下均可正常运转工作。为了保证监测工作的有效和持续，仪器选择应优先考虑比较容易标定、修复或置换的仪器，以弥补和减少由于仪器出现故障给监测工作带来的损失。

（4）仪器的精度：精度应满足监测数据的要求，选用具有足够精度的仪器是监测的必要条件。如果选用的仪器精度不足，可能使监测成果失真，甚至导致错误的结论。过高的精度也不可取，实际上它不会提供更多的信息，只会给监测工作增加麻烦和费用预算。

（5）灵敏度和量程：灵敏度和量程是互相制约的。一般对于量程大的仪器其灵敏度较低；反之，灵敏度高的仪器其量程则较小。因此，仪器选型时应对仪器的量程和灵敏度统一考虑。首先满足量程要求，一般是在监测变化较大的部位，宜采用量程较高的仪器；反之，宜采用灵敏度较高的仪器；对于岩土体变形很难估计的工程情况，既要高灵敏度又要有大量程的要求，保证测量的灵敏度又能使测量范围可根据需要加以调整。

2. 仪器埋设条件的要求

（1）仪器选型时，应考虑其埋设条件。对用于同一监测目的的仪器，在其性能相同或出入不大时，应选择在现场易于埋设的仪器设备，以保证埋设质量，节约劳力，提高工效。

（2）当施工要求和埋设条件不同时，应选择不同仪器。以钻孔位移计为例，固定在孔内的锚头有：楔入式、涨壳式（机械的与液压的）、压缩木式和灌浆式。楔入式与涨壳式锚头，具有埋设简单、生效快和对施工干扰小等优点，在施工阶段和在比较坚硬完整的岩体中进行监测，宜选用这种锚头。压缩木式锚头具有埋设操作简便和经济的优点，但只有在地下水比较丰富或很潮湿的地段才选用。灌浆式锚头最为可靠，完整及破碎岩石条件均可使用，永久性的原位监测常选用这种锚头。但灌浆式锚头的埋设操作比较复杂，且浆液固化需要时间，不能立即生效，对施工干扰大，不适合施工过程中的监测。

3. 仪器测读方式的要求

（1）测读方式也是仪器选型中需要考虑的一个因素。岩土体的监测，往往是多个监测项目子系统所组成的统一的监测系统。有些项目的监测仪器布设较多，每次测量的工作量很大，野外任务十分艰巨。为此，在实际工作中，为提高一个工程的测读工作效率与加快数据处理进度，选择操作简便易行、快速有效和测读方法尽可能一致的仪器设备是十分必要的。有些工程的测点，人员到达受到限制，在该种情况下可采用能够远距离观测的仪器。

（2）对于能与其他监测网联网的监测，如水库大坝坝基边坡监测时，坝基与大坝监测系统可联网监测，仪器选型时应根据监测系统统一的测读方式选择仪器，以便于数据通信、数据共享和形成统一的数据库。

4. 仪器选择的经济性要求

（1）在选择仪器时，进行经济比较，在保证技术使用要求时，使仪器购置、损耗及其埋设费用最为经济，同时，在运用中能达到预期效果。仪器的可靠性是保证实现监测工作预期目的的必要条件，但提高仪器的可靠性，要增加很多的辅助费用。另外，选用具有足够精度的仪器，是保证监测工作质量的前提。但过高的精度，实际上不会提供更多的信息，还会导致费用的增加。

（2）在我国，岩土工程测试仪器的研制已有很大发展。近年研制的大量国产监测仪器，已在岩土工程的监测中大量采用，实践证明，这些仪器性能稳定可靠且价格低廉。

2.4.2　岩土工程监测仪器的质量标准

监测仪器应考虑的主要技术性能及其质量标准主要有可靠性和稳定性、准确度和精度、灵敏度和分辨力。

1. 可靠性和稳定性

可靠性和稳定性是指仪器在设计规定的运行条件和运行时间内，检测元件、转换装置和测读仪器、仪表保持原有技术性能的程度。要求用于岩土监测的仪器，应能经受时间和环境的考验，仪器的可靠性和稳定性对监测成果的影响应在设计所规定的范围内。仪器由于温度、湿度等因素影响引起的零漂，应限制在仪器设计所规定的限度内，仪器允许使用的温度、湿度范围越大，其适应性越好。

2. 准确度和精度

准确度是指测量结果与真值偏离的程度，系统误差的大小是准确度的标志。系统误差越小，测量结果越准确。精度是指在相同条件下测量同一个量所得结果重复一致的程度。由偶然因素影响所引起的随机误差大小是精度的标志，随机误差越小，精度越高。

3. 灵敏度和分辨率

对传感器而言，灵敏度是输入量（被测信号）与输出量的比值。具有线性特性的传感器灵敏度为常数。当用相等的被测量输入两个传感器时，灵敏度高的传感器的输出量高于灵敏度低的传感器。对于接收仪器来说，当同一个微弱输入量，灵敏度高的接收仪器读数值比灵敏度低的仪器读数值大。

分辨率对传感器来说是灵敏度的倒数，灵敏度越高，分辨率越强，传感器检测出的输入量变化越小。对机测仪器（如百分表、千分表等），其分辨率以表尺面的最小刻度表示。

2.4.3　监测仪器的适用范围及使用条件

1. 变形观测仪器

对建筑物和地基的变形观测包括表面位移观测和内部位移观测。目的是观测水平位移和垂直位移，掌握变化规律，研究有无裂缝、滑坡、滑动和倾覆的趋势。

表面位移观测一般包括两大类：（1）用经纬仪、水准仪、电子测距仪或激光准直仪，根据起测基点的高程和位置来测量建筑物表面标点、觇标处高程和位置的变化。（2）在建筑物内、外表面安装或埋设一些仪器来观测结构物各部位间的位移，包括接缝或裂缝的位移测量。如在坝体内部、坝基或坝肩、竖井、廊道、隧洞、压力钢管、发电厂房以及高边坡、深基础等部位安装位移测量仪器，观测其自身和相互间的位移和位移变化率。内部安装的位移测量仪器要在结构物的整个寿命期内使用。因此，这些仪器必须具有良好的长期稳定性，有较强的抗浊能力，适应恶劣工作环境的能力强、耐久性好、易于安装、操作简单，记录仪表直接易掌握，而且能长距离传输。常用的内部位移观测仪器有位移计、测缝计、倾斜仪、沉降仪、垂线坐标仪、引张线仪、多点变位计和应变计等。

2. 压力（应力）观测仪器

工程建筑物的压力（应力）观测包括：混凝土应力观测、压力观测、孔隙压力观测、坝体及坝基渗透压力观测、钢筋压力观测、岩体应力（地应力）及岩土工程的荷载或集中力的观测等。

对于混凝土建筑物应力分布，是通过观测应变计的应变计算得来的。为了校核应变计的计算成果，有时通过埋设应力计来测量基础的垂直应力与之比较，当然这种应力计只能测量压应力。

土压力的观测对研究土体内各点应力状态的变化是非常重要的。观测的仪器有：边界式土压力计和埋入式土压力计两类。土压力计测得的土压力均为总压力，要求得土体有效应力，在埋设土压力计的同时，应埋设孔隙压力计。

孔隙压力计又叫渗压计，在土石坝和各种土工结构物中埋设渗压计，可以了解土体孔隙压力分布和消散的过程。在坝基和坝肩观测孔隙压力，对测定通过坝体接缝或裂缝，坝基和坝肩岩石内的节理、裂缝或层面所产生的渗漏，以及校核抗滑稳定和渗透稳定也是至关重要的。在高层建筑的地基、高边坡、大型洞室以及帷幕灌浆等工程中，埋设孔隙压力观测仪器也是必不可少的。渗压计用于混凝土坝基扬压力观测时，也称扬压力计。

通常称作钢筋计的是用来观测钢筋混凝土结构物内钢筋受力状态的仪器，国内常用的有钢弦式和差动电阻式两类。

3. 其他观测仪器

温度观测也是岩土工程监测中不可少的。凡是观测与外界温度或自身温度有关的物理量，均观测温度。此外，许多工程还根据温度观测了解由温度直接反应的工程性状。为了监测施工期和正常运行期的温度分布，进行混凝土坝内部温度观测，一般都采用网络布置温度计。

目前使用的温度计大多是电阻式温度计，使用差动电阻式仪器均可同时进行温度观测。

岩土工程中的动态观测，主要是观测由于地震和爆破等外界因素引起的岩土体和结构的振动和冲击。通过振动速度、加速度、位移、动应变应力、动土压力、动水压力和动孔隙水压力观测，确定振动波衰减速度，峰值速度和冲击压力。动态观测使用的传感器有：速度计、加速度计、动水压力计、动土压力计、动孔隙水压力计。岩土工程的动态观测，还包括使用声波速度和地震波速度测试手段测试岩体波速来确定岩体松动范围和动态力学参数。

2.4.4　仪器和传感器的标定

仪器（传感器）的标定（又称率定）是利用精度高一级的标准器具对传感器进行定度的过程，从而确定其输出量与输入量之间的对应关系，同时也确定不同使用条件下的误差关系。由于传感器在制造上的误差，即使仪器相同，其输出特性曲线（标定曲线）也不尽相同。因此，传感器在出厂前都作了标定，因此在购买的传感器提货时，必须检验各传感器的编号及与其对应的标定资料。传感器在运输、使用等过程中，内部元件和结构因外部环境影响和内部因素的变化，其输入输出特性也会有所变化，因此，必须在使用前或定期进行标定。

标定的基本方法是：利用标准设备产生已知"标准"输入量，或用标准传感器检测输入量的标准值，输入待标定的传感器，并将传感器的输出量与输入标准量相比较，获得校准数据和输入输出曲线、动态响应曲线等，由此分析计算而得到被标传感器的技术性能参数。

传感器的标定分为静态标定和动态标定两种。

1. 传感器的静态标定

静态标定主要用于检验和测试传感器的静态特性指标，如线性度、灵敏度、滞后和重复性等。

根据传感器的功能，静态标定首先需要建立静态标定系统，其次要选择与被标定传感器的精度相适应的一定等级的标定用仪器设备。按传感器的种类和使用情况不同，其标定方法也不同，对于荷重、应力、应变传感器和压力传感器等的静标定方法是利用压力试验机进行标定。更精确的标定则是在压力试验机上用专门的荷载标定器标定。位移传感器的标定则是采用标准量块或位移标定器。

具体标定步骤如下：

（1）将传感器测量范围分成若干等间距点；

（2）根据传感器量程分点情况，输入量由小到大逐渐变化，并记录各输入输出值；

（3）将输入值由大到小逐点减少下来，同时记录下与各输入值相对应的输出值；

（4）重复上述两步，对传感器进行正反行程多次重复测量，将得到的测量数据用表格列出或绘制曲线；

（5）进行测量数据处理，根据处理结果确定传感器的静态特性指标。

2. 传感器的动态标定

一些传感器除了静态特性必须满足要求外，其动态特性也需要满足要求。因此在进行静态校准和标定后还需要进行动态标定，以便确定它们的动态灵敏度、固有频率和频响范围等。

传感器进行动态标定时，需有一标准信号对它激励，用标准信号激励后得到传感器的输出信号，经分析计算、数据处理、便可决定其频率特性，即幅频特性、阻尼和动态灵敏度等。

思 考 题

1. 简述传感器的定义与组成。
2. 传感器的静态特性的主要技术参数指标有哪些？
3. 钢弦式传感器的工作原理是什么？
4. 什么是金属的电阻应变效应？怎样利用这种效应制成应变片？
5. 如何进行传感器的标定？传感器的标定步骤有哪些？
6. 如何选择监测仪器和元件？

第 3 章 岩土的原位测试技术

3.1 概　　述

　　岩土工程是利用土力学、岩体力学及工程地质学的理论与方法，为研究各类土建工程中涉及岩土体的利用、整治和改造问题而进行的系统工作。

　　随着现代化建设事业的飞速发展，各类土建工程日新月异，重型厂房、高层建筑、重大的水利枢纽、艰险的铁路、桥梁和隧洞，以及为了向海洋寻找资源、向地下争取空间而进行的各种开发性工程等，都与它们所赖以存在的岩土地层有着极为密切的关系。各类工程的成功与否，在很大程度上取决于岩土体能否提供足够的承载能力，保证建筑物不产生影响其安全和正常使用的过大或不均匀的沉降，以及水平位移、稳定性或各种形式的岩土应力作用。为了解决建筑地基、斜坡路基、堤坝挡墙、铁路桥隧、地下建筑、岸边支挡、近海工程、场地抗震、地震区划、地热开发、地下蓄能以及国土开发和环境保护等各类工程的岩土工程问题，在岩土工程方面，提出了一系列新的理论和新的设计方法。例如，根据岩土特性，针对工程特点，可以设计相应的应力-应变本构关系，给定数值计算模型，以便准确掌握岩土体在工程运营期间的性状，预估其长期效果和影响。这可以说是岩土力学新理论的极大贡献。

　　然而新的岩土力学理论要变为工程现实，如果没有相应的测试手段，则是不可能的。因为，不论设计理论与方法如何先进、合理，如果测试技术落后，则设计计算所依据的岩土参数无法准确测求，不仅岩土工程设计的先进性无从体现，而且岩土工程的质量与精度也难以保证。所以，测试技术是从根本上保证岩土工程设计的精确性、代表性以及经济合理性的重要手段。在整个岩土工程中它与理论计算和施工检验是相辅相成的。

　　岩土工程测试技术不仅在工程实践中十分重要，而且在学科理论的研究与发展中也起着决定性作用。例如 K. Terzaghi，在 19 世纪 20 年代就创立了土的一维固结理论，对于主固结过程作出了数学解析，同时还提出次固结（次时间效应）的概念性论述。但是，由于当时的测试手段跟不上，所以他始终没有对次固结过程进行过具体的分析，甚至在实验中无法准确划分主、次固结的界限。然而，到了 19 世纪 70 年代，人们开始在土样内实际监测固结过程中的孔隙压力变化，尤其是在等梯度固结试验等仪器及方法提出之后，才开始能够真正划分二者的界限，从而为建立完整的固结理论提供了有效手段。又如，众所周知的土的非线性应力-应变关系及应力路径描述，是使岩土工程性状分析工作上升到本征性新水平的重要标志，但它也是来源于实验的理论成果，如果没有三轴有效应力测试仪器的产生，就不可能有应力路径的描述和控制设计。如果我们再追溯到早期的达西定律、摩尔-库仑强度理论等旧有的土力学理论，基本上都是基于实验测试的结果。所以，岩土测试技术在工程实践中是以岩土力学理论为指导法则和服务对象的，而岩土力学理论又是以岩土测试技术为实验依据和发展背景的。这就是岩土工程监测和测试在生产实践和科学实验中的地位和作用。

本章介绍了岩土工程中常用的原位测试主要试验方法，如静力载荷试验、静力触探试验、动力触探试验、十字板剪切试验、扁铲侧胀试验、现场剪切试验、现场监测等。

3.2 静 力 载 荷 试 验

3.2.1 常规法静力载荷试验

1. 静力载荷试验的基本原理

静力载荷试验（Plate Loading Test）是一种最古老的、并被广泛应用的土工原位测试方法。在拟建建筑场地开挖至预计基础埋置深度的整平坑底放置一定面积的方形（或圆形）承压板，在其上逐级施加荷载，测定各相应荷载作用下地基沉降量。根据试验得到的荷载—沉降关系曲线（p-s 曲线），确定地基土的承载力；计算地基土的变形模量。由试验求得的地基土承载力特征值和变形模量综合反映了承压板下 $1.5 \sim 2.0$ 倍承压板宽度（或直径）范围内地基土的强度和变形特性。

根据地基土的应力状态，p-s 曲线一般可划分为三个阶段，如图 3-1 所示。

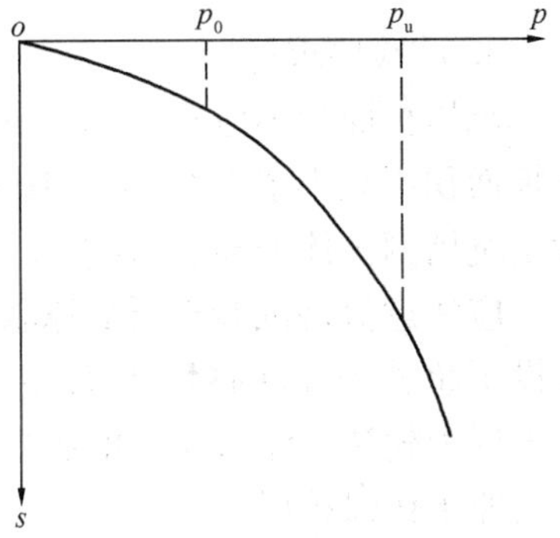

第一阶段：从 p-s 曲线的原点到比例界限荷载 p_0，p-s 曲线呈直线关系。这一阶段受荷

图 3-1 静力载荷试验 p-s 曲线

土体中任意点处的剪应力小于土的抗剪强度，土体变形主要由于土体压密引起，土粒主要是竖向变位，称之为压密阶段。

第二阶段：从比例界限荷载 p_0 到极限荷载 p_u，p-s 曲线转为曲线关系，曲线斜率 $\Delta s / \Delta p$ 随压力 p 的增加而增大。这一阶段除土的压密外，在承压板周围的小范围土体中，剪应力已达到或超过了土的抗剪强度，土体局部发生剪切破坏，土粒兼有竖向和侧向变位，称之为局部剪切阶段。

第三阶段：极限荷载 p_u 以后，该阶段即使荷载不增加，承压板仍不断下沉，同时土中形成连续的剪切破坏滑动面，发生隆起及环状或放射状裂隙，此时滑动土体中各点的剪应力达到或超过土体的抗剪强度，土体变形主要由土粒剪切引起的侧向变位，称之为整体破坏阶段。

根据土力学原理，结合工程实践经验和土层性质等对试验结果的分析，正确与合理地确定比例界限荷载和极限荷载是确定地基土承载力基本值和变形模量的前提，从而达到控制基底压力和地基土变形的目的。

2. 静力载荷试验设备

常用的载荷试验设备一般都由加荷稳压系统、反力系统和量测系统三部分组成。

(1) 加荷稳压系统：由承压板、加荷千斤顶、稳压器、油泵、油管等组成。

(2) 反力系统：有堆载式、撑臂式、锚固式等多种形式。

(3) 量测系统：荷载量测一般采用测力环或电测压力传感器，并用压力表校核。承压板沉降量测采用百分表或用位移传感器。

静力载荷试验设备结构如图 3-2 所示。

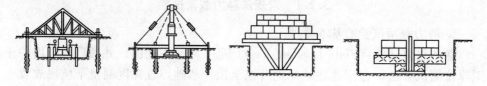

图 3-2 静力载荷试验设备结构

3. 试验要求

承压板面积不应小于 $0.25m^2$，对于软土不应小于 $0.5m^2$。岩石载荷试验承压板面积不宜小于 $0.07m^2$。基坑宽度不应小于承压板宽度或直径的三倍，以消除基坑周围土体的超载影响。

应注意保持试验土层的原状结构和天然湿度。承压板与土层接触处，一般应铺设不超过 2mm 的粗、中砂找平，以保证承压板水平并与土层均匀接触。当试验土层为软塑、流塑状态的黏性土或饱和的松砂，承压板周围应预留 20～30cm 厚的原土作保护层。

试验加荷标准：加荷载等级不应小于 8 级，可参考表 3-1 选用。

每级荷载增量参考值   表 3-1

试验土层特征	每级荷载增量（kPa）
淤泥，流塑黏性土，松散砂土	<15
软塑黏性土、粉土、稍密砂土	15～25
可塑-硬塑黏性土、粉土、中密砂土	25～50
坚硬黏性土、粉土、密实砂	50～100
碎石土，软质岩石、风化岩石	100～200

沉降稳定标准：每级加荷后，按间隔 5、5、10、10、15、15min 读沉降，以后每隔半小时读一次沉降。当连续两小时每小时的沉降量小于 0.1mm 时，则认为本级荷载下沉降已趋稳定，可加下一级荷载。

极限荷载的确定。当试验中出现下列情况之一时，即可终止加载：

(1) 承压板周围的土明显侧向挤出；

(2) 沉降 s 急骤增大，荷载-沉降（p-s）曲线出现陡降段；

(3) 某一荷载下，24h 内沉降速率不能达到稳定标准；

(4) $s/b > 0.06$（b——承压板宽度或直径）。

满足前三种情况之一时，其对应的前一级荷载定为极限荷载。

4. 静力载荷试验资料整理

(1) 校对原始记录资料和绘制试验关系曲线

在载荷试验结束后，应及时对原始记录资料进行全面整理和检查，求得各级荷载作用下的稳定沉降值和沉降值随时间的变化，由载荷试验的原始资料可绘制 p-s 曲线、$\lg p$-$\lg s$、$\lg t$-$\lg s$ 等关系曲线。这既是静力载荷试验的主要成果，又是分析计算的依据。

(2) 沉降观测值的修正

根据原始资料绘制的 p-s 曲线，有时由于受承压板与土之间不够密合、地基土的前期固结压力及开挖试坑引起地基土的回弹变形等因素的影响，使 p-s 曲线的初始直线段不一定通过坐标原点。因此，在利用 p-s 曲线推求地基土的承载力及变形模量前，应先对试验得到的沉降观测值进行修正，使 p-s 曲线初始直线段通过坐标原点，如图 3-3 所示。

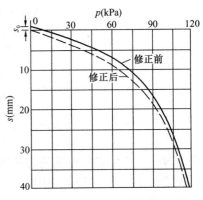

图 3-3　静力载荷试验 p-s 曲线修正

假设由试验得到的 p-s 曲线初始直线段的方程为：

$$s = s_0 + Cp \tag{3-1}$$

式中　s_0——直线段与纵坐标 s 轴的截距（mm）；

　　　C——直线段的斜率；

　　　p——荷载（kPa）；

　　　s——与 p 对应的沉降量（mm）。

问题是如何解出 s 和 C，求得 s_0 和 C 值后可按下述方法修正沉降观测值：

比例界限点以前各点，按下式计算沉降修正值 s_i：

$$s_i = C \cdot p_i \tag{3-2}$$

式中　p_i——比例界限点前某级荷载（kPa）；

　　　s_i——对应于荷载 p_i 的沉降修正值（mm）。

比例界限点以后各观测点，按下式计算沉降修正值 s_i：

$$s_i = s_i' - s_0 \tag{3-3}$$

式中　s_i'——对应于荷载 p_i 的沉降观测值（mm）。

s_0 和 C 的常见求解方法有最小二乘法。该方法是一种数理统计方法。按最小二乘法原理，式（3-1）的直线方程必须满足

$$Q = \sum (s' - s)^2 \quad \text{最小} \tag{3-4}$$

式中　s'——沉降观测值（cm）。

　　式（3-4）可改写为

$$Q = \sum (s' - s)^2 \tag{3-5}$$

$$Q = \sum [s' - (s_0 + Cp)]^2 \tag{3-6}$$

要满足式（3-6）的条件，必须有

$$\partial Q / \partial s = 0 \text{ 和 } \partial Q / \partial C = 0 \tag{3-7}$$

得

$$Ns_0 + C\sum p - \sum s' = 0$$
$$s_0 \sum p + C\sum p^2 - \sum ps' = 0 \tag{3-8}$$

解方程组可得

$$s_0 = \frac{\sum s' \cdot \sum p^2 - \sum p \cdot \sum ps'}{N \sum p^2 - (\sum p)^2} \tag{3-9}$$

$$C = \frac{N \sum ps' - \sum p \cdot \sum s'}{N \sum p^2 - (\sum p)^2} \tag{3-10}$$

式中　N——比例界限点前的加荷次数（包括比例界限点）。

5. 静力载荷试验资料应用

（1）确定地基土承载力特征值（f_{ak}）的方法

①强度控制法（以比例界限荷载 p_0 作为地基土承载力特征值）

p-s 曲线上有明显的直线段，一般采用直线段的拐点所对应的荷载为比例界限荷载 p_0，取 p_0 为 f_{ak}。当极限荷载 p_u 小于 $2p_0$ 时，取 $1/2 p_u$ 为 f_{ak}。

②相对沉降量控制法

当 p-s 曲线无明显拐点，曲线形状呈缓和曲线型时，可以用相对沉降 s/b 来控制，决定地基土承载力特征值。

如果承压板面积为 0.25～0.5m²，可取 s/b（或 d）=0.01～0.015 所对应的荷载值。

同一土层中参加统计的试验点不应少于三点，当试验实测值的极差不超过其平均值的 30% 时，取平均值作为地基土承载力特征值。

（2）确定地基土的变形模量

土的变形模量应根据 p-s 曲线的初始直线段，按均质各向同性半无限弹性介质的弹性理论计算。一般在 p-s 曲线直线段上任取一点，取该点的荷载 p 和对应的沉降 s，可按下式计算地基土的变形模量 E_0（MPa）：

$$E_0 = I_0(1-\mu^2)\frac{pd}{s} \tag{3-11}$$

式中　I_0——刚性承压板的形状系数，圆形承压板取 0.785，方形承压板取 0.886；

　　　μ——土的泊松比（碎石土取 0.27，砂土取 0.30，粉土取 0.35，粉质黏土取 0.38，黏土取 0.42）；

　　　d——承压板直径或边长（m）；

　　　p——p-s 曲线线性段的某级压力（kPa）；

　　　s——与 p 对应的沉降（mm）。

3.2.2　螺旋板载荷试验

螺旋板载荷试验是将螺旋形承压板旋入地面以下预定深度，在土层的天然应力条件下，通过传力杆向螺旋形承压板施加压力，直接测定荷载与土层沉降的关系。螺旋板载荷试验通常用以测求土的变形模量、不排水抗剪强度和固结系数等一系列重要参数。其测试深度可达 10～15m。

1. 试验设备

螺旋板载荷试验设备通常有以下四部分组成：

（1）承压板。呈螺旋板形。它既是回转钻进时的钻头，又是钻进到达试验深度进行载荷试验的承压板。螺旋板通常有两种规格：一种直径 160mm，投影面积 200cm²，钢板厚 5mm，螺距 40mm；另一种直径 252mm，投影面积 500cm²，钢板厚 5mm，螺距 80mm。螺旋板结构示意如图 3-4 所示。

（2）量测系统。采用压力传感器、位移传感器或百分表分别量测施加的压力和土层的沉降量。

（3）加压装置。由千斤顶、传力杆组成。

（4）反力装置。由地锚和钢架梁等组成。

螺旋板载荷试验装置示意图如图 3-5 所示。

2. 试验要求

（1）应力法。用油压千斤顶分级加荷，每级荷载对于

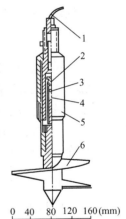

图 3-4　螺旋板结构示意图
1—导线；2—测力仪传感器；3—钢球；4—传力顶校；5—护套；6—螺旋形承压板

砂土、中低压缩性的黏性土、粉土宜采用 50kPa，对于高压缩性土用 25kPa。每加一级荷载后，按 10、10、10、15、15min 的间隔观测承压板沉降，以后的间隔为 30min，达到相对稳定后施加下一级荷载。相对稳定的标准为连续观测两次以上沉降量小于 0.1mm/h。

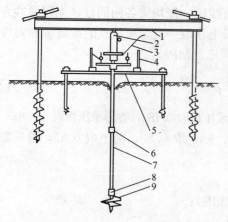

图 3-5　螺旋板载荷试验装置

1—反力装置；2—油压千斤顶；3—百分表；
4—磁性座；5—百分表横梁；6—传力杆接头；
7—传力杆；8—测力传感器；9—螺旋形承压板

（2）应变法。用油压千斤顶加荷，加荷速率根据土性的不同而取值，对于砂土、中低压缩性土，宜采用 $1 \sim 2$mm/min，每下沉 1mm 测读压力一次；对于高压缩性土，宜采用 $0.25 \sim 0.5$mm/min，每下沉 $0.25 \sim 0.5$mm 测读压力一次，直至土层破坏为止。试验点的垂直距离一般为 1.0m。

3. 试验资料整理与成果应用

螺旋板载荷试验采用应力法时，根据试验可获得载荷—沉降关系曲线（p-s）、沉降与时间关系曲线（s-t 曲线）；采用应变法时，可获得载荷—沉降关系曲线（p-s 曲线）。依据这些资料，通过理论分析可获得如下土层参数。

（1）根据螺旋板试验资料绘制 p-s 曲线，确定地基土的承载力特征值，其方法与静力载荷试验相同。

（2）确定土的不排水变形模量 E_u：

$$E_u = 0.33 \frac{\Delta p D}{\Delta s} \tag{3-12}$$

式中　E_u——不排水变形模量（MPa）；

　　　Δp——压力增量（MPa）；

　　　Δs——压力增量 Δp 所对应的沉降量（mm）；

　　　D——螺旋板直径（mm）。

（3）确定排水变形模量 E_0：

$$E_0 = 0.42 \frac{\Delta p D}{s_{100}} \tag{3-13}$$

式中　E_0——排水变形模量（MPa）；

　　　s_{100}——在 Δp 压力增量下固结完成后的沉降量（mm）；

其余符号同式（3-12）。

（4）计算不排水抗剪强度

$$c_u = \frac{P_l}{k \pi R^2} \tag{3-14}$$

式中　c_u——不排水抗剪强度（kPa）；

　　　P_l——p-s 曲线上极限荷载的压力（kN）；

　　　R——螺旋板半径（cm）；

　　　k——系数，对软塑、流塑软黏土取 $8.0 \sim 9.5$；对其他土取 $9.0 \sim 11.5$。

（5）计算一维压缩模量 E_{sc}

$$E_{sc} = mp_a \left(\frac{p}{p_a}\right)^{1-a} \tag{3-15}$$

$$m = \frac{s_c}{s} \frac{(p-p_0)D}{p_a} \tag{3-16}$$

式中　E_{sc}——一维压缩模量（kPa）；

p_a——标准压力（kPa）；取一个大气压 p_a=100kPa；

p——p-s 曲线上的荷载（kPa）；

p_0——有效上覆压力（kPa）；

s——与 p 对应的沉降量（cm）；

D——螺旋板直径（cm）；

m——模数；

a——应力指数；超固结土取 1.0，砂土、粉土取 0.5，正常固结饱和黏土取 0；

s_c——无因次沉降系数，可从图 3-6 查得。

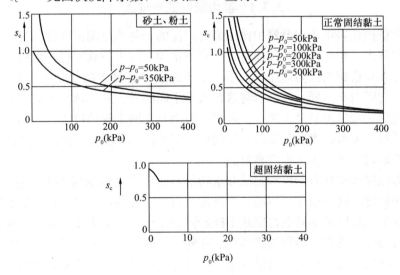

图 3-6　p_0-s_c 关系曲线图

（6）计算径向固结系数 C_r

根据试验得到的每级荷载下沉降量 s 与时间的平方根 $\sqrt{t}$ 绘制 s-$\sqrt{t}$ 曲线。Janbu 根据一维轴对称径向排水的固结理论，推导得径向固结系数 C_r 为

$$C_r = T_{90} \frac{R^2}{t_{90}} \tag{3-17}$$

式中　C_r——径向固结系数（cm²/min）；

R——螺旋板半径（cm）；

T_{90}——相当于 90% 固结度的时间因子取 0.335；

t_{90}——完成 90% 固结度的时间（min）。可用作图法求得，见图 3-7：过 $s\sqrt{t}$ 曲线初始直线段与 s 轴的交点，作一 1.31 倍初始段直线斜率的直线与 s-$\sqrt{t}$ 曲线相交，其交点即为完成 90% 固结度的时间 t_{90}。

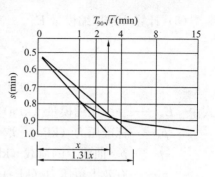

图 3-7 $s\sqrt{t}$ 曲线图

螺旋板载荷试验就其在国内的发展情况来看，尚处于研究对比阶段，无论设备结构，还是基础理论和实际应用，都有待进一步开发、研究和推广。

3.3   静 力 触 探 试 验

3.3.1   静力触探试验概述

静力触探是岩土工程勘察中使用最为广泛的一种原位测试项目。其基本原理就是用准静力（相对动力触探而言，没有或很少有冲击荷载）将一个内部装有传感器的标准规格探头以匀速压入土中，由于地层中各种土的状态或密实度不同，探头所受的阻力不一样，传感器将这种大小不同的贯入阻力转换成电信号，借助电缆传送到记录仪表记录下来，通过贯入阻力与土的工程地质特性之间的定性关系和统计相关关系，来实现获取土层剖面、提供浅基承载力、选择桩尖持力层和预估单桩承载力等岩土工程勘察目的。

静力触探试验具有勘探和测试双重功能，它和常规的钻探-取样-室内试验等勘察程序相比，具有快速、精确、经济和节省人力等特点。特别是对于地层变化较大的复杂场地以及不易取得原状土样的饱和砂土和高灵敏度的软黏土地层的勘察，静力触探更具有其独特的优越性。此外，在桩基勘察中，静力触探的某些长处，如能准确地确定桩尖持力层等也是一般的常规勘察手段所不能比拟的。

当然，静力触探试验也有其缺点，一是贯入机理尚难搞清，无数理模型，因而目前对静探成果的解释主要还是经验性的；二是它不能直接地识别土层，并且对碎石类土和较密实砂土层难以贯入，因此有时还需要钻探与其配合才能完成岩土工程勘察任务。尽管如此，静探的优越性还是相当明显的，因而能在国内外获得极其广泛的应用。

3.3.2   静力触探的贯入设备

1. 加压装置

加压装置的作用是将探头压入土层中。国内的静力触探仪按其加压动力装置分手摇式轻型静力触探、齿轮机械式静力触探、全液压传动静力触探仪三种类型（图 3-8）。

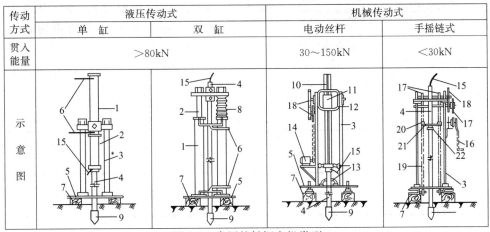

传动方式	液压传动式		机械传动式	
	单 缸	双 缸	电动丝杆	手摇链式
贯入能量	>80kN		30~150kN	<30kN
示意图				

图 3-8 常用的触探主机类型

1—活塞杆；2—油缸；3—支架；4—探杆；5—底座；6—高压油管；7—垫木；8—防尘罩；9—探头；
10—滚珠丝杆；11—滚珠螺母；12—变速箱；13—导向器；14—电动机；15—电缆线；16—摇把；
17—链轮；18—齿轮皮带轮；19—加压链条；20—长轴销；21—山形压板；22—垫压块

目前国内已研制出用微机控制的静力触探车，使微机控制从资料数据的处理扩展到操作领域。

2. 反力装置

静探的反力装置有三种形式：（1）利用地锚作反力。（2）用重物作反力。（3）利用车辆自重作反力。

3.3.3 静力触探探头

1. 探头的工作原理

将探头压入土中时，由于土层的阻力，使探头受到一定的压力；土层的强度越高，探头所受到的压力越大。通过探头内的阻力传感器，将土层的阻力转换为电信号，然后由仪表测量出来。为了实现这个目的，需运用三个方面的原理，即材料弹性变形的虎克定律、电量变化的电阻率定律和电桥原理（目前，国内工程上常用的探头）。

静力触探就是通过探头传感器实现一系列量的转换：土的强度→土的阻力→传感器的应变→电阻的变化→电压的输出，最后由电子仪器放大和记录下来，达到获取土的强度和其他指标的目的。

2. 探头的结构

目前国内用的探头有两种，一种是单桥探头，另一种是双桥探头。此外还有能同时测量孔隙水压的两用（p_s-μ）或三用（q_c-μ-f_s）探头，即在单桥或双桥探头的基础上增加了能量测孔隙水压力的功能。

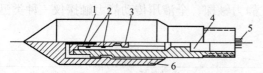

图 3-9 单桥探头结构

1—顶柱；2—电阻应变片；3—传感器；4—密封垫圈套；

5—四芯电缆；6—外套筒

（1）单桥探头。由图 3-9 可知，单桥探头由带外套筒的锥头、弹性元件（传感器）、顶柱和电阻应变组成，锥底的截面积规格不一，常用的探头型号及规格见表 3-2。单桥探头有效侧壁长度为锥底直径的 1.6 倍。

单桥探头规格   表 3-2

型 号	锥头直径（d_e）（mm）	锥头截面积（A）（cm²）	有效侧壁长度（L）（mm）	锥角 α（°）
I-1	35.7	10	57	60
I-2	43.7	15	70	60

（2）双桥探头。单桥探头虽带有侧壁摩擦套筒，但不能分别测出锥头阻力和侧壁摩擦力。双桥探头除锥头传感器外，还有侧壁摩擦传感器及摩擦套筒。侧壁摩擦套筒的尺寸与锥底面积有关。双桥探头结构如图 3-10 所示，其规格见表 3-3。

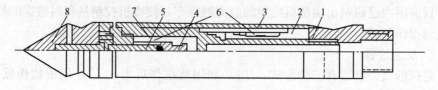

图 3-10 双桥探头结构

1—传力杆；2—摩擦传感器；3—摩擦筒；4—锥尖传感器；5—顶柱；

6—电阻应变片；7—钢珠；8—锥尖头

双桥探头规格   表 3-3

型 号	锥头直径（d_e）（mm）	锥头截面积（A）（cm²）	摩擦筒长度（L）（mm）	摩擦筒表面积（s）（mm）	锥角 α（°）
II-1	35.7	10	179	200	60
II-2	43.7	15	219	300	60

（3）孔压静力触探探头。图 3-11 所示为带有孔隙水压力测试的静力触探探头，该探头除了具有双桥探头所需的各种部件外，还增加了由透水陶粒做成的透水滤器和一个孔压传感器。具有能同时测定锥头阻力，侧壁摩擦阻力和孔隙水压力的装置，同时还能测定探头周围土中孔隙水压力的消散过程。

3. 温度对传感器的影响及补偿方法

传感器在不受力的情况下，当温度变化时，应变片中电阻丝（亦称线栅）的

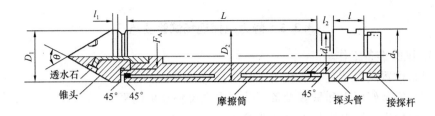

图 3-11 孔压静力触探探头

阻值也会发生变化。与此同时，由于线栅材料与传感器材料的线膨胀系数不一样，使线栅受到附加拉伸或压缩，也会使应变片的阻值发生变化。这种热输出是和土层阻力无关的，因此必须设法消除才会使测试成果有意义。在静探技术中，常采用在野外操作时测初读数的变化，内业资料整理时将其消除的温度校正方法和桥路补偿法来消除热输出，这两种方法基本上可以把温度对传感器的影响控制在测试精度允许范围之内。

4. 探头的标定

探头的标定可在特制的标定装置上进行，也可在材料试验室利用 50～100kN 压力机进行，标定用测力计或传感器，精度不应低于 3 级。探头应垂直稳固放置在标定架上，并不使电缆线受压。对于新的探头应反复（一般 3～5 次）预压到额定荷载，以减少传感元件由于加工引起的残余应力。

3.3.4 静力触探量测记录仪器

目前我国常用的静力触探测量仪器有电阻应变仪、自动记录仪、静探微机三种类型。

1. 电阻应变测量仪

手调直读式的电阻应变仪（YJD-1 和 YJ-5）现已基本不用，取而代之的为直显式静力触探记录仪。

该类型的仪器采用浮地测量桥、选通式解调、双积分 A/D 转换等措施，仪器精度高，稳定性好，同时具有操作简单、携带方便等优点，被许多单位选用。

2. 静探微机

静探微机主要由主机、交流适配器、接线盒、深度控制器等组成。目前国内常用的为 LMG 系列产品，该机可外接静力触探单、双桥探头（包括测孔隙水压的双桥探头）以及电测十字板、静载荷试验、三轴试验等低速电传感器。

静探微机具有两种采样方式，即按深度和按时间间隔两种。深度间隔的采样方式主要用于静力触探，等时间间隔采样方式可用于电测十字板、三轴试验等，对数式时间间隔采样方式可用于孔隙水压消散试验等。

静探微机能采用人机结合的方法整理资料，能自动计算静力触探分层力学参数，自动计算单桩承载力，提供 q_c、f_c、E_s 等地基参数。

3.3.5　静力触探现场试验要点

1. 试验准备工作

(1) 设置反力装置（或利用车装重量）。

(2) 安装好压入和量测设备，并用水准尺将底板调平。

(3) 检查电源电压是否符合要求。

(4) 检查仪表是否正常。

(5) 将探头接上测量仪器（应与探头标定时的测量仪器相同），并对探头进行试压，检查顶柱、锥头、摩擦筒是否能正常工作。

2. 现场试验工作

(1) 确定试验前的初读数。将探头压入地表下 0.5m 左右，经过一定时间后将探头提升 10～25cm，使探头在不受压状态下与地温平衡，此时仪器上的读数即为试验开始时的初读数。

(2) 贯入速率要求匀速，其速率控制在 1.2±0.3（m/min）。

(3) 一般要求每次贯入 10cm 读一次读数，也可根据土层情况增减，但不能超过 20cm；深度记录误差不超过±1%，当贯入深度超过 30m 或穿过软土层贯入硬土层后，应有测斜数据。当偏斜度明显，应校正土层分层界线。

(4) 由于初读数不是一个固定不变的数值，所以每贯入一定深度（一般为2m），要将探头提升 5～10cm，测读一次初读数，以校核贯入过程初读数的变化情况。

(5) 接卸钻杆时，切勿使入土钻杆转动，以防止接头处电缆被扭断，同时应严防电缆受拉，以免拉断或破坏密封装置。

(6) 当贯入到预定深度或出现下列情况之一时，应停止贯入：①触探主机达到最大容许贯入能力，探头阻力达到最大容许压力；②反力装置失效；③发现探杆弯曲已达到不能容许的程度。

(7) 试验结束后应及时起拔探杆，并记录仪器的回零情况，探头拔出后应立即清洗上油，妥善保管，防止探头被暴晒或受冻。

3.3.6　静力触探资料整理

1. 单孔资料的整理

(1) 原始记录的修正

原始记录的修正包括读数修正、曲线脱节修正和深度修正。

读数修正是通过对初读数的处理来完成的。初读数是指探头在不受土层阻力条件下，传感器初始应变的读数（即零点漂移）。影响初读数的因素主要是温度，为消除其影响，在野外操作时，每隔一定深度将探头提升一次，然后将仪器的初读数调零（贯入前初读数也应为零），或者测记一次初读数。前者在自动记录仪上常用，进行资料整理时，就不必再修正；后者则应按下式对读数进行修正：

$$\varepsilon = \varepsilon_1 - \varepsilon_0 \qquad (3\text{-}18)$$

式中　ε——土层阻力所产生的应变量（$\mu\varepsilon$）；

　　ε_1——探头压入时的读数（$\mu\varepsilon$）；

　　ε_0——根据两相邻初读数之差内插确定的读数修正值（$\mu\varepsilon$）。

对于自身带有微机的记录仪，由于它能按检测到的初读数（至少两个）自动内插，故最后打印的曲线也不需要再修正。

记录曲线的脱节，往往出现在非连续贯入触探仪每一行程结束和新的行程开始时，自动记录曲线出现台阶或喇叭口状，如图 3-12 所示。对于这种情况，一般以停机前曲线位置为准，顺应曲线变化趋势，将曲线较圆滑地连接起来，见图 3-12中的虚线。

在静力触探试验贯入过程中，由于导轮磨损、导轮与触探杆打滑以及孔斜、触

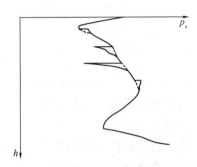

图 3-12　曲线脱节修正

探杆弯曲等原因，会造成记录曲线上记录深度与实际深度不符。对于触探杆打滑、速比不准，应在贯入过程中随时注意，做好标记，在整理资料时，按等距离调整或在漏记处予以补全。若由于导轮磨损引起的误差，应及时更换导轮；若因孔斜引起的误差，应根据测斜装置的数据或钻探资料予以修正。

（2）贯入阻力的计算

单桥探头的比贯入阻力、双桥探头的锥头阻力及侧壁摩擦力可按下列公式计算：

$$p_s = K_p \cdot \varepsilon_p \qquad (3\text{-}19)$$

$$q_c = K_q \cdot \varepsilon_q, \ f_s = K_f \cdot \varepsilon_f \qquad (3\text{-}20)$$

式中　　　p_s——单桥探头的比贯入阻力（MPa）；

　　　　　q_c——双桥探头的锥头阻力（MPa）；

　　　　　f_s——双桥探头的侧壁摩擦力（MPa）；

K_p、K_q、K_f——分别为单桥探头、双桥探头的标定系数（MPa/$\mu\varepsilon$）；

ε_p、ε_q、ε_f——分别为单桥探头、双桥探头贯入的应变量（$\mu\varepsilon$）。

（3）摩阻比的计算

摩阻比是以百分率表示的各对应深度的锥头阻力和侧壁摩擦力的比值：

$$\alpha = f_s/q_c \times 100\% \qquad (3\text{-}21)$$

式中　α——双桥探头的摩阻比。

（4）绘制单孔静探曲线

以深度为纵坐标，比贯入阻力或锥头阻力、侧壁摩擦力为横坐标，绘制单孔静探曲线，其横坐标的比例可按表 3-4 选用。通常 p_s-h 曲线或 q_c-h 曲线用实线表示，f_s-h 曲线用虚线表示。侧壁摩擦力和锥头阻力的比例可匹配成 1：100，同时还应附摩阻比随深度的变化曲线。

比 例 选 用 表 　　　　　　　表 3-4

项　　目	比　　例
深　　度	1：100 或 1：200
比贯入阻力或锥头阻力	1cm 表示 500、1000、2000kPa
侧壁摩擦力	1cm 表示 5、20、20kPa
摩阻比	1cm 表示 1%、2%

对于静探微机，以上过程均可自动完成。

2. 划分土层

静力触探的贯入阻力本身就是土的综合力学指标，利用其随深度的变化可对土层进行力学分层。分层时，应首先考虑静探曲线形态的变化趋势，再结合考虑本地区地层情况或钻探资料。其划分的详细程度应满足实际工程的需要，对主要受力层及对工程有影响的软弱夹层和下卧层应详细划分，每层中最大和最小贯入阻力之比应满足表 3-5 中的规定。

力学分层按贯入阻力变化幅度的分层标准 　　　　　　表 3-5

P_s 或 q_c（MPa）	最大贯入阻力与最小贯入阻力之比
≤1.0	1.0～1.5
1.0～3.0	1.5～2.0
>3.0	2.0～2.5

在划分分层界线时，还应考虑贯入阻力曲线中的超前和滞后现象，这种现象往往出现在探头由密实土层进入软土层或由软土层进入坚硬土层时，其幅度一般为 10～20cm 左右。其原因既有触探机理上的问题，也有仪器性能反映迟缓和土层本身在两层土交接处带有一些渐变的性质，情况比较复杂，在分层时应根据具体情况加以分析。

3. 土层贯入阻力的计算

（1）单孔分层贯入阻力

在土层分界线划定后，便可计算单孔分层平均贯入阻力。计算时，应剔除记录中的异常点以及超前和滞后值。

（2）场地各土层贯入阻力

根据单孔各土层贯入阻力及土层厚度，可以计算场地各土层贯入阻力。基本

的计算方法为厚度的加权平均法:

$$\bar{p}_s = \frac{\sum\limits_{i=1}^{n} h_i p_{si}}{\sum\limits_{i=1}^{n} h_i}$$ (3-22)

式中　　$\bar{p}_s$（或 $\bar{q}_c$、$\bar{f}_s$）——场地各土层贯入阻力（kPa）；

h_i——第 i 孔穿越该层的厚度（m）；

p_{si}（或 q_{ci}、f_{si}）——第 i 孔中该层的单孔贯入阻力（kPa）；

n——参与统计的静探孔数。

4. 贯入阻力的换算

国内使用静力触探确定地基参数的经验，很多是建立在单桥探头的实践之上的。如何将双桥探头（或孔压探头）成果与已有经验结合起来，就存在一个贯入阻力换算问题。国内不少单位对 q_c 与 p_s 的关系进行了研究，经验表明，p_s/q_c 值大致在 1.0～1.5 间。

对于非饱和土或地下水位以下的硬-坚硬黏性土和强透水性砂土，国内通常使用下式来对单桥探头的比贯入阻力 p_s 进行分解:

$$p_s = q_c + 6.41 f_s$$ (3-23)

3.3.7　静力触探成果应用

静力触探应用范围较广，下面就一些主要方面介绍如下。

1. 划分土类

静力触探是一种力学模拟试验，其比贯入阻力 p_s 是反映地基土实际强度及变形性质的力学指标，因此也反映了不同成因、不同年代和地区的土的力学指标的差别，并据此看法对不同类型的几种黏性土的 p_s 总结了一个范围值，见表3-6。

按比贯入阻力 p_s 确定黏性土种类　　　　　　　　　　　表3-6

土　层	软黏性土	一般黏性土	老黏性土
p_s 范围值（MPa）	$p_s \leqslant 1$	$1 \leqslant p_s < 3$	$p_s \geqslant 3$

2. 确定地基土的承载力

在利用静力触探确定地基土承载力的研究中，国内外都是根据对比试验结果提出经验公式。其中主要是与载荷试验进行对比，并通过对数据的相关分析得到适用于特定地区或特定土性的经验公式，以解决生产实践中的应用问题。

（1）黏性土

国内在用静力触探 p_s（或 q_c）确定黏性土地基承载方面已积累了大量资料，

建立了用于一定地区和土性的经验公式，其中部分列于表 3-7 中。

黏性土静力触探承载力经验公式 f_{ak}—kPa；p_s、q_c—MPa   表 3-7

序号	公　式	适　用　范　围	公　式　来　源
1	$f_{ak}=104p_s+26.9$	$0.3 \leqslant p_s \leqslant 6$	勘察规范（TJ 21—77）
2	$f_{ak}=17.3p_s+159$	北京地区老黏性土	
3	$f_{ak}=114.81gp_s+124.6$	北京地区的新近代土	原北京市勘测处
4	$f_{ak}=2491gp_s+157.8$	$0.6 \leqslant p_s \leqslant 4$	
5	$f_{ak}=87.8p_s+24.36$	湿陷性黄土	陕西省综合勘察院
6	$f_{ak}=90p_s+90$	贵州地区红黏土	贵州省建筑设计院
7	$f_{ak}=112p_s+5$	软土，$0.085<p_s<0.9$	铁道部（1988）

（2）砂土

用静力触探 p_s（或 q_c）确定砂土承载力的经验公式参见表 3-8。

砂土静力触探承载力经验公式　f_{ak}—kPa；q_c—MPa   表 3-8

序号	公　式	适　用　范　围	公　式　来　源
1	$f_{ak}=20p_s+59.5$	粉细砂 $1<p_s<15$	用静探测定砂土承载力
2	$f_{ak}=36p_s+76.6$	中粗砂 $1<p_s<10$	联合试验小组报告
3	$f_{ak}=91.7\sqrt{p_s}-23$	水下砂土	铁三院
4	$f_{ak}=(25\sim33)q_c$	砂土	国外

通常认为，由于取砂土的原状试样比较困难，故从 p_s（或 q_c）值估算砂土承载力是很实用的方法，其中对于中密砂比较可靠，对松砂、密砂不够满意。

（3）粉土

对于粉土，则采用下式来确定其承载力：

$$f_{ak}=36p_s+44.6 \tag{3-24}$$

式中，f_{ak} 的单位为"kPa"；p_s 的单位为"MPa"。

3. 确定砂土的密实度

确定砂土密实度的界限值见表 3-9。

国内外评定砂土密度界限值 p_s（MPa）   表 3-9

单　　位	极　松	疏　松	稍　密	中　密	密　实	极　密
辽宁煤矿设计院		$p_s<2.5$	$2.5\sim4.5$	>11		
北京市勘察院	$p_s<2$	$2\sim4.5$	$4\sim7$	$7\sim14$	$14\sim22$	$p_s>22$
南京地基基础设计规范	$p_s<3.5$	$3.5\sim6.0$	$6.0\sim12.0$	>12.0		

4. 确定砂土的内摩擦角

砂土的内摩擦角可根据比贯入阻力参照表 3-10 取值。

按比贯入阻力 p_s 确定砂土内摩擦角 φ　　　　　　表 3-10

p_s（MPa）	1	2	3	4	6	11	15	30
φ（°）	29	31	32	33	34	36	37	39

5. 确定黏性土的状态

国内一些单位通过试验统计，得出了比贯入阻力与液性指数的关系式，制成表 3-11，用于划分黏性土的状态。

静力触探比贯入阻力与黏性土液性指数的关系　　　　　　表 3-11

p_s（MPa）	$p_s \leqslant 0.4$	$0.4 < p_s \leqslant 0.9$	$0.9 < p_s \leqslant 3.0$	$3.0 < p_s \leqslant 5.0$	$p_s > 5.0$
I_L	$I_L \geqslant 1$	$1 > I_L \geqslant 0.75$	$0.75 > I_L \geqslant 0.25$	$0.25 > I_L \geqslant 0$	$I_L \leqslant 0$
状态	流塑	软塑	可塑	硬塑	坚硬

6. 估算单桩承载力

由于静力触探资料能直观地表示场地土质的软硬程度，对于工程设计时选择合适的桩端持力层，预估沉桩可能性及估算桩的极限承载力等方面表现出独特的优越性。其计算公式已列入《建筑桩基技术规范》JGJ 94—2008。

3.4　野外十字板剪切试验

野外十字板剪切试验是一种原位测定饱和软黏性土抗剪强度的方法。所测得的抗剪强度值，相当于天然土层试验深度处，在天然压力下固结的不排水抗剪强度；在理论上它相当于室内三轴不排水剪总强度，或无侧限抗压强度的一半（$\varphi = 0$）。由于这项试验不需采取土样，避免了土样的扰动及天然应力状态的改变，是一种有效的原位测试方法。

3.4.1　十字板剪切试验的基本原理

野外十字板剪切试验是将规定形状和尺寸的十字板头压入土中试验深度，施加扭矩使板头等速扭转，在土体中形成圆柱破坏面。测定土体抵抗扭损的最大扭矩，以计算土的不排水抗剪强度。

假定十字板头扭转形成的圆柱破坏面高度和直径与十字板头高度和直径相同，破坏面上各点的抗剪强度相等，且同时发挥作用，同时达到极限状态。由于土体扭剪过程中产生的最大抵抗力矩 M_r 等于圆柱体底面和侧面上土体抵抗力矩之和，即

$$M_r = M_{r1} + M_{r2} = 2c_u \cdot \frac{\pi D^2}{4} \cdot \frac{2}{3} \cdot \frac{D}{2} + c_u \cdot \pi D H \cdot \frac{D}{2} = \frac{1}{2} c_u \pi D^2 \left(\frac{D}{3} + H \right)$$

故
$$c_{\mathrm{u}} = \frac{2M_{\mathrm{r}}}{\pi D^2 \left(\dfrac{D}{3} + H\right)}$$
(3-25)

式中 c_{u}——土的不排水抗剪强度（kPa）；

　　M_{r}——土体扭损的最大抵抗力矩（kN·m）；

　　D——十字板头直径（m）；

　　H——十字板头高度（m）。

对于不同的试验设备，测量最大抵抗力矩的方法也不同。

3.4.2 十字板剪切试验仪器设备

野外十字板剪切试验的仪器设备为十字板剪切仪，目前国内有开口钢环式、轻便式和电测式三种。

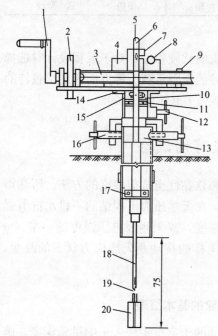

图 3-13 开口钢环式十字板剪切仪示意图
1—手摇柄；2—齿轮；3—蜗轮；4—开口钢环；5—导杆；6—特制键；7—固定夹；8—量表；9—支座；10—压圈；11—平面弹子盘；12—锁紧轴；13—底座；14—固定套；15—横梢；16—制紧轴；17—导轮；18—轴杆；19—离合器；20—十字板头

1. 开口钢环式十字板剪切仪

这是国内早期最常用的一种剪切仪，如图 3-13 所示。该仪器利用蜗轮蜗杆扭转插入土层中的十字板头，借助开口钢环测定土体抵抗力矩，与钻机配合，使用较为方便。

开口钢环式十字板剪切仪主要组成部件有：

（1）十字板头。十字板头是由断面呈十字形的相互直交的四个翼片组成。翼片形状宜用矩形，径高比 1:2，板厚 2～3mm，目前我国常采用的十字板头规格见表 3-12。对于不同的土可选用不同规格的十字板头。一般在软土中采用大尺寸的板头较为合适，在强度稍大的土中可选用 50×100（mm）规格的板头。

（2）轴杆。轴杆直径为 20mm，上接钻杆，下连十字板头。轴杆与十字板头的连接方式有离合式和牙嵌式。轴杆与十字板头的离合，可分别做十字板总剪力试验和轴杆摩擦力校正试验。

（3）测力装置。测力装置是仪器的主要部件，它是借助于固定在底板上的蜗轮转动，带动导杆、钻杆和轴杆，使插入土层中的十字板头扭转，通过蜗轮上开口钢环的变形来反映施加扭力的大小。整个装置固定在底座上，底座固定在套管上。

十字板规模及十字板常数 *K* 值　　　　　　表 3-12

十字板规格 $D \times H$ (mm)	十字板头尺寸（mm）			钢环率定时的力臂 *R* (mm)	十字板常数 *K* (m^{-2})
	直径 *D*	高度 *H*	厚度 *B*		
50×100	50	100	$2 \sim 3$	200	436.78
				250	545.97
50×100	50	100	$2 \sim 3$	210	458.62
75×150	75	150	$2 \sim 3$	200	129.41
				250	161.77
75×150	75	150	$2 \sim 3$	210	135.88

（4）附件。配备专用钻杆、接头、特制键、百分表、导轮、率定设备等。

2. 轻便式十字板剪切仪

轻便式十字板剪切仪是一种在开口钢环式十字板剪切仪基础上改造简化的设备。它不需用钻探设备钻孔和下套管，只用人力将十字板压入试验深度，人力施加扭力和反力，通过固定在旋转把手上的拉力钢环测定扭力矩，如图 3-14 所示。设备全重只有 20kg，3～4 人即可随身携带和试验，适用于饱和软土地区中小型工程的勘察。

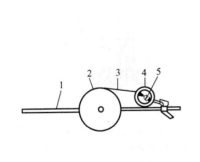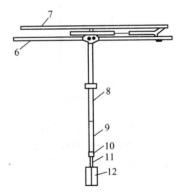

图 3-14　轻便式十字板剪切仪示意图
1—旋转手柄；2—铝盘；3—钢丝绳；4—钢环；5—量表；6—制动扳手；
7—施力把手，8—钻杆；9—轴杆；10—离合齿；11—膈小丝杆；12—十字板头

该仪器的十字板头常选用 $D \times H = 50 \times 100$（mm）规格的板头，采用离合式接触。施测扭力的装置有铝盘、钢环、旋转手柄、百分表等。

3. 电测式十字板剪切仪

电测式十字板剪切仪与上述两种类型仪器的主要区别在于测力装置不用钢环，而是在十字板头上端连接一个贴有电阻应变片的扭力传感器，如图 3-15 所示。利用静力触探试验的贯入装置（图 3-16），将十字板头压入到土层不同试验

深度，借助回转系统旋转十字板头，用电子仪器量测土的抵抗力矩。试验过程中不必进行轴杆摩擦力校正，操作容易，试验成果比较稳定。另外，同一场地还可以用一套仪器进行静力触探试验，因此得到了广泛使用。

电测式十字板剪切仪主要由下列几部分组成：

（1）十字板头部分。十字板头部分的结构如图 3-15 所示，由十字板、扭力柱、测量电桥和套筒等组成。所用十字板头的尺寸与开口钢环式十字板剪切仪相同。

（2）回转系统。由蜗轮、蜗杆、卡盘、摇把等组成。摇把转动一圈正好使钻杆转动一度。

（3）加压系统、量测系统、反力系统与静力触探仪共用。

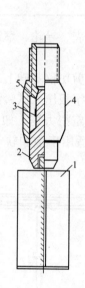

图 3-15　板头结构

1—十字板；2—扭力柱；3—应变片；
4—套筒；5—出线孔

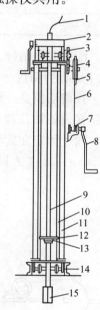

图 3-16　电测式十字板剪切仪示意图

1—电缆；2—施加扭力装置；3—大齿轮；4—小
齿轮；5—大链轮；6—链条；7—小链轮；8—摇
把；9—探杆；10—链条；11—支架立杆；12—山
形板；13—垫压块；14—槽钢；15—十字板头

3.4.3　十字板剪切现场试验技术要求

下面介绍电测式十字板剪切试验的技术要求。

（1）安装及调平电测式十字板剪切仪机架，用地锚固定，并安装好施加扭力装置。

（2）选择十字板头，并将其接在传感器上拧紧，连接传感器、电缆和量测仪器。

（3）按静力触探的方法，将电测式十字板头贯入到预定试验深度处。

（4）用回转部分的卡盘卡住钻杆，至少静置 2～3min，再开始剪切试验。

（5）试验开始，用摇把慢慢匀速地回转蜗轮、蜗杆，剪切速率为（1°～2°）/10s。摇把每转一圈，测记仪器读数一次。当读数出现峰值或稳定值后，继续测记 1min。

（6）松开卡盘，用扳手或管钳将探杆顺时针旋转 6 圈，使十字板头周围的土充分扰动，再用卡盘卡紧探杆，按要求（5）继续进行试验，测记重塑土抵抗扭剪的最大读数。

（7）完成上述一次试验后，再松开卡盘，用静力触探的方法继续下压至下一试验深度，按要求(4)～(6)重复进行试验，测记原状土和重塑土剪损时的最大读数。

（8）一孔的试验完成后，按静力触探的方法上拔探杆，取出十字板。

3.4.4 十字板剪切试验的适用条件和影响因素

1. 适用条件

十字板剪切试验主要适用于饱和软黏性土层，但若土层含有砂层、砾石、贝壳、树根及其他未分解有机质时不宜采用。测试深度一般在 30m 以内，目前陆上最大测试深度已超过 50m。

2. 影响因素

（1）十字板头规格

为了精确测定土层不排水抗剪强度，十字板不能太小。目前国内采用的尺寸为 50×100（mm）和 75×150（mm）两种标准的十字板，但两者的试验结果并非总是相同。

（2）剪应力的分布

土体扭剪破坏时，破坏面上剪应力的分布并不是均匀的，剪应力近边缘处（水平面及垂直面上）均有应力集中现象。Jackson（1969）提出，对计算抗剪强度 c_u 的公式（3-25）进行修正，表示为

$$c_u = \frac{2M_r}{\pi D^3 \left(\dfrac{a}{2} + \dfrac{H}{D} \right)} \tag{3-26}$$

式中 a——与顶面及底面剪应力在土体破坏时分布有关的系数。当剪应力分布均匀时，$a=2/3$；当剪应力分布是抛物线时，$a=3/5$；当剪应力分布是三角形时，$a=1/2$。

（3）土的各向异性

天然沉积土层常呈现层理，且土中应力状态不相同，显示出应力应变关系及强度的各向异性。扭剪破坏所形成的圆柱体侧面和顶底面上土的抗剪强度并不相等。有人曾用不同 D/H 的十字板头进行试验，结果表明：对于正常固结的饱和软黏性土，$c_{uv}/c_{uh}=0.5\sim0.67$；对于稍超固结的软黏性土，$c_{uv}/c_{uh}=0.9$。另外，在十字板剪切过程中，顶底面和侧面应力并不能同时达到峰值。

当十字板头叶片为三角形时，则可求出不同方向上土的抗剪强度。

$$c_{u\beta} = \cfrac{M_r}{\cfrac{4}{3}\pi L^3 \cos\beta} \tag{3-27}$$

式中 $c_{u\beta}$——与水平面呈 β 角斜面上的抗剪强度（kPa）；

      L——三角形边长（m）；

      β——三角形板头的三角形边与水平面的夹角（°）。

（4）十字板剪切速率

土的所有剪切试验结果都受应力或应变施加速率的影响。十字板的剪切速率对试验结果影响很大。剪切速率越大，抗剪强度越大。国内统一规定了剪切速率为 $1°/10s$，但实际工程的加荷速率一般较慢，故试验所得的抗剪强度相应偏大一些。

3.4.5 十字板剪切试验资料整理和应用

1. 资料整理

由于对于不同的试验设备，测量最大抵抗力矩的方法有所不同，因此由式（3-25）所推得的计算抗剪强度的公式也不同。

（1）开口钢环式十字板剪切试验

①计算原状土的抗剪强度

$$c_u = KC(R_y - R_g) \tag{3-28}$$

$$K = \cfrac{2R}{\pi D^2 \left(\cfrac{D}{3} + H\right)} \tag{3-29}$$

式中 c_u——原状土的抗剪强度（kPa）；

    C——钢环系数（kN/0.01mm）；

    R_y——原状土剪损时百分表最大读数，（0.01mm）；

    R_g——轴杆阻力校正时百分表最大读数（0.01mm）；

    K——十字板常数（m^{-2}），可按式（3-29）计算；

    R——率定钢环时的力臂（m）。

②计算重塑土的抗剪力强度

$$c'_u = KC(R_c - R_g) \tag{3-30}$$

式中 c'_u——重塑土的抗剪强度（kPa）；

    R_c——重塑土剪损时百分表最大读数（0.01mm）。

③计算土的灵敏度

$$S_t = \cfrac{c_u}{c'_u} \tag{3-31}$$

④绘制抗剪强度与试验深度的关系曲线

以了解土的抗剪强度随深度的变化规律，如图 3-17 所示。

⑤绘制抗剪强度与回转角的关系曲线

以了解土的结构性和受扭剪时的破坏过程，如图 3-18 所示。

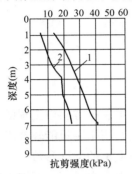

图 3-17 抗剪强度随
深度变化曲线图

1—原状土；2—重塑土

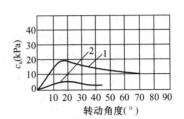

图 3-18 抗剪强度与回
转角关系曲线

1—原状土；2—重塑土

（2）电测式十字板剪切试验

①计算原状土的抗剪强度

$$c_u = K'\xi R_y \tag{3-32}$$

$$K' = \frac{2}{\pi D^2 \left(\dfrac{D}{3} + H \right)} \tag{3-33}$$

式中　c_u——原状土的抗剪强度（kPa）；

　　ξ——电测十字板头传感器的率定系数（kN·m/$\mu\varepsilon$）；

　　R_y——原状土剪损时最大微应变值（$\mu\varepsilon$）；

　　K'——电测十字板常数（m^{-3}），可由式（3-33）计算得到。

②计算重塑土的抗剪强度

$$c'_u = K'\xi R_c \tag{3-34}$$

式中　c'_u——重塑土的抗剪强度（kPa）；

　　R_c——重塑土剪损时最大微应变值（$\mu\varepsilon$）。

与开口钢环式十字板剪切试验一样，也可以依据试验资料计算土的灵敏度，绘制抗剪强度与深度的关系曲线和抗剪强度与回转角的关系曲线。

2. 资料应用

国内外研究均表明，野外十字板剪切试验所测得的抗剪强度值偏高；应用于实际工作时应作修正。Bjerrum（1972）建议的修正式为

$$c_u(实用值) = \mu c_u(实测值) \tag{3-35}$$

式中　μ——修正系数，随塑性指数 I_p 的增大而减小，见图 3-19。

（1）计算地基承载力

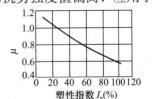

图 3-19 μ 与 I_p 的关系曲线

对于内摩擦角等于零（$\varphi = 0°$）的饱和软黏性土，其经验公式为

$$f_{ak} = 2c_u + \gamma h \tag{3-36}$$

式中 f_{ak}——地基土承载力特征值（kPa）；

   c_u——修正后的十字板抗剪强度（kPa）；

   γ——土的重度（kN/m^2）；

   h——基础埋置深度（m）。

（2）分析饱和软黏性土填、挖方边坡的稳定性

十字板抗剪强度较为普遍地用于软土地基及软土填、挖方斜坡工程的稳定性分析与核算。根据软土中滑动带强度显著降低的特点，用十字板能较准确地确定滑动面的位置，并根据测得的抗剪强度来反算滑动面上土的强度参数，为地基与边坡稳定性分析和确定合理的安全系数提供依据。据南京水科所、浙江水科所等单位对海堤、水库堤坝所作的大量验算，表明十字板抗剪强度一般偏大，建议在设计中安全系数不小于 1.3～1.5 为宜。

（3）检验地基加固改良的效果

在软土地基堆载预压（或配以砂井排水）处理过程中，可用十字板剪切试验测定地基强度的变化，用于控制施工速率及检验地基加固的效果。另外，对于采用振冲法加固饱和软黏性土地基的小型工程，可用桩间土的十字板抗剪强度来计算复合地基的承载力标准值：

$$f_{sp,k} = [1 + m(n-1)] \cdot 3c_u \tag{3-37}$$

式中 $f_{sp,k}$——复合地基的承载力标准值（kPa）；

   n——桩土应力比，无实测资料时可取 2～4，原土强度低取大值，反之取小值；

   m——面积置换率；

   c_u——桩间土的十字板抗剪强度（kPa）。

（4）其他

软黏性土的灵敏度是一个重要指标，用它可以来判断土的成因、结构性、并了解扰动因素（如打桩、活荷载变化剧烈等）对软土强度的影响；根据抗剪强度与深度的关系曲线来判定土的固结性质；根据不排水抗剪强度确定软土路基的临界高度等。

3.5 动 力 触 探

动力触探（DPT）是利用一定的锤击能量，将一定规格的探头打入土中，根据贯入的难易程度来判定土的性质。这种原位测试方法历史久远，种类也很多，主要包括圆锥动力触探和标准贯入试验，具有设备简单、操作方便、工效较高、适应性广等优点。特别对难于取样的无黏性土（砂土、碎石土等）及静力触

探难于贯入的土层，动力触探是十分有效的测试手段，目前在国内外得到极为广泛的应用。

3.5.1 基 本 原 理

动力触探的锤击能量（穿心锤重量 Q 与落距 H 的乘积），一部分用于克服土对触探的贯入阻力，称为有效能量；另一部分消耗于锤与触探杆的碰撞、探杆的弹性变形及与孔壁土的摩擦等，称为无效能量。假设锤击效率为 η，有效锤击能量可表为 ηQH，则：

$$\eta QH = q_{\mathrm{d}} Ae \tag{3-38}$$
$$e = h/N \tag{3-39}$$

式中　Q——穿心锤重量（kN）；

　　　H——落距（cm）；

　　　q_{d}——探头的单位贯入阻力（kPa）；

　　　A——探头横截面积（m^2）；

　　　e——每击的贯入深度（cm）；其值可见式（3-39）；

　　　h——贯入深度（cm）；

　　　N——贯入深度为 A 时的锤击数，单位为击。

于是可得：

$$q_{\mathrm{d}} = \eta QH/(Ah)N \tag{3-40}$$

对于同一种设备，Q、H、A、h 为常数，当 η 一定时，探头的单位贯入阻力与锤击数 N 成正比关系，即 N 的大小反映了动贯入阻力的大小，它与土层的种类、紧密程度、力学性质等密切相关，故可以将锤击数作为反映土层综合性能的指标。通过锤击数与室内有关试验及载荷试验等进行对比和相关分析，建立起相应的经验公式，应用于实际工程。

3.5.2 圆 锥 动 力 触 探

1. 试验设备

圆锥动力触探试验种类较多，《岩土工程勘察规范》GB 50021—2001（2009年版）根据锤击能量分为轻型、重型和超重型三种，见表 3-13。

国内圆锥动力触探类型及规格　　　　表 3-13

触探类型	落锤质量（kg）	落锤距离（cm）	圆锥头规格			触探杆外径（mm）	触探指标	主要适用岩土
			锥角	锥底直径	锥底面积			
轻型	10	50	60°	40mm	12.6cm^2	25	贯入 30cm 的锤击数 N_{10}	浅部的填土、砂土、粉土、黏性土

触探类型	落锤质量（kg）	落锤距离（cm）	圆锥头规格			触探杆外径（mm）	触探指标	主要适用岩土
			锥角	锥底直径	锥底面积			
重型	63.5	76	60°	74mm	43cm²	42	贯入 10cm 的锤击数 $N_{63.5}$	砂土、中密以下的碎石土、极软岩
超重型	120	100	60°	74mm	43cm²	50～60	贯入 10cm 的锤击数 N_{120}	密实和很密实的碎石土、软岩、极软岩

　　各种圆锥动力触探尽管试验设备重量相差悬殊，但其组成基本相同，主要由圆锥探头、触探杆和穿心锤三部分组成，各部分规格见表 3-13。轻型动力触探的试验设备如图 3-20 所示，重型（超重型）动力触探探头如图 3-21 所示。

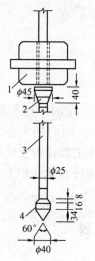

图 3-20　轻型动力触探的试验设备
1—穿心锤；2—锤垫；3—探杆；4—探头

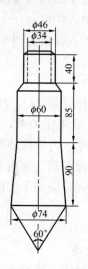

图 3-21　重型（超重型）
动力触探探头

2. 现场试验技术要求

（1）轻型动力触探（DPL）

①试验要点：先用轻便钻具钻至试验土层标高，然后对土层连续进行锤击贯入。每次将穿心锤提升 50cm，自由落下。锤击频率每分钟宜为 15～30 击，并始终保持探杆垂直，记录每打入土层 30cm 的锤击数 N_{10}。如遇密实坚硬土层，当贯入 30cm 所需锤击数超过 90 击或贯入 15cm 超过 45 击时，试验可以停止。

②适用范围：轻型动力触探适用于一般黏性土、黏性素填土和粉土，其连续

贯入深度小于4m。

（2）重型动力触探（DPH）

①试验要点：贯入前，触探架应安装平稳，保持触探孔垂直。试验时，应使穿心锤自由下落，落距为76cm，及时记录贯入深度一阵击的贯入量及相应的锤击数。

②适用范围：一般适用于砂土和碎石土。最大贯入深度10~12m。

（3）超重型动力触探（DPSH）

①试验要点：除落距为100cm以外，与重型动力触探试验要点相同。

②适用范围：一般用于密实的碎石或埋深较大、厚度较大的碎石土。贯入深度一般不超过20m。

3. 资料整理

（1）实测击数的校正

①轻型动力触探

轻型动力触探不考虑杆长修正，实测击数N_{10}可直接应用。

②重型动力触探

侧壁摩擦影响的校正：对于砂土和松散—中密的圆砾卵石，触探深度在1~15m的范围内时，一般可不考虑侧壁摩擦的影响。

触探杆长度的校正：当触探杆长度大于2m时，锤击数需按下式进行校正：

$$N_{63.5} = \alpha N \tag{3-41}$$

式中　$N_{63.5}$——重型动力触探试验锤击数，单位为击；

　　　　α——触探杆长度校正系数，按表3-14确定；

　　　　N——贯入10cm的实测锤击数，单位为击。

重型动力触探试验杆长校正系数 α 值　　　　　表 3-14

$N_{63.5}$	杆长（m）										
	<2	4	6	8	10	12	14	16	18	20	22
<1	1.00	0.98	0.96	0.93	0.90	0.87	0.84	0.81	0.78	0.75	0.72
5	1.00	0.96	0.93	0.90	0.86	0.83	0.80	0.77	0.74	0.71	0.68
10	1.00	0.95	0.91	0.87	0.83	0.79	0.76	0.73	0.70	0.67	0.64
15	1.00	0.94	0.89	0.84	0.80	0.76	0.72	0.69	0.66	0.63	0.60
20	1.00	0.90	0.85	0.81	0.77	0.73	0.69	0.66	0.63	0.60	0.57

地下水影响的校正：对于地下水位以下的中、粗、砾砂和圆砾、卵石，锤击数可按下式修正：

$$N_{63.5} = 1.1 N'_{63.5} + 1.0 \tag{3-42}$$

式中　$N_{63.5}$——经地下水影响校正后的锤击数，单位为击；

　　　　$N'_{63.5}$——未经地下水影响校正而经触探杆长度影响校正后的锤击数，单位为击。

③超重型动力触探

触探杆长度及侧壁摩擦影响的校正：

$$N_{120} = \alpha F_n N \tag{3-43}$$

式中　N_{120}——超重型动力触探试验锤击数，单位为击；

　　　α——触探杆长度校正系数，按表 3-15 确定；

　　　F_n——触探杆侧壁摩擦影响校正系数，按表 3-16 确定；

　　　N——贯入 10cm 的实测击数，单位为击。

超重型动力触探试验触探杆长度校正系数 α 　　表 3-15

探杆长度（m）	<1	2	4	6	8	10	12	14	16	18	20
α	1.00	0.93	0.87	0.72	0.65	0.59	0.54	0.50	0.47	0.44	0.42

超重型动力触探试验探杆侧壁摩擦校正系数 F_n 　　表 3-16

N	1	2	3	4	6	8—9	10—12	13—17	18—24	25—31	32—50	>50
F_n	0.92	0.85	0.82	0.80	0.78	0.76	0.75	0.74	0.73	0.72	0.71	0.70

（2）动贯入阻力的计算

圆锥动力触探也可以用动贯入阻力作为触探指标，其值可按下式计算：

$$q_d = M/(M+M')MgH/Ae \tag{3-44}$$

式中　q_d——动力触探贯入阻力（MPa）；

　　　M——落锤质量（kg）；

　　　M'——触探杆（包括探头、触探杆、锤座和导向杆）的质量（kg）；

　　　g——重力加速度（m/s²）；

　　　H——落锤高度（m）；

　　　A——探头截面积（cm²）；

　　　e——每击贯入度（cm）。

式（3-44）是目前国内外应用最广的动贯入阻力计算公式，我国《岩土工程勘察规范》和水利水电部《土工试验规程》条文说明中都推荐该公式。

（3）绘制单孔动探击数（或动贯入阻力）与深度的关系曲线，并进行力学分层

以杆长校正后的击数 N 为横坐标，贯入深度为纵坐标绘制触探曲线。对轻型动力触探按每贯入 30cm 的击数绘制 N_{10}-h 曲线；中型、重型和超重型按每贯入 10cm 的击数绘制 N-h 曲线。曲线图式有按每阵击换算的 N 点绘和按每贯入 10cm 击数 N 点绘两种，见图 3-22。

根据触探曲线的形态，结合钻探资料对触探孔进行力学分层。各类土典型的 N-h 曲线如图 3-23 所示。分层时应考虑触探的界面效应，即下卧层的影响。一

般由软层（小击数）进入硬层（大击数）时，分层界线可选在软层最后一个小值点以下 $0.1\sim0.2\mathrm{m}$ 处；由硬层进入软层时，分界线可定在软层第一个小值点以下 $0.1\sim0.2\mathrm{m}$ 处。

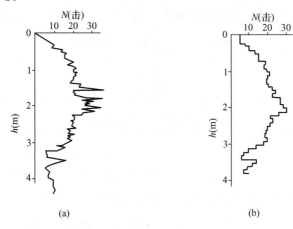

图 3-22　动力触探曲线

（a）按每阵击贯入度换算成 N 点绘的曲线；

（b）按每贯入 10cm 时的 N 点绘的曲线

根据力学分层，剔除层面上超前和滞后影响范围内及个别指标异常值，计算单孔各层动探指标的算术平均值。

当土质均匀，动探数据离散性不大时，可取各孔分层平均值，用厚度加权平均法计算场地分层平均动探指标。当动探数据离散性大时，宜用多孔资料与钻孔资料及其他原位测试资料综合分析。

4. 成果应用

（1）确定砂土密度或孔隙比

用重型动力触探击数确定砂土、碎石土的孔隙比 e 见表 3-17。

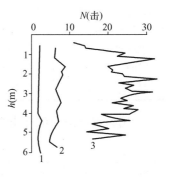

图 3-23　各类土的 $N\text{-}h$ 曲线

1—黏性土、砂土；2—砾石土；3—卵石土

重型动力触探击数与孔隙比关系　　　　　　　　表 3-17

土的分类	校正后的动力触探击效数 $N_{63.5}$									
	3	4	5	6	7	8	9	10	12	15
中砂	1.14	0.97	0.88	0.81	0.76	0.73				
粗砂	1.05	0.90	0.80	0.73	0.68	0.64	0.62			
砾砂	0.90	0.75	0.65	0.58	0.53	0.50	0.47	0.45		
圆砾	0.73	0.62	0.55	0.50	0.46	0.43	0.41	0.39	0.36	
卵石	0.66	0.56	0.50	0.45	0.41	0.39	0.36	0.35	0.32	0.29

（2）确定地基土承载力

用动力触探指标确定地基土承载力是一种快速简便的方法。

①用轻型动力触探击数确定地基土承载力。对于小型工程地基勘察和施工期间检验地基持力层强度，轻型动力触探具有优越性，可见表 3-18 和表 3-19。

黏性土 N_{10} 与承载力 f_{ak} 的关系　　　　　　　　　　表 3-18

N_{10}	15	20	25	30
f_{ak}（kPa）	105	145	190	230

素填土 N_{10} 与承载力 f_{ak} 的关系　　　　　　　　　　表 3-19

N_{10}	10	20	30	40
f_{ak}（kPa）	85	115	135	160

②用重型动力触探击数 $N_{63.5}$ 确定地基土承载力，见表 3-20。

细粒土、碎石土 $N_{63.5}$ 与承载力 f_{ak}（kPa）的关系　　　　　表 3-20

$N_{63.5}$	1	2	3	4	5	6	7	8	9	10	12
黏　　土	96	152	209	265	321	382	444	505			
粉质黏土	88	136	184	232	280	328	376	424			
粉　　土	80	107	136	165	195	(224)					
素填土	79	103	128	152	176	(201)					
粉细砂		(80)	(110)	142	165	187	210	232	255	277	
中粗砾砂			120	150	200	240		320		400	
碎石土			140	170	200	240		320		400	480

③用超重型动力触探击数 N_{120} 确定地基土承载力，见表 3-21。

碎石土 N_{120} 与承载力 f_{ak} 的关系　　　　　　　　　　表 3-21

N_{120}	3	4	5	6	8	10	12	14	＞16
f_{ak}（kPa）	250	300	400	500	640	720	800	850	900

注：1. 资料引自中国建筑西南综合勘察院；

2. N_{120} 需经式（3-43）修正。

（3）确定桩尖持力层和单桩承载力

①确定桩尖持力层。动力触探试验与打桩过程极其相似，动探指标能很好反映探头处地基土的阻力。在地层层位分布规律比较清楚的地区，特别是上软下硬的二元结构地层，用动力触探能很快地确定端承桩的桩尖持力层。但在地层变化复杂和无建筑经验的地区，则不宜单独用动力触探来确定桩尖持力层。

②确定单桩承载力。动力触探由于无法实测地基土极限侧壁摩阻力，因而用于桩基勘察时，主要是以桩端承力为主的短桩。我国沈阳、成都和广州等地区通

过动力触探和桩静载荷试验对比，利用数理统计得出了用动力触探指标（$N_{63.5}$ 或 N_{120}）估算单桩承载力的经验公式，应用范围都具地区性。

利用动力触探指标还可评价场地均匀性，探查土洞、滑动面、软硬土层界面，检验地基加固与改良效果等。

3.5.3 标 准 贯 入 试 验

1. 试验设备

标准贯入试验设备主要由标准贯入器（图 3-24）、触探杆和穿心锤三部分组成。我国贯入试验设备规格见表 3-22。

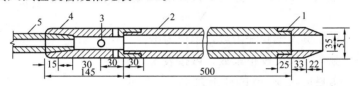

图 3-24 标准贯入器

1—贯入器靴；2—由两个半圆形管合成的贯入器身；

3—出水孔 $\phi15$；4—贯入器头；5—触探杆

标准贯入试验设备 表 3-22

落锤重量（kg）	落锤距离（cm）	贯入器规格	触探指标	触探杆外径（mm）
63.5 ± 0.5	76 ± 2	对开式，外径 5.1cm，内径 3.5cm，长度 70cm，刃口角 $18°\sim20°$	将贯入器打入 15cm 后，贯入 30cm 的锤击数	42

2. 现场试验技术要求

（1）与钻探配合，先用钻具钻至试验土层标高以上约 15cm 处，以避免下层土扰动。清除孔底虚土，为防止孔中流砂或塌孔，常采用泥浆护壁或下套管。钻进方式宜采用回转钻进。

（2）贯入前，检查探杆与贯入器接头，不得松脱。然后将标准贯入器放入钻孔内，保持导向杆、探杆和贯入器的垂直度，以保证穿心锤中心施力，贯入器垂直打入。

（3）贯入时，穿心锤落距为 76cm，一般应采用自动落锤装置，使其自由下落。锤击速率应为 $15\sim30$ 击/min。贯入器打入土中 15cm 后，开始记录每打入 10cm 的锤击数，累计打入 30cm 的锤击数为标准贯入击数 N。若土层较为密实，当锤击数已达 50 击，而贯入度未达 30cm 时，应记录实际贯入度并终止试验。标准贯入击数 N 按下式计算：

$$N = 30n/\Delta s \qquad (3-45)$$

式中　N——所选取贯入量的锤击数，单位为击，通常取 $n=50$ 击；

Δs——对应锤击数 N 击的贯入量（cm）。

（4）拔出贯入器，取出贯入器中的土样进行鉴别描述，保存土样以备试验用。

（5）如需进行下一深度的试验，则继续钻进重复上述操作步骤。一般可每隔1m 进行一次试验。

3. 资料整理

标准贯入试验的资料整理，包括按有关规定对实测标贯击数 N' 进行必要的校正，并绘制标贯击数 N 与深度的关系曲线。

当探杆长度大于 3m 时，标贯击数应按下式进行杆长校正

$$N = aN' \tag{3-46}$$

式中　N——标准贯入试验锤击数，单位为击；

　　　a——触探杆长度校正系数，可按表 3-23 确定；

　　　N'——实测贯入 30cm 的锤击数。

触探杆长度校正系数　　　　　　表 3-23

触探杆长度（m）	<3	6	9	12	15	18	21
校正系数 a	1.00	0.92	0.86	0.81	0.77	0.73	0.70

注：应用 N 值时是否修正，应据建立统计关系时的具体情况确定。

4. 成果应用

标准贯入试验主要适用于砂土、粉土及一般黏性土，不能用于碎石土。

（1）确定砂土的密度

用标准贯入试验锤击数 N 判定砂土的密度在国内外已得到广泛承认，其划分标准按《建筑地基基础设计规范》GB 50007—2011，可见表 3-24。

标准贯入试验锤击数 N 判定砂土的密度　　　　　　表 3-24

N	$N \leqslant 10$	$10 < N \leqslant 15$	$15 < N \leqslant 30$	$N > 30$
实度	松散	稍密	中密	密实

（2）确定黏性土、砂土的抗剪强度和变形参数

用标准贯入试验锤击数确定黏性土、砂土抗剪强度和变形参数见表 3-25 和表 3-26。

用标准贯入试验锤击数估算内摩擦角　　　　　　表 3-25

研　究	N				
	<4	4～10	10～30	30～50	>50
Peck	<28.5	28.5～30	30～36	36～41	>41
Meyerhof	<30	30～35	35～40	40～45	>45

N 与变形参数 E_o、E_s（MPa）的关系　　表 3-26

研　究　者	关　系　式	适用范围
湖北省水利电力勘测设计院	$E_o = 1.0658N + 7.4306$	黏性土、粉土
武汉城市规划设计院	$E_o = 1.4135N + 2.6156$	武汉黏性土、粉土
西南综合勘察院	$E_s = 10.22 + 0.276N$	粉、细砂
Schultze & Merzenbach	$E_s = 7.1 + 0.49N$	
Webbe	$E_o = 2.0 + 0.6N$	

（3）估算波速值

场地土的波速值是抗震设计和动力基础设计的重要参数。用标准贯入试验锤击数可估算土层的剪切波速值。一些地方性的经验公式见表 3-27。

N 与剪切波速（m/s）的关系　　表 3-27

土　类	统　计　公　式
细　砂	$V_s = 56\ N^{0.25} \sigma_v^{0.14}$
含卵砾石 25% 的黏性土	$V_s = 60\ N^{0.25} \sigma_v^{0.14}$
含卵砾石 50% 的黏性土	$V_s = 55\ N^{0.25} \sigma_v^{0.14}$

（4）确定黏性土、粉土和砂土承载力

用标准贯入试验确定黏性土、粉土和砂土的承载力可参考表 3-28、表 3-29，表中的锤击数 N 由杆长修正后的锤击数按式（3-47）、式（3-48）修正得到。

$$N_k = r_s N_m \tag{3-47}$$

$$r_s = 1 \pm (1.704/\sqrt{N} + 4.678/N^2)\delta \tag{3-48}$$

式中　N_k——标准贯入试验锤击数标准值；

　　　N_m——标准贯入试验锤击数平均值；

　　　r_s——统计修正系数；

　　　δ——变异系数；

　　　N——试验次数。

黏性土 N 与承载力的关系　　表 3-28

N	3	5	7	9	11	13	15	17	19	21	23
f_{ak}（kPa）	105	145	190	220	295	325	370	430	515	600	680

砂土 N 与承载力 f_{ak}（kPa）的关系　　表 3-29

N	10	15	30	50
中砂	180	250	340	500
粉、细砂	140	180	250	340

（5）选择桩尖持力层

根据国内外的实践，对于打入式预制桩，常选择 $N = 30 \sim 50$ 作为持力层。但必须强调与地区建筑经验的结合，不可生搬硬套。如上海地区一般在地面以下 60m 才出现 $N > 30$ 的地层，但对于地面下 35m 及 50m 上下、$N = 15 \sim 20$ 的中密粉、细砂及粉质黏土，实践表明作为桩尖持力层是合理可靠的。

（6）判别砂土、粉土的液化

判别砂土、粉土的液化，详见《建筑抗震设计规范》GB 50011—2010。

3.6 扁铲侧胀试验

扁铲侧胀试验（DMT）是 20 世纪 70 年代末由意大利人 Marchetti 发明的一种新的原位测试方法。它也简称扁胀试验，是用静力或锤击动力把扁铲形探头贯入土中，达预定试验深度后，利用气压使扁铲侧面的圆形钢膜向外扩张进行试验，它可作为一种特殊的旁压试验。它适用于一般黏性土、粉土，中密以下砂土和黄土等，不适用于含碎石的土、风化岩等。

扁胀试验的优点在于试验简单、快速、重复性好，故在国外近年来发展很快。我国南光地质仪器厂已研制成功 DMT-W1 型扁铲侧胀仪。

3.6.1 扁胀试验的基本原理

扁胀试验时，铲头的弹性膜向外扩张可假设为在无限弹性介质中在圆形面积上施加均布荷载 ΔP，则有：

$$s = \frac{4R\Delta P}{\pi} \cdot \frac{(1 - \mu^2)}{E} \qquad (3\text{-}49)$$

式中　E——弹性介质的弹性模量（MPa）；

　　　μ——弹性介质的泊松比；

　　　s——膜中心的外移（mm）；

　　　R——膜的半径（$R = 30$mm）。

1. 扁胀模量 E_D

把 $E/(1 - \mu^2)$ 定义为扁胀模量 E_D，则有：

$$E_D = 34.7\Delta P = 34.7(P_1 - P_0) \qquad (3\text{-}50)$$

式中　P_1——膜中心外移 s 时所需的应力（kPa）；

　　　P_0——作用在扁胀仪上的原位应力（kPa）。

2. 扁胀水平应力指数 K_D

定义水平有效应力 P_0' 与竖向有效应力 σ_{vo}' 之比为扁胀水平应力指数 K_D，则有：

$$K_D = (P_0 - u_0)/\sigma'_{vo} \tag{3-51}$$

式中　u_0——孔隙水压力。

3. 扁胀指数 I_D

定义扁胀指数为

$$I_D = (P_1 - P_0)/(P_0 - u_0) \tag{3-52}$$

4. 扁胀孔压指数 u_D

定义扁胀孔压指数为

$$u_D = (P_2 - u_0)/(P_0 - u_0) \tag{3-53}$$

式中　P_2——初始孔压加上由于膜扩张所产生的超孔压之和。

扁胀参数反映了土的一系列特性，所以可根据 E_D、K_D、I_D 和 u_D 确定土的岩土参数，为岩土工程问题作出评价。

3.6.2　扁胀试验的仪器设备及试验技术

1. 扁铲形探头和量测仪器

扁铲形探头的尺寸为长 230~240mm，宽 94~96mm，厚 14~16mm，铲前缘刃角为 12°~16°，扁铲的一侧面为一直径 60mm 的钢膜。探头可与静力触探的探杆或钻杆连接。量测仪表为静探测量仪，并前置控制箱，这些可见图 3-25。

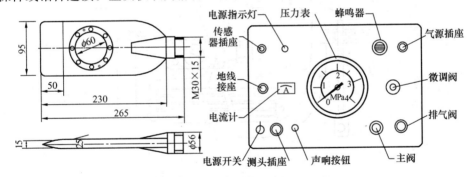

图 3-25　DMT-W1 型扁胀探头及量测仪表

2. 测定钢膜三个位置的压力 A、B、C

压力 A 为当膜片中心刚开始向外扩张，向垂直扁铲周围的土体水平位移 0.05+0.02mm 时，作用在膜片内侧的气压。

压力 B 为膜片中心外移达 1.10±0.03mm 时作用在膜片内侧的气压。

压力 C 为在膜片中心外移 1.10mm 以后，缓慢降压，使膜片内缩到刚启动前的原来位置时作用在膜片内的气压。

当膜片到达所确定的位置时，会发出一电信号——指示灯发光或蜂鸣器发声，测读相应的气压。一般三个压力读数 A、B、C 可在贯入后 1min 内完成。

3. 膜片的标定

由于膜片的刚度，需通过在大气压下标定膜片中心外移 0.05mm 和 1.10mm 所需的压力 ΔA 和 ΔB，标定应重复多次，取 ΔA 和 ΔB 的平均值。

则 P_1 的计算式为（膜中心外移 1.10mm）：

$$P_1 = B - Z_m - \Delta B \tag{3-54}$$

式中　Z_m——压力表在大气压力下的零读数；

B、ΔB——意义同前。

则 P_0 的计算式为

$$P_0 = 1.05(A - Z_m + \Delta A) - 0.05(B - Z_m - \Delta B) \tag{3-55}$$

P_2 的计算式为（膜中心外移后又收缩到初始外移 0.05mm 时的位置）

$$P_2 = C - Z_m + \Delta A \tag{3-56}$$

4. 试验要求

①当静压扁铲探头入土的推力超过 50kN 或用 SPT 的锤击方式，每 30cm 的锤击数超过 15 击时，为避免扁胀探头损坏，建议先钻孔，在孔底下压探头至少 15cm，试验装置示意见图 3-26。

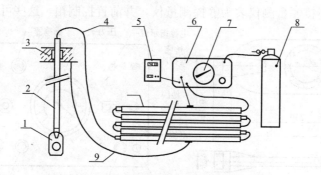

图 3-26　BMT-W1 仪器试验布局图

1—铲头；2—探杆；3—压入设备夹持器；4—气-电管路；
5—电测仪表；6—测控箱；7—高精度压力麦；8—气源；9—地线

②试验点在垂直方向的间距可为 0.15～0.30m，一般可取 0.20m。

③试验全部结束，应重新检验 ΔA 和 ΔB 值。

④若要估算原位的水平固结系数，可进行扁膜消散试验，从卸除推力开始，记录压力 C 随时间 t 的变化，记录时间可按 1、2、4、8、15、30……min 安排。直至 C 压力的消散超过 50% 为止。

3.6.3　扁胀试验的资料整理

1. 绘制 P_0、P_1、P_2 随深度的变化曲线

根据 A、B、C 压力及 ΔA、ΔB 计算出 P_0、P_1、P_2，并绘制 P_0、P_1、P_2 随深度的变化曲线，见图 3-27。

2. 绘制 E_D、K_D、I_D 和 u_D 随深度的变化曲线。

根据 E_D、K_D、I_D 和 u_D，绘制随深度的变化曲线，见图 3-28。

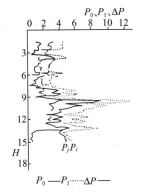

图 3-27　P_0、P_1、ΔP-H 曲线

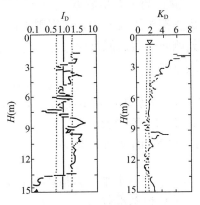

图 3-28　扁胀试验 I_D、K_D-H 曲线

3.6.4　扁胀试验资料的应用

1. 划分土类

Marchetti 和 Crapps（1981）提出依据扁胀指数 I_D 可划分土类，见图 3-29 和表 3-30。

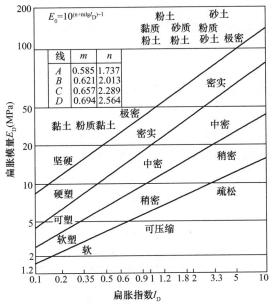

图 3-29　土类划分（Marchetti 和 Crapps，1981）

根据扁胀指数 I_D 划分土类 　　　　　　　表 3-30

I_D	0.1	0.35	0.6	0.9	1.2	1.8	3.3
泥炭及灵敏性黏土	黏土	粉质黏土	黏质粉土	粉土	砂质粉土	粉质砂土	砂土

2. 静止侧压力系数 K_0

扁胀探头压入土中，对周围土体产生挤压，故并不能由扁胀试验直接测定原位初始侧向应力，但可通过经验建立静止侧压力系数 K_0 与水平应力指数 K_D 的关系式，即

$$K_0 = 0.35 K_D^m (K_D < 4) \tag{3-57}$$

式中　m——系数，高塑性黏土 $m=0.44$，低塑性黏土 $m=0.64$。

3. 土的变形参数

E_S 和 E_D 的关系如下：

$$E_S = R_W \cdot E_D \tag{3-58}$$

式中　R_W——与水平应力指数 K_D 有关的函数。一般 $R_W \geq 0.85$。

4. 估算地基承载力

扁胀试验中压力增量 $\Delta P = (P_1 - P_0)$，此时弹性膜的变形量为 1.10mm，相对变形为 $1.10/0.60 = 0.0183$，与载荷试验中相对沉降量法取值相似（$P_{0.01 \sim 0.015}$），所以，可用 $f_0 = \Delta P$ 估算地基基承载力，具体到一个地区、一种土类，最好有载荷试验资料对比。

3.7　岩土体现场剪切试验

岩土体的现场剪切试验包括现场直剪试验和现场三轴试验。本节仅介绍现场直剪试验。

现场直剪试验（FDST）是在现场岩土体上直接进行剪切试验，测定其抗剪强度参数及应力应变关系的一种原位测试方法。它包括岩土体本身、岩土体沿软弱结构面和岩体与混凝土接触面的直剪试验三类。按试验方式和过程的不同，每一类直剪试验又均可分为岩土试验体在法向应力作用下沿剪切面剪切破坏的抗剪试验、岩土体剪断后沿剪切面继续剪切的抗剪试验（摩擦试验）和法向应力为零时岩体剪切的抗切试验，如图 3-30 所示。由于现场直剪试验的试验体受剪面积

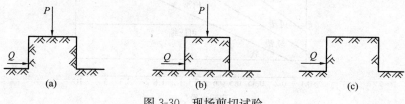

图 3-30　现场剪切试验

（a）抗剪断试验；（b）摩擦试验；（c）抗切试验

比室内试验大得多，且又是在现场直接进行，因此和室内试验相比更符合实际情况。

3.7.1 现场直剪试验基本原理

岩土体的抗剪强度与剪切面上的法向应力有关。在一定范围内，其值随法向应力呈线性增大，如图 3-31 所示。

$$\tau = \sigma\tan\varphi + c \qquad (3-59)$$

式中 τ——岩土体抗剪强度（kPa）；

σ——岩土体剪切面上法向应力（kPa）；

φ——岩土体的内摩擦角（°）；

c——岩土体的黏聚力（kPa）。

因此，通过进行一组试验（一般为 3～5 个试验体），得到岩土体在不同法向应力作用下的抗剪强度，可求得岩土体的抗剪强度参数（c、φ）。

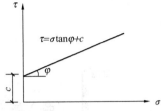

图 3-31 抗剪强度与法向应力的关系

σ—法向荷载；τ—剪切荷载

3.7.2 现场直剪试验仪器设备

1. 加荷系统

（1）液压千斤顶 2 台。根据岩土体强度、最大荷载及剪切面积选用不同规格。

（2）油压泵 2 台。手摇式或电动式，对千斤顶供油。

2. 传力系统

（1）高压胶管若干（配有快速接头）。输送油压用。

（2）传力柱（无缝钢管）一套。要求必须具有足够的刚度和强度。

（3）承压板一套。其面积可根据试验体尺寸而定。

（4）剪力盒一个。有方形和圆形两种，常用于土体及强度较低的软岩，强度较高的岩体用承压板取代。

（5）滚轴排一套。面积根据试验体尺寸而定。

3. 测量系统

（1）压力表（精度为一级的标准压力表）一套。测油压用。

（2）千分表（8～12 只）。也可用百分表代替。

（3）磁性表架（8～12 只）。

（4）测量表架（工字钢）2 根。

（5）测量标点（有机玻璃或不锈钢）。

4. 辅助设备

开挖、安装工具及反力设备等。

3.7.3   现场直剪试验技术要求

现场直剪试验可在试洞、试坑、探槽或大口径钻孔内进行。土层中试验有时采用大型同步式剪力仪进行试验，如图 3-32 所示。当剪切面水平或近于水平时，可用平推法或斜推法；当剪切面较陡时，可采用楔形体法，如图 3-33 所示。

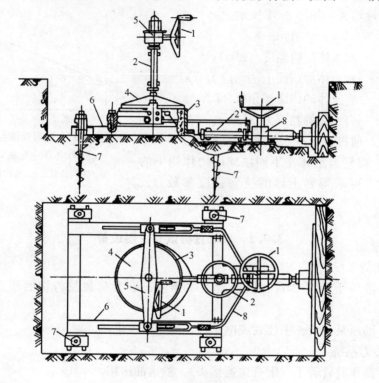

图 3-32   大型同步式剪力仪

1—手轮；2—测力计；3—切土环；4—传压盖；5—垂直压力部分

（横梁、拉杆）；6—水平框架；7—地锚；8—水平压力部分

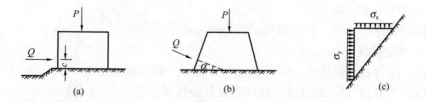

图 3-33   现场直剪试验布置示意图

（a）平推法（$e \leqslant 5 \sim 8\text{cm}$）；（b）斜推法；（c）楔形体法（一种方案）

下面具体介绍现场直剪试验的技术要求：

（1）选择试验点时，对同一组试验体的地质条件应基本相同，受力状态应与

岩土体在实际工程中的工作状态相近。

（2）每组岩体试验不宜少于5处，面积不小于0.25m²，试验体最小边长不宜小于50cm，间距应大于最小边长的1.5倍。每组土体试验不宜少于3处，面积不小于0.1m²，高度不小于10cm或最大粒径的4～8倍。

（3）在爆破、开挖、切样等过程中应避免对岩土试验体或软弱结构面的扰动，及避免含水量的显著改变。对软弱岩体，在顶面及周边加护层（钢或混凝土），土体可采用剪力盒。

（4）试验设备安装时，应使施加的法向荷载、剪切荷载位于剪切面、剪切缝的中心或使法向荷载与剪切荷载的合力通过剪切面中心。

（5）最大法向荷载应大于设计荷载，并按等量分级施加于不同的试验体上。施加荷载的精度应达到试验最大荷载的2%。

（6）每一试验体的法向荷载可分4～5级施加，当法向变形达到相对稳定时，即可施加下一级荷载，直至预定压力。

对土体和高含水量塑性软弱夹层，其稳定标准是：加荷后5min内百分表读数（法向变形）变化不超过0.05mm；对岩体或混凝土则要求5min内变化不超过0.01mm。

（7）预定法向荷载稳定后，开始按预估最大剪切荷载（或法向荷载）的5%～10%分级等量施加剪切荷载。岩体按每5～10min，土体按每30s施加一级荷载。每级荷载施加前后各测读变形一次。当剪切变形急剧增大或剪切变形达到试验体尺寸1/10时，可终止试验。但在临近破坏时，应密切注意和测记压力变化及相应的剪切变形。整个剪切过程中，法向荷载应始终保持常数。

（8）试验体剪切破坏后，根据需要可继续进行摩擦试验。

（9）拆卸试验设备，观察记录剪切面破坏情况。

3.7.4　现场直剪试验资料整理及成果应用

1. 计算剪切面上的法向应力

作用于剪切面上的各级法向应力按下式计算：

$$\sigma = P/F + Q/(F\sin\alpha) \tag{3-60}$$

式中　σ——作用于剪切面上的法向应力（kPa）；

　　P——作用于剪切面上的总法向荷载（包括千斤顶施加的力、设备及试验体自重）（kN）；

　　Q——作用于剪切面上的剪切荷载（kN）；

　　F——剪切面面积（m²）；

　　α——剪切荷载与剪切面的夹角（°）。

2. 计算各级剪切荷载下剪切面上剪应力和相应变形

作用于剪切面上的剪应力按下式计算：

$$\tau = Q/(F\cos\alpha) \tag{3-61}$$

式中　τ——作用于剪切面上的剪应力（kPa）。

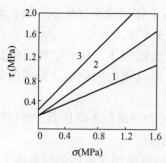

图 3-34　混凝土/片岩抗剪
断试验应力—变形曲线

1—峰值；2—屈服强度；3—比例极限

其余符号意义同前。

3. 绘制剪应力与剪切变形及剪应力与法向变形曲线

根据各级剪切荷载作用下剪切面上的剪应力及相应的变形，可以作出试验体受剪时的应力—变形曲线，如图 3-34 所示。根据曲线特征，可以确定比例极限屈服极限、峰值强度、残余强度及剪胀强度。

4. 绘制法向应力与比例极限、屈服极限、峰值强度、残余强度的关系曲线

通过绘制法向应力与比例极限、屈服极限、峰值强度、残余强度的关系曲线，可确定相应的强度参数；黏聚力 c 和摩擦角 φ，如图 3-35 所示。

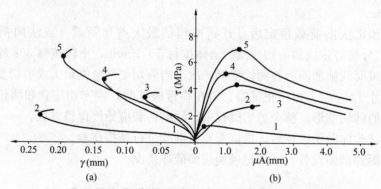

图 3-35　关系曲线

（a）垂直变形；（b）水平变形

1、2、3、4、5—试验体编号

根据长江科学院的经验，对于脆性破坏岩体，可以采取比例极限确定抗剪强度参数；而对于塑性破坏岩体，可以利用屈服极限确定抗剪强度参数。验算岩土体滑动稳定性，可以采取残余强度确定抗剪强度参数。因为在滑动面上破坏的发展是累进的，发生峰值强度破坏后，破坏部分的强度降为残余强度。

总之，选取何种强度参数，应根据岩土的性质、地区特点、工程性质和对比资料等确定。

思 考 题

1. 静力载荷试验有哪几种类型？并说明各自的使用对象。

2. 静力载荷试验典型的压力-沉降曲线可以分为哪几个阶段？各有什么特征？与土体的应力应变状态有什么联系？

3. 根据静力载荷试验成果确定地基的承载力的主要方法有哪几种？

4. 为什么会出现原始 p-s 曲线的直线段不通过原点的情况？在资料整理过程中如何进行修正？

5. 静力触探的目的和原理是什么？

6. 静力触探的适用条件是什么？

7. 静力触探成果主要应用在哪几方面？

8. 什么是圆锥动力触探？

9. 圆锥动力触探的试验成果的影响因素有哪些？

10. 为什么圆锥动力触探试验指标锤击数可以反映地基土的力学性能？

11. 圆锥动力触探分为哪几种类型？

12. 什么是标准贯入试验？标准贯入试验的目的和原理是什么？

13. 标准贯入试验成果在工程上有哪些应用？

14. 什么是十字板剪切试验？说明试验目的及其适用条件。

15. 简述十字板剪切试验成果的影响因素。

16. 十字板剪切试验能获得土体的哪些物理力学性质参数？

17. 扁铲侧胀试验的工作原理是什么？

18. 为什么要在试验前和试验后，对扁铲测头进行标定？

19. 简述对利用扁铲侧胀试验确定地基承载能力的认识。

20. 简述现场剪切试验的方法种类和试验目的。

第4章 地基加固的检验与检测

4.1 概　　述

地基加固（处理）是指为提高地基承载力，改善其变形性质、渗透性质、动力特性以及特殊土的不良地基特性而采取的人工加固（处理）地基的方法。

我国地域辽阔、幅员广大、自然地理环境不同、土质各异、地基条件区域性强。随着我国国民经济的飞速发展，不仅事先要选择在地质条件良好的场地上从事建设，有时也不得不在地质条件不良的地基上进行修建；同时，随着科学技术的日新月异，结构物的荷载日益增大，对变形要求也越来越严，因而原来一般可被评价为良好的地基，也可能在特定条件下非进行地基加固不可。所以，各种地基加固方法已大量在工程实践中应用，取得了显著的技术和经济效果。但是，到目前为止，一般还难于对它进行严密的理论分析，还不能在设计时作精密的计算和定量的预测。同时，为了保证质量，往往需要通过现场测试对加固效果进行严格的检验与检测。因此，现场测试就成为地基加固的重要环节。

现场测试的目的：

（1）为工程设计提供依据；

（2）对施工过程进行控制、检测和指导；

（3）为理论研究提供实验手段。

常用的现场测试方法如下（图 4-1）：

为了检验地基加固的效果，通常在同一地点分别在加固前和加固后进行测试，以便对比。并应注意下列问题：

（1）加固后的现场测试应在地基加固施工结束后经一定时间的休止恢复后再进行；

（2）为了有较好的可比性，前后两次测试应尽量由同一组织、用同一仪器同一标准进行；

（3）由于各种测试方法都有一定的适用范围，故必须根据测试目的和现场条件，选用最有效的方法，表 4-1 可作为参考；

（4）无论何种测试方法都有一定的局限性，故应尽可能采用多种方法，进行综合评价。

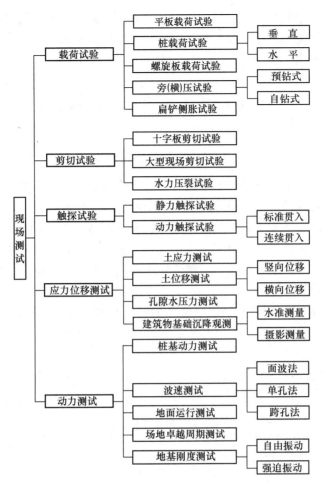

图 4-1 常用的现场测试方法

现场测试方法的适用范围 表 4-1

现场测试方法 / 地基处理方法	浅基处理	排水固结	挤密	振冲	强夯	灌浆	搅拌	土工聚合	旋喷物	基础托换
平板载荷试验	○	○	○	○	○	○	○	○	○	○
螺旋板载荷试验	○	○	○	○	△	×	×	×	×	△
扁铲侧胀试验	○	○	○	○	△	×	×	×	×	△
静力触探	○	○	○	○	○	×	△	×	△	△
动力触探	○	○	○	○	○	△	△	△	△	△
标准贯入试验	○	○	○	○	○	△	△	×	△	△
旁（横）压试验	○	○	○	○	○	△	△	×	△	△
十字板剪切试验	△	○	△	△	△	×	×	△	△	△
大型现场剪切试验	△	△	△	△	△	△	△	△	△	△
土压力、孔隙水压力及土位移测试	○	○	○	△	○	△	△	○	△	△
土动力测试	△	△	△	△	△	△	△	△	△	△
建筑物与地面变形观测	○	○	○	○	○	○	○	○	○	○

注：○表示适用；△表示部分情况适用；×表示不适用。

现场测试一般具有直观、代表性强、工效高、避免取样运输过程中的扰动等优点，但也有不能测定土的基本参数、不易控制应力状态等不足之处，故有时仍需辅以一定的室内试验。

4.2   主要的地基加固方法及适用条件

4.2.1   换填垫层法

地基的承载力和变形满足不了建（构）筑物的要求，而软弱土层的厚度又不很大时，将基础底面下处理范围内的软弱土层部分或全部挖去，然后分层换填强度较大的砂、碎石、素土、灰土、二灰（石灰和粉煤灰）、粉煤灰、高炉干渣或其他性能稳定、无侵蚀性等材料，并压（夯、振）实至要求的密实度为止，这种地基加固方法称为换填垫层法。换填垫层法还包括低洼地域筑高（平整场地）或堆填筑高（道路路基）。

按回填不同材料形成的垫层，命名为该种材料的垫层（Cushion），如砂垫层、砂石垫层、碎石垫层、素土垫层、灰土垫层、二灰垫层、粉煤灰垫层和干渣垫层等。

换填垫层法适用于淤泥、淤泥质土、湿陷性黄土、素填土、杂填土地基及暗沟、暗塘等的浅层地基及不均匀地基的加固（处理）。其适用条件和范围见表 4-2。

垫层的适用条件和范围   表 4-2

垫层种类	适用条件和范围
砂（砂石、碎石）垫层	多用于中小型建筑工程的浜、塘、沟等的局部加固或处理。适用于一般饱和、非饱和的软弱土和水下黄土地基加固或处理。不适宜用于湿陷性黄土地基，也不适宜用于大面积堆载、密集基础和动力基础的软土地基加固，砂垫层不宜用于有地下水流速快、流量大的地基加固或处理
素土垫层	适用于中小型工程及大面积回填、湿陷性黄土地基的加固或处理
灰土或二灰土垫层	适用于中小型工程，尤其适用于湿陷性黄土地基的加固或处理
粉煤灰垫层	适用于厂房、机场、港区陆域和堆场等大、中、小型工程的大面积填筑
干渣垫层	适用于中小型建筑工程，尤其适用于地坪、堆场等工程大面积的地基加固和场地平整，但对于受酸性或碱性废水影响的地基不得采用干渣垫层

换填垫层法的加固（处理）深度不宜大于 3m，但也不宜小于 0.5m。在湿陷性黄土地区或土质较好场地，一般坑壁可直立或边坡稳定时，加固（处理）的深度可限制在 5m 以内。

4.2.2 排 水 固 结 法

我国沿海地区、内陆湖泊和河流谷地分布着大量的软弱黏性土，这种土的特点是含水量大、压缩性高、强度低、透水性差、很多情况埋藏较深。在软土地基上直接建造建筑物或进行填土时，地基将由于固结和剪切变形产生很大的沉降和差异沉降，而且沉降的延续时间很长，为此有可能影响建筑物的正常使用。另外，由于其强度低，地基承载力和稳定性往往不能满足工程要求而产生地基土破坏。因此，这类软土地基通常需要采取处理措施，排水固结法就是处理和加固软黏土地基的有效方法之一。

排水固结法是在天然地基，或先在地基中设置砂井（袋装砂井或塑料排水带）等竖向排水体，然后利用建筑物本身重量分级逐渐加载；或在建筑物建造前在场地先行加载预压，使土体中的孔隙水排出，逐渐固结，地基发生沉降，同时强度逐步提高的方法。该法常用于解决软黏土地基的沉降和稳定问题，可使地基的沉降在加载预压期间基本完成或大部分完成，使建筑物在使用期间不致产生过大的沉降和沉降差。同时，可增加地基土的抗剪强度，从而提高地基的承载力和稳定性。

排水固结法是由排水系统和加压系统两部分共同组合而成的（图4-2）。

排水系统，主要在于改变地基原有的排水边界条件，增加孔隙水排出的途径，缩短排水距离。该系统是由水平排水垫层和竖向排水体构成的。当软土层较薄或土的渗透性较好而施工期较长时，可仅在地面铺设一定厚度的砂垫层，然后加载，土层中的水沿竖向流入砂垫层而排出。当工程上遇到透水性很差的深厚软土层时，可在地基中设置砂井等竖向排水体，地面连以排水砂垫层，构成排水系统，加快土体固结。

加压系统，是指对地基施行预压的荷载，它使地基土的固结压力增加而产生固结。其材料有固体（土石料等）、液体（水等）、真空负压力荷载等。

排水固结法一般根据预压目的选择加压方法：如果预压是为了减小建筑物的沉降，则应采用预先堆载加压，使地基沉降产生在建筑物建造之前，若预压的目的主要是增加地基强度，则可用自重加压，即放慢施工速度或增加土的排水速率，使地基强度增长与建筑物荷重的增加相适应。

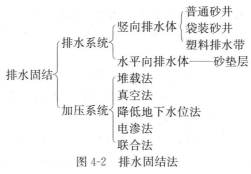

图 4-2 排水固结法

排水固结法适用于加固（处理）各类淤泥、淤泥质土及冲填土等饱和黏性土地基。砂井法特别适用于存在连续薄砂层的地基。真空预压法适用于能在加固区形成（包括采取措施后形成）稳定负压边界条件的软土地基。降低地下水位法、真空预压法和电渗法由于不增加剪应力，地基不会产生剪切破坏，所以它适用于很软弱的黏土地基。

4.2.3　重锤夯实法

利用重锤自由下落时的冲击能来夯实浅层杂填土地基，使其表面形成一层较为均匀的硬壳层。

重锤夯实法适用于处理离地下水位 0.8m 以上稍湿的杂填土、黏性土、砂性土、湿陷性黄土和分层填土等地基，但在有效夯实深度内存在软黏土层时不宜采用。夯实的影响深度与锤重、锤底直径、落距以及土质条件等因素有关。其地基承载力应通过静载荷试验确定，一般可达 100～150kPa。在工程上，应先通过试夯，确定夯实遍数，一般试夯约 6～10 遍，施工时可适当增加 1～2 遍。

4.2.4　强　夯　法

强夯法是法国 Menard 技术公司于 1969 年首创的一种地基加固方法，它通过 8～30t 的重锤（最重可达 200t）和 8～20m 的落距（最高可达 40m），对地基土施加很大的冲击能（一般能量为 500～8000kN·m）来提高地基土的强度、降低土的压缩性、改善砂土的抗液化条件、消除湿陷性黄土的湿陷性等。它适用于碎石土、砂土、低饱和度的粉土与黏性土、湿陷性黄土、杂填土和素填土等地基的加固（处理）。对饱和度较高的黏性土，一般而言处理效果不显著，其中尤其是用以加固淤泥和淤泥质土地基，处理效果更差。但近年来，对高饱和度的粉土和黏性土地基，采用在夯坑内回填块石、碎石或其他粗颗粒材料，强行夯入并排开软土，最终形成砂石桩与软土的复合地基，并称之为强夯置换（或动力置换、强夯挤淤）。

4.2.5　碎（砂）石桩

碎石桩和砂桩总称为碎（砂）石桩，又称粗颗粒土桩，是指用振动、冲击或水冲等方式在软弱地基中成孔后，再将碎石或砂挤压入已成的孔中，形成大直径的碎（砂）石所构成的密实桩体。

碎（砂）石桩法适用于挤密松散砂土、粉土、粉质黏土、素填土、杂填土等地基。饱和黏性土地基上对变形控制要求不严的工程也可采用碎石桩置换处理，碎（砂）石桩法也可用于处理可液化地基。

碎石桩的施工方法按其成桩过程和作用可分为四类，如表 4-3 所示。砂桩常用的成桩方法有振动成桩法和冲击成桩法。振动成桩法是使用振动打桩机将桩管沉入土层中，并振动挤密砂填料。冲击成桩法是使用蒸汽或柴油打桩机将桩管打入土层中，并用内管夯击密实砂填料。

碎石桩施工方法分类 表 4-3

分类	施工方法	成桩工艺	适用土类
挤密法	振冲挤密法	采用振冲器振动水冲成孔，再振动密实填料成桩，并挤密桩间土	砂性土、非饱和黏性土、以炉灰、炉渣、建筑垃圾为主的杂填土、松散的素填土
	沉管法	采用沉管成孔，振动或锤击密实填料成桩，并挤密桩间土	
	干振法	采用振孔器成孔，再用振孔器振动密实填料成桩，并挤密桩间土	
置换法	振冲置换法	采用振冲器振动水冲成孔，再振动密实填料成桩	饱和黏性土
	钻孔锤击法	采用沉管且钻孔取土方法成孔，锤击填料成桩	
排土法	振动气冲法	采用压缩气体成孔，振动或锤击填料成桩	饱和软黏土
	沉管法	采用沉管且钻孔取土方法成孔，锤击填料成桩	
	强夯置换法	采用重锤夯击成孔和重锤夯击填料成桩	
其他方法	水泥碎石桩法	在碎石内加水泥和膨润土制成桩体	饱和软黏土
	裙围碎石桩法	在群桩周围设置刚性的（混凝土）裙围来约束桩体的侧向鼓胀	
	袋装碎石桩法	将碎石装入土工聚合物袋而制成桩体，土工聚合物可约束桩体的侧向鼓胀	

4.2.6 石 灰 桩

石灰桩适用于处理饱和黏性土、淤泥、淤泥质土、素填土和杂填土等地基。按用料特征和施工工艺分为块灰灌入法、粉灰搅拌法、石灰浆压力喷注法三种。

块灰灌入法亦称石灰桩法，采用钢套管成孔，然后在孔中灌入新鲜生石灰块，或在生石灰块中掺入适量的水硬性掺合料和火山灰，一般的配合比为 8：2 或 7：3。在拔管的同时进行振密或捣密。利用生石灰吸取桩周土体中水分进行水化反应，此时生石灰的吸水、膨胀、发热以及离子交换作用，使桩四周土体的含水量降低、孔隙比减小，使土体挤密和桩体硬化。

粉灰搅拌法亦称石灰柱法，是粉体喷射搅拌法的一种。所用的原料是石灰粉，通过特制的搅拌机将石灰粉加固料与原位软土搅拌均匀，促使软土硬结，形成石灰（土）柱。

石灰浆压力喷注法是压力注浆法的一种，采用压力将石灰浆或石灰—粉煤灰浆喷注于地基的孔隙内或预先钻好的钻孔内，使灰浆在地基土中扩散和硬凝，形成不透水的网状结构层，从而达到加固目的。

4.2.7   土（或灰土、双灰）桩

土（或灰土、双灰）桩挤密法是处理地下水以上湿陷性黄土、新近堆积黄土、素填土和杂填土的一种地基加固方法。它是利用打入钢套管（或振动沉管、炸药爆破）在地基中成孔，通过"挤"压作用，使地基土得到加"密"，然后在孔中分层填入素土（或灰土、粉煤灰加石灰）后夯实而成土桩或灰土、双灰桩。

4.2.8   水泥粉煤灰碎石桩（CFG 桩）

水泥粉煤灰碎石桩简称 CFG 桩，是在碎石桩基础上加进一些石屑、粉煤灰和少量水泥，加水拌合制成的一种具有一定粘结强度的桩。这种地基加固方法吸取了振冲碎石桩和水泥搅拌桩的优点。适用于处理黏性土、粉土、砂土和已自重固结的素填土等地基。对淤泥质土应按地区经验或通过现场试验确定其适用性。

4.2.9   灌　浆　法

灌浆法亦称注浆法，是指利用液压、气压或电化学原理，通过注浆管把浆液均匀地注入地层中，浆液以填充、渗透和挤密等方式，赶走土颗粒间或岩石裂隙中的水分和空气后占据其位置，经人工控制一定时间后，浆液将原来松散的土粒或裂隙胶结成一个整体，形成一个结构新、强度大、防水性能高和化学稳定性良好的"结石体"。灌浆法按加固原理可分为渗透灌浆、挤密灌浆、劈裂灌浆和电动化学灌浆。

各类灌浆的应用、目的和特点见表 4-4。

灌浆在岩土工程治理中的应用　　　　　　　　　　表 4-4

工程类别	应　用　场　所	目　　　的
建筑工程	1. 建筑物因地基土强度不足发生不均匀沉降 2. 在摩擦桩侧面或端承桩底	1. 改善土的力学性质，对地基进行加固或纠偏处理 2. 提高桩周摩阻力和桩端抗压强度，或处理桩底残渣过厚引起的质量问题
坝基工程	1. 基础岩溶发育或受构造断裂切割破坏 2. 帷幕灌浆 3. 重力坝上灌浆	1. 提高岩土密实度、均匀性、弹性模量和承载力 2. 切断渗流 3. 提高坝体整体性、抗滑稳定性

续表

工程类别	应 用 场 所	目 的
地下工程	1. 在建筑物基础下开挖地下铁道、地下隧道、涵洞、管线路等 2. 洞室围岩	1. 防止地面沉降过大，限制地下水活动及制止土体位移 2. 提高洞室稳定性、防渗
其他	1. 边坡 2. 桥基 3. 路基等	维护边坡稳定，防止支挡建筑物的涌水和邻近建筑物沉降、桥墩防护、桥索支座加固、处理路基病害等

4.2.10 水 泥 土 搅 拌 法

水泥土搅拌法是用于加固正常固结的淤泥、淤泥质土、素填土、饱和黏性土、粉土（稍密、中密）、粉细砂（松散、中密）、中粗砂（松散、稍密）、饱和黄土地基的一种新方法。它是利用水泥（或石灰）等材料作为固化剂，通过特制的搅拌机械，在地基深处就地将软土和固化剂（浆液或粉体）强制搅拌，由固化剂在软土间所产生的一系列物理和化学反应，使软土硬结成具有整体性、水稳定性和一定强度的水泥加固土，从而提高地基强度和增大变形模量。根据施工方法的不同，水泥土搅拌法分为水泥浆搅拌（国内俗称深层搅拌法）和粉体喷射搅拌两种，前者是用水泥浆和地基土搅拌，后者是用水泥粉或石灰粉和地基土搅拌。可采用单轴、双轴、多轴搅拌或连续成槽搅拌成柱状、壁状、格栅状或块状水泥土加固体。

4.2.11 高压喷射注浆法

高压喷射注浆法（High Pressure Jet Grouting）是利用钻机把带有喷嘴的注浆管钻进至土层的预定位置后，以高压设备使浆液或水成为 20～40MPa 的高压射流从喷嘴中喷射出来，冲击破坏土体，同时钻杆以一定速度渐渐向上提升，将浆液与土粒强制搅拌混合，浆液凝固后，在土中形成一个固结体。

高压喷射注浆法所形成的固结体形状与喷射流移动方向有关。一般分为旋转喷射（简称旋喷）、定向喷射（简称定喷）和摆动喷射（简称摆喷）三种形式。

旋喷法施工时，喷嘴一面喷射一面旋转并提升，固结体呈圆柱状。主要用于加固地基，提高地基的抗剪强度、改善土的变形性质；也可组成闭合的帷幕，用于截阻地下水流和治理流砂，也有用于场地狭窄处作围护结构。旋喷法施工后，在地基中形成的圆柱体，称为旋喷桩。

定喷法施工时，喷嘴一面喷射一面提升，喷射的方向固定不变，固结体形如板状或壁状。

摆喷法施工时喷嘴一面喷射一面提升，喷射的方向呈较小角度来回摆动，固结体形如较厚墙状。

定喷及摆喷两种方法通常用于基坑防渗、改善地基土的水流性质和稳定边坡等工程。

当前，高压喷射注浆法的基本工艺类型有：单管法、二重管法、三重管法和多重管法等四种方法。

单管旋喷注浆法是利用钻机把安装在注浆管（单管）底部侧面的特殊喷嘴，置入土层预定深度后，用高压泥浆泵等装置，以20MPa以上的压力，把浆液从喷嘴中喷射出去冲击破坏土体，使浆液与从土体上崩落下来的土搅拌混合，经过一定时间凝固，便在土中形成一定形状的固结体。

使用双通道的二重注浆管。当二重注浆管钻进到土层的预定深度后，通过在管底部侧面的一个同轴双重喷嘴，同时喷射出高压浆液和空气两种介质的喷射流冲击破坏土体。即以高压泥浆泵等高压发生装置喷射出20MPa以上压力的浆液，从内喷嘴中高速喷出，并用0.7MPa左右压力把压缩空气，从外喷嘴中喷出。在高压浆液和它外圈环绕气流的共同作用下，破坏土体的能量显著增大，最后在土中形成较大的固结体。

使用分别输送水、气、浆三种介质的三重注浆管。在以高压泵等高压发生装置产生20～30MPa左右的高压水喷射流的周围，环绕一股0.5～0.7MPa左右的圆筒状气流，进行高压水喷射流和气流同轴喷射冲切土体，形成较大的空隙，再另由泥浆泵注入压力为0.5～3MPa的浆液填充，喷嘴作旋转和提升运动，最后便在土中凝固为较大的固结体。

多重管法首先需要在地面钻一个导孔，然后置入多重管，用逐渐向下运动的旋转超高压力水射流（压力约40MPa），切削破坏四周的土体，经高压水冲击下来的土和石成为泥浆后，立即用真空泵从多重管中抽出。如此反复地冲和抽，便在地层中形成一个较大的空间。装在喷嘴附近的超声波传感器及时测出空间的直径和形状，最后根据工程要求选用浆液、砂浆、砾石等材料进行填充。于是在地层中形成一个大直径的柱状固结体，在砂性土中最大直径可达4m。

高压喷射注浆法适用于处理淤泥、淤泥质土、流塑、软塑或可塑黏性土、粉土、黄土、砂土、人工填土和碎石土等地基。

4.2.12　加　　筋

土的加筋（Soil Reinforcement）是指在人工填土的路堤或挡墙内铺设土工合成材料（或钢带、钢条、尼龙绳等）；或在边坡内打入土锚（或土钉、树根桩、碎石桩等）。这种人工复合的土体，可承受抗拉、抗压、抗剪和抗弯作用，借以提高地基承载力、减少沉降和增加地基稳定性。这种加筋作用的人工材料称为筋体（Reinforcing Element，Inclusion）。

加筋土（Reinforced Earth）系由填土、在填土中布置一定量的带状拉筋以及直立的墙面板三部分组成一个整体的复合结构。这种结构内部存在着墙面土压力、拉筋的拉力及填料与拉筋间的摩擦力等相互作用的内力，这些内力互相平衡，保证了这个复合结构的内部稳定。同时，加筋土这一复合结构还要能抵抗拉筋尾部后面填土所产生的侧压力，即为加筋土挡墙的外部稳定，从而使整个复合结构稳定。

4.3 各类地基加固的检验与检测

如图 4-1 所示，第 3 章岩土工程测试技术中所涉及的所有现场测试技术都可应用到各类地基加固的检验与检测中，但在工程实践中，单桩和多桩复合地基载荷试验是检验加固效果和工程质量的一种有效而常用的方法。一般可分为工程类载荷试验和试验类载荷试验两大类。工程类载荷试验是对工程质量和效果的检验，其检测数据不直接作为设计的依据，只是用以判断设计方案的正确性和施工质量。试验类载荷试验是提供工程设计的参数和确定质量检验的标准，其检测数据要求做到准确、可靠和有代表性，即试验要求比工程类载荷试验更加严格。

（1）复合地基载荷试验

①承压板：承压板应为刚性，并应具有足够的刚度。单桩复合地基载荷试验的承压板可用圆形或方形，面积为一根桩承担的处理面积，即应根据设计置换率来确定。多桩复合地基载荷试验的承压板可用方形或矩形，其尺寸按实际桩数所承担的处理面积确定，桩中心（或形心）应与承压板中心保持一致，并与荷载作用点相重合。

②试坑深度、长度和宽度：载荷板底高程应与基础底面设计高程相同。试验标高处的试坑长度和宽度，一般应大于载荷板尺寸的 3 倍。基准梁支点及加荷平台支点（或锚桩）宜设在试坑之外，且与承压板边的净距不应小于 2m。

③垫层：载荷板下宜设中、粗砂找平层，其厚度为 100～150mm，且铺设垫层和安装载荷板时坑底不宜积水。

④载荷及等级：最大加载压力不应小于设计要求承载力特征值的 2 倍，设计加载等级可分为 8～12 级，第一级荷载可加倍。

⑤沉降测读时间：每加一级荷载前后均应各读记承压板沉降量一次，以后每半小时读记一次。当一小时内沉降量小于 0.1mm 时，即可加下一级荷载。

⑥当出现下列现象之一时可终止试验：

（ⅰ）沉降急剧增大，土被挤出或承压板周围出现明显的隆起；

（ⅱ）承压板的累计沉降量已大于其宽度或直径的 6%；

（ⅲ）当达不到极限荷载，而最大加载压力已大于设计要求压力值的 2 倍。

⑦卸载级数可为加载级数的一半，等量进行，每卸一级，间隔半小时，读记回弹量，待卸完全部荷载后间隔 3 小时读记总回弹量。

（2）复合地基的变形模量

根据复合地基载荷试验按式（4-1）计算获得承压板底下 $2B\sim3B$（B 为承压板直径或宽度）深度范围内复合地基的平均变形模量 E_0。

$$E_0 = \frac{\omega p B(1-\mu^2)}{s} \tag{4-1}$$

式中　ω——与承压板的刚度和形状有关的系数，对刚性承压板，方形 $\omega=0.88$，圆形 $\omega=0.79$；

　　　μ——土的泊松比；

　　　p、s——分别为复合地基载荷试验 $p\text{-}s$ 曲线直线段上某点的压力值和对应的沉降量。

4.3.1　复合地基承载力特征值和变形模量的测定

1. 换填垫层承载力特征值和变形模量的测定

（1）砂垫层承载力特征值的测定

垫层的承载力决定于填筑材料的性质、施工机具能量大小及施工质量的优劣等，一般应通过试验现场确定。另外，垫层承载力的特征值必须对软弱下卧层的承载力验算后再确定。对于一般工程，尚无试验资料时，可按表 4-5 选用，并应验算软弱下卧层的承载力。

各种垫层的承载力特征值　　　　　　　　　表 4-5

施工方法	换填材料类别	压实系数 λ_c	承载力特征值 f_{ak}（kPa）
碾压或振密	碎石、卵石	0.94~0.97	200~300
	砂夹石（其中碎石、卵石占全重的 30%~50%）		200~250
	土夹石（其中碎石、卵石占全重的 30%~50%）		150~200
	中砂、粗砂、砾砂		150~200
	黏性土和粉土（$8<I_P<14$）		130~180
	灰土	0.93~0.95	200~250
重锤夯实	土或灰土	0.93~0.95	150~200

注：1. 压实系数小，承载力特征值取低值，反之取高值；

　　2. 重锤夯实，对土的承载力特征值的取值，对灰土取高值。

垫层承载力特征值亦可通过取土分析、标贯试验、动力触探等多种测试手段取得的资料进行综合分析后确定。

（2）沉降计算

当垫层断面确定后，对于重要的建筑物或垫层下存在软弱下卧层的建筑物，还应进行地基的变形计算，这时建筑物基础沉降量等于垫层自身的变形量与下卧土层的变形量之和。

$$s = s_1 + s_2 \tag{4-2}$$

式中 s——基础沉降量（mm）；

       s_1——垫层自身变形量（mm）；

       s_2——压缩层厚度范围内（自垫层底面算起）各土层压缩变形量之和（mm）。

砂垫层的压缩模量应由载荷试验确定，当无试验资料时，砂垫层的压缩模量可选用 $24\sim30$MPa。

砂垫层的自身变形量可按式（4-3）计算：

$$s = \left(\frac{p + \alpha p}{2} \cdot z \right) \Big/ E_S \tag{4-3}$$

$$p = N/F + \gamma_D \cdot D \tag{4-4}$$

式中 p——基底平均有效压力（kPa），见式（4-4）；有相邻基础影响时，应另加相邻基础传来的附加应力；

       N——地表面以上建筑物传给基础的垂直荷载（kN）；

       F——基础底面积（m²）；

       D——基础埋置深度（m）；

       γ_D——基础底面以上回填土与基础的混合重度（一般可取 20kN/m³），地下水位以下取浮重度；

       α——基底有效压力扩散系数。

对超出原地面标高的垫层或换填材料的密度高于天然土层密度的垫层，应及早换填，并应考虑垫层的附加荷载对建造的建筑物及邻近建筑物的影响（其值可按应力叠加原理，采用角点法计算）。

（3）干渣垫层承载力特征值和变形模量的测定

干渣垫层承载力特征值和变形模量 E_0 宜通过现场试验确定。当无试验资料时，可按表 4-6 选用，且应满足软弱下卧层的强度和变形要求。

干渣垫层承载力特征值 f_{ak} 和变形模量 E_0 的参考值   表 4-6

施工方法	干渣分类	压实指标	f_{ak}（kPa）	E_0（MPa）
平板振动器	分级干渣 混合干渣	密实（同一点前后 两次压陷小于 2mm）	300	30
	原状干渣		250	25
8～12t 压路机	分级干渣 混合干渣	同上	400	40
	原状干渣		300	30
2～4t 振动压路机	分级干渣 混合干渣	同上	400	40
	原状干渣		300	30

2. 预压的地基土承载力特征值和变形模量的测定

对预压的地基土应进行原位十字板剪切试验和室内土工试验。必要时，尚应进行现场载荷试验来测定地基土的承载力特征值和变形模量，试验数量不应少于3点。

3. 强夯处理后的地基承载力特征值和变形模量的测定

强夯处理后的地基承载力特征值和变形模量的测定应采用原位测试和室内土工试验，强夯置换后的地基承载力特征值和变形模量的测定，除应采用单墩载荷试验外，尚应采用动力触探等有效手段查明置换墩着底情况及承载力与密度随深度的变化，对饱和粉土地基允许采用单墩复合地基载荷试验代替单墩载荷试验。

4. 碎（砂）石桩复合地基、强夯置换墩、土挤密桩、石灰桩、柱锤冲扩桩、CFG 桩、夯实水泥土桩、水泥土搅拌桩、旋喷桩复合地基承载力特征值和变形模量的测定

（1）复合地基承载力特征值的测定

1）当复合地基载荷试验 Q—S 曲线上极限荷载能确定，而其值不小于对应比例界限的 2 倍时，可取比例界限；当其值小于对应比例界限的 2 倍时，可取极限荷载的一半。

2）当复合地基载荷试验 Q—S 曲线是平缓的光滑曲线时，可按相对变形值确定：

①对沉管砂石桩、振冲碎石桩或柱锤冲扩桩复合地基，可取 s/b 或 $s/d=0.01$ 所对应的压力（s 为静载荷试验承压板的沉降量；b 和 d 分别为承压板宽度和直径）。

②对灰土挤密桩、土挤密桩复合地基，可取 s/b 或 $s/d=0.008$ 所对应的压力。

③对水泥粉煤灰碎石桩（CFG 桩）或夯实水泥土桩复合地基，当以卵石、圆砾、密实粗中砂为主的地基，可取 s/b 或 $s/d=0.008$ 所对应的压力；当以黏性土、粉土为主的地基，可取 s/b 或 $s/d=0.01$ 所对应的压力。

④对水泥土搅拌桩、旋喷桩复合地基，可取 s/b 或 $s/d=0.006\sim0.008$ 所对应的压力，桩身强度大于 1.0MPa 且桩身质量均匀时可取高值。

⑤对有经验的地区，可按当地经验确定相对变形值，但原地基土为高压缩性土层时，相对变形值的最大值不应大于 0.015。

⑥复合地基载荷试验，当采用边长或直径大于 2m 的承压板进行试验时，b 或 d 按 2m 计。

⑦按相对变形值确定的承载力特征值不应大于最大加载压力的一半。

3）复合地基载荷试验数量不应少于总桩数的 0.5%，且每个单体工程不应少于 3 点，当满足其极差不超过平均值的 30% 时，可取其平均值为复合地基承载力特征值。当极差超过平均值的 30% 时，应分析极差过大的原因，需要时应增加试验数量，并结合工程具体情况确定复合地基承载力特征值。工程验收时应视建筑物结构、基础形式综合评价。对于桩数少于 5 根的独立基础或桩数少于 3 排的条形基础，复合地基承载力应取最低值。

（2）复合地基的压缩模量

复合地基的压缩模量可按下式计算：

$$E_{sp} = [1 + m(n-1)]E_s \tag{4-5}$$

$$m = d^2/d_e^2 \tag{4-6}$$

式中　　E_{sp}——复合地基压缩模量（MPa）；

E_s——桩间土压缩模量（MPa），宜按当地经验取值，如无经验时，可取天然地基压缩模量；

n——桩土应力比，在无实测资料时，可取 2~4，原土强度低取大值，原土强度高取小值；

m——桩土面积置换率；

d——桩身平均直径（m）；

d_e——一根桩分担的处理地基面积的等效圆直径；

等边三角形布桩　　　　　$d_e = 1.05s$

正方形布桩　　　　　　　$d_e = 1.13s$

矩形布桩　　　　　　　　$d_e = 1.13\sqrt{s_1 s_2}$

s、s_1、s_2——分别为桩间距、纵向间距和横向间距。

5.CM 地基承载力特征值和变形模量的测定

（1）通过载荷试验测定 CM 地基承载力特征值和变形模量，并在施工后 28d 进行。试验数量为总桩数的 0.5%~1%，并不少于 3 根桩。试验时，桩身强度应满足设计要求。

（2）载荷板应为刚性，可用钢筋混凝土板或预制荷载板，可为矩形或菱形、圆形，荷载板尺寸由工程设计的 C 桩及 M 桩置换率计算确定。

（3）CM 地基承载力特征值的确定：

1）当极限荷载能确定，其值又小于对应比例极限荷载的 2.0 倍时，可取极限荷载的一半。

2）按相对应变形值确定：取 $s/b = 0.008~0.01$ 所对应的荷载。砂性土为主地基取低值，黏性土、粉土为主地基取高值。

3）在取得一定数据及经验后：

① 可以以 C 桩及 M 桩单桩复合地基静载荷试验确定承载力特征值 $f_{c.k}$、$f_{m.k}$，再由下式计算 CM 地基承载力特征值 $f_{cm.k}$：

$$f_{cm.k} = 0.5\eta(f_{c.k} + f_{m.k}) \tag{4-7}$$

式中，η 值大于1。

② 可仅做 C 桩和 M 桩单桩静载荷试验确定复合地基承载力特征值。

4.3.2　各类地基加固效果的检测

1. 砂（砂石、碎石）垫层质量的检测

砂（砂石、碎石）垫层的质量检测应随施工分层进行。检测方法主要有环刀法、贯入测定法。

（1）环刀法

用容积不小于 $200cm^3$ 的环刀压入每层 2/3 的深度处取样，取样前测点表面应刮去 30～50mm 厚的松砂，环刀内砂样应不包含尺寸大于 10mm 的泥团和石子。测定其干密度符合设计才认为合格。

砂石或卵（碎）石垫层的质量检测，可在砂石（或碎石、卵石、砾石）垫层中设置纯砂点，在相同的施工条件下，用环刀取样测定其干密度。

（2）贯入测定法

先将砂垫层表面 30～50mm 厚的砂刮去，然后用钢筋的贯入度大小来定性地检查砂垫层的质量。根据砂垫层的控制干密度预先进行相关性试验确定贯入度值，可采用直径 $\phi20mm$ 及长度 1.25m 的平头钢筋，自 700mm 高处自由落下，贯入深度以不大于根据该砂的控制干密度测定的深度为合格。

检测点的间距应小于 4m，当取样检测垫层的质量时，对大基坑每 50～100m^2 应不少于 1 个检测点，对基槽每 10～20m 应不少于 1 个点；每个单独柱基应不少于 1 个点。

对重锤夯实的质量检测，除按试夯要求检查施工记录外，总夯沉量不应小于试夯总夯沉量的 90%。砂（砂砾、碎石）垫层填筑工程竣工质量验收可用：①静载荷试验法；②$N_{63.5}$ 标准贯入试验；③N_{10} 轻便触探法；④动测法；⑤静力触探等中的一种或几种方法进行检测。

2. 干渣垫层质量检测

干渣垫层质量检测包括分层施工质量检测和工程质量验收。

分层施工质量检测应达到表面坚实、平整、无明显软陷，压陷差小于 2mm。工程质量验收可通过载荷试验进行，在有充分试验依据时，也可采用标准贯入试验或静力触探试验。当有成熟经验表明，通过分层施工质量检测能满足工程要求时，也可不进行工程质量的整体验收。

3. 堆载预压、真空预压加固效果的检测

对以稳定性控制的重要工程，应在预压区内选择有代表性地点预留孔位，对堆载预压法在堆载不同阶段和对真空预压法在抽真空结束后，进行不同深度的十字板抗剪强度试验和取土进行室内试验，以验算地基的抗滑稳定性，并检测地基的处理效果。

在预压期间应及时整理变形与时间、孔隙水压力与时间等关系曲线，推算地基的最终固结变形量、不同时间的固结度和相应的变形量，以分析处理效果，并为确定卸载时间提供依据。

真空预压加固地基除应进行地基变形和孔隙水压力观测外，尚应量测膜下真空度和砂井不同深度的真空度。真空度应满足设计要求。

4. 强夯加固效果的检测

强夯施工结束后应间隔一定时间方能对地基加固质量进行检测。对碎石土和砂土地基，其间隔时间可取 1～2 周；对低饱和度的粉土和黏性土地基可取 3～4 周。应采用原位测试和室内土工试验。

（1）室内土工试验：主要通过夯击前、后土的物理力学性质指标的变化来判断其加固效果。其项目包括：抗剪强度指标（c、φ 值）、压缩模量（或压缩系数）、孔隙比、重度、含水量等。

（2）现场试验：其项目包括十字板试验、动力触探试验（包括标准贯入试验）、静力触探试验、旁压试验、载荷试验、波速试验、偏铲侧胀试验。

检测点位置可分别布置在夯坑内、夯坑外和夯击区边缘。其数量应根据场地复杂程度和建筑物的重要性确定。对简单场地上的一般建筑物，每个建筑物地基的检测点不应少于 3 处；对复杂场地或重要建筑物地基应增加检测点数。检测深度应不小于设计处理的深度。

此外，质量检测还包括检查强夯施工过程中的各项测试数据和施工记录，凡不符合设计要求时应补夯或采取其他有效措施。

此外，在大面积施工之前应选择面积不小于 400m^2 的场地进行现场试验，以便取得设计数据。测试工作一般有以下几个方面内容：

1）地面及深层变形

地面变形研究的目的：

①了解地表隆起的影响范围及垫层的密实度变化；

②研究夯击能与夯沉量的关系，用以确定单点最佳夯击能量；

③确定场地平均沉降和搭夯的沉降量，用以研究强夯的加固效果。

变形研究的手段：地面沉降观测、深层沉降观测和水平位移观测。

地面变形的测试是对夯击后土体变形的研究。每夯击一次应及时测量夯击坑及其周围的沉降量、隆起量和挤出量。对场地的夯前和夯后平均标高的水准测量，可直接观测出强夯法加固地基的变形效果。在分层土面上或同一土层上的不同标高处埋设一般深层沉降标，用以观测各分层土的沉降量，以及强夯法对地基土的有效加固深度；在夯坑周围埋设带有滑槽的测斜导管，再在管内放入测斜仪，在每一深度范围内测定土体在夯击作用下的侧向位移情况。

2）孔隙水压力

一般可在试验现场沿夯击点等距离的不同深度以及等深度的不同距离埋设双

管封闭式孔隙水压力计或钢弦式孔隙水压力计，在夯击作用下，进行对孔隙水压力沿深度和水平距离的增长和消散的分布规律研究，从而确定两个夯击点间的夯距、夯击的影响范围、间歇时间以及饱和夯击能等参数。

3）侧向挤压力

将带有钢弦式土压力盒的钢板桩埋入土中后，在强夯加固前，各土压力盒沿深度分布的土压力的规律，应与静止土压力相近似。在夯击作用下，可测试每夯击一次的压力增量沿深度的分布规律。

4）振动加速度

研究地面振动加速度的目的，是为了便于了解强夯施工时的振动对现有建筑物的影响。为此，在强夯时应沿不同距离测试地表面的水平振动加速度，绘成加速度与距离的关系曲线。当地表的最大振动加速度为 $0.98\mathrm{m/s^2}$ 处（即认为相当于七度地震烈度）作为设计时振动影响的安全距离。

5. 碎（砂）石桩、石灰桩、土（或灰土、二灰）桩加固效果的检测

（1）碎（砂）石桩加固效果的检测

碎（砂）石桩施工结束后，除砂土地基外，应间隔一定时间方可进行质量检测。对黏性土地基、间隔时间可取 3～4 周，对粉土地基可取 2～3 周。

常用的方法有单桩载荷试验和动力触探试验以及单桩复合地基和多桩复合地基大型载荷试验。

单桩载荷试验，可按每 200～400 根桩随机抽取一根进行检测，但总数不得少于 3 根。对砂土或粉土层中碎（砂）石桩，除用单桩载荷试验检测外，尚可用标准贯入、静力触探等试验对桩间土进行处理前后的对比试验。对砂桩还可采用标准贯入或动力触探等方法检测桩的挤密质量。复合地基加固效果的检测，检验点数量可按处理面积的大小取 2～4 组。

（2）石灰桩加固效果的检测

1）桩身质量的保证与检测

①控制灌灰量。

②静探测定桩身阻力，并建立 p_s 与 E_s 关系。

③桩身开挖检测与桩身取样试验，这是最为直观的检测方法。

④载荷试验，是比较可靠的检测桩身质量的方法，如再配合桩间土小面积载荷试验，可推算复合地基的承载力和变形模量。此外，也可采用轻便触探法进行检测。

2）桩周土检测

桩周土用静探、十字板和钻孔取样方法进行检测，一般可获得较满意的结果。有的地区已建立了利用静探和标贯的资料反映加固效果，以检测施工质量和确定设计参数的关系。

3）复合地基检测

对重要工程可采用大面积载荷板的载荷试验来检测石灰桩的加固效果。

（3）土（或灰土、二灰）桩加固效果的检测

抽样检测的数量不应小于桩孔总数的2%，不合格处应采取加桩或其他补救措施。

夯实质量的检测方法有下列几种：

1）轻便触探检测法

先通过试验夯填，求得"检定锤击数"，施工检测时以实际锤击数不小于检定锤击数为合格。

2）环刀取样检测法

先用洛阳铲在桩孔中心挖孔或通过开剖桩身，从基底算起沿深度方向每隔1.0～1.5m用带长把的小环刀分层取出原状夯实土样，测定其干密度。

3）载荷试验法

对重要的大型工程应进行现场载荷试验和浸水载荷试验，直接测试承载力和湿陷情况。

上述前两项检测法，其中对灰土桩应在桩孔夯实后48h内进行，二灰桩应在36h内进行，否则将由于灰土或二灰的胶凝强度的影响而无法进行检测。

对一般工程，主要应检查桩和桩间土的干密度和承载力；对重要或大型工程，除应检测上述内容外，尚应进行载荷试验或其他原位测试。也可在地基处理的全部深度内取样测定桩间土的压缩性和湿陷性。

6. CFG桩加固效果的检测

CFG桩施工结束后，应间隔28d方可进行加固效果的检测。

（1）桩间土检测

桩间土质量检测可用标准贯入、静力触探和钻孔取样等试验对桩间土进行处理前后的对比试验。对砂性土地基可采用标准贯入或动力触探等方法检测挤密程度。

（2）单桩和复合地基检测

可采用单桩静载荷试验、单桩或多桩复合地基静载荷试验进行加固效果的检测。检测点数量不应少于总桩数的1%，且每个单体工程的复合地基静载荷试验的试验数量不应少于3点。

（3）低应变检测

采用低应变动力试验检测桩身完整性，检验数量不低于总桩数的10%。

7. 灌浆效果的检测

灌浆效果与灌浆质量的概念不完全相同。灌浆质量一般是指灌浆施工是否严格按设计和施工规范进行，例如灌浆材料的品种规格、浆液的性能、钻孔角度、灌浆压力等，都要求符合规范的要求，不然则应根据具体情况采取适当的补充措施；灌浆效果则指灌浆后能将地基土的物理力学性质提高的程度。

灌浆质量高不等于灌浆效果好。因此,设计和施工中,除应明确规定某些质量指标外,还应规定所要达到的灌浆效果及检测方法。

灌浆效果的检测,通常在注浆结束后 28d 才可进行,检测方法如下:

①统计计算灌浆量。可利用灌浆过程中的流量和压力自动曲线进行分析,从而判断灌浆效果。

②利用静力触探测试加固前后土体力学指标的变化,用以了解加固效果。

③在现场进行抽水试验,测定加固土体的渗透系数。

④采用现场静载荷试验,测定加固土体的承载力和变形模量。

⑤采用钻孔弹性波试验测定加固土体的动弹性模量和剪切模量。

⑥采用标准贯入试验或轻便触探等动力触探方法测定加固土体的力学性能,此法可直接得到灌浆前后原位土的强度,进行对比。

⑦进行室内试验。通过室内加固前后土的物理力学指标的对比试验,判定加固效果。

⑧采用 γ 射线密度计法。它属于物理探测方法的一种,在现场可测定土的密度,用以说明灌浆效果。

⑨使用电阻率法。将灌浆前后对土所测定的电阻率进行比较,根据电阻率差说明土体孔隙中浆液的存在情况。

检测点一般为灌浆孔数的 2%～5%,如检测点的不合格率等于或大于 20%,或虽小于 20% 但检测点的平均值达不到设计要求,在确认设计原则正确后应对不合格的注浆区实施重复注浆。

8. 水泥土搅拌法加固效果的检测

(1) 施工期质量检验

施工过程中,应随时检查施工记录和计量记录。在施工期间,每根桩均应有一份完整的质量检验单,施工人员和监理人员签名后作为施工档案。质量检验主要有下列 14 项:

①桩位。通常定位偏差不应超出 50mm。施工前在桩中心插桩位标,施工后将桩位标复原,以便验收。

②桩顶、板底高程。均不应低于设计值。桩底一般应超深 100～200mm,桩顶应超过 0.5m。

③桩身垂直度。每根桩施工时均应用水准尺或其他方法检查导向架和搅拌轴的垂直度,间接测定桩身垂直度。通常垂直度误差不应超过 1%。当设计对垂直度有严格要求时,应按设计标准检验。

④桩身水泥掺量。按设计要求检查每根桩的水泥用量。通常考虑到按整包水泥计量的方法,允许每根桩的水泥用量在 ±25kg(半包水泥)范围内调整。

⑤水泥强度等级。水泥品种按设计要求选用。对无质保书或有质保书的小水泥厂的产品,应先做试块强度试验,试验合格后方可使用。对有质保书的水泥产

品，可在搅拌施工时进行抽查试验。

⑥搅拌头上提喷浆或喷粉的速度。一般均在上提时喷浆或喷粉，提升速度不超过 0.5m/min。通常采用二次搅拌。当第二次搅拌时不允许出现搅拌头未到桩顶，浆液（或水泥粉）已拌完的现象。有剩余时可在桩身上部第三次搅拌。

⑦外掺剂的选用。采用的外掺剂应按设计要求配制。常用的外掺剂有氯化钙、碳酸钠、三乙醇胺、木质素磺酸钙、水玻璃等。

⑧浆液水灰比。通常为 0.4～0.5 范围，不宜超过 0.5。浆液拌合时应按水灰比定量加水。

⑨水泥浆液搅拌的均匀性。应注意贮浆桶内浆液的均匀性和连续性，喷浆搅拌时不允许出现输浆管道堵塞或爆裂的现象。

⑩喷粉搅拌的均匀性。应有水泥自动计量装置，随时有指示喷粉过程中的各项参数，包括压力、喷粉速度和喷粉量等。

⑪喷粉到距地面 1～2m 时，应无大量粉末飞扬，通常需适当减小压力，在孔口加防护罩。

⑫对基坑开挖工程中的侧向围护桩，相邻桩体要搭接施工，施工应连续，其施工间歇时间不宜超过 8～10h。

⑬成桩 3d 内，采用轻型动力触探（N_{10}）检查上部桩身的均匀性，检验数量为施工总桩数的 1%，且不少于 3 根。

⑭成桩 7d 后，采用浅部开挖桩头进行检查，开挖深度宜超过停浆（灰）面下 0.5m，检查搅拌的均匀性，量测成桩直径，检查数量不少于总桩数的 5%。

（2）工程竣工后加固效果的检测

1）标准贯入试验或轻型触探等动力试验

用这种方法可通过贯入阻抗估算土的物理力学指标，检验不同龄期的桩体强度变化和均匀性，所需设备简单，操作方便。用锤击数估算桩体强度需积累足够的工程资料，在目前尚无规范可作为依据时，可借鉴同类工程，或采用 Terzaghi 和 Peck 的经验公式：

$$f_{cu} = \frac{1}{80} N_{63.5} \tag{4-8}$$

式中　f_{cu}——桩体无侧限抗压强度（MPa）；

$N_{63.5}$——标准贯入试验的贯入击数。

轻型动力触探试验：根据现有的轻型触探击数 N_{10} 与水泥土强度对比关系分析，当桩身 1d 龄期的击数 N_{10} 已大于 15 击时，或者 7d 龄期的击数 N_{10} 已大于原天然地基击数 N_{10} 的两倍以上，则桩身强度已能达到设计要求。当每贯入 100mm，其击数大于 30 击时即应停止贯入，继续贯入则桩头可能发生开裂或损坏，影响桩头质量。同时，可用轻型触探器中附带的勺形钻，在水泥土桩桩身钻孔，取出水泥土桩芯，观察其颜色是否一致；是否存在水泥浆富集的结核或未被搅拌均匀的土团。

2）静力触探试验

静力触探可连续检查桩体长度内的强度变化。用比贯入阻力 P_s 估算桩体强度需有足够的工程试验资料，在目前积累资料尚不够的情况下，可借鉴同类工程经验或用式（4-8）估算桩体无侧限抗压强度。

$$f_{cu} = \frac{1}{10}p_s \tag{4-9}$$

式中　f_{cu}——桩体无侧限抗压强度（MPa）；

　　　p_s——静力触探试验的比贯入阻力。

水泥土搅拌桩制桩后用静力触探测试桩身强度沿深度的分布图，并与原始地基的静力触探曲线相比较，可得桩身强度的增长幅度；并能测得断浆（粉）、少浆（粉）的位置和桩长。整根桩的质量情况将暴露无遗。

3）取芯检测

对变形有严格要求的工程，应在成桩 28d 后，采用双管单动取样器钻取芯样做水泥土抗压强度检测，检测数量为施工总桩数的 0.5%，且不少于 6 点。通过钻芯取样，当场检查桩芯的连续性、均匀性和硬度，并用锯、刀切割成试块做无侧限抗压强度试验。由于桩的不均匀性，在取样过程中水泥土容易产生破碎，取出的试件做强度试验很难保证其真实性。钻芯取样应有良好的取芯设备和技术，确保桩芯的完整性和原状强度。进行无侧限抗压强度试验时，可视取位时对桩芯的损坏程度，将设计强度指标乘以 0.7～0.9 的折减系数。

4）截取桩段做抗压强度试验

在桩体上部不同深度现场挖取 50cm 桩段，上、下截面用水泥砂浆整平，装入压力架后用千斤顶加压，即可测得桩身抗压强度及桩身变形模量。

5）静载荷试验

对承受垂直荷重的水泥土搅拌桩，静载荷试验是最可靠的质量检测方法。

载荷试验宜在成桩 28d 后进行，水泥土复合地基承载力检验应采用复合地基静载荷试验和单桩静载荷试验，验收检验数量不少于总检数的 1%，复合地基静载荷试验数量不少于 3 台（多轴搅拌为组）。若试验值不符合要求时，应增加检测点的数量。

对于单桩复合地基载荷试验，载荷板的大小应根据设计置换率来确定，即载荷板面积应为一根桩所承担的处理面积，否则，应予修正。试验标高应与基础底面设计标高相同。对单桩静载荷试验，在板顶上要做一个桩帽，以便受力均匀。

载荷试验应在 28d 龄期后进行，检测点数每个场地不得少于 3 点。若试验值不符合设计要求时，应增加检测孔的数量，若用于桩基工程，其检测数量应不少于第一次的检测量。

6）开挖检验

可根据工程设计要求，选取一定数量的桩体进行开挖，检查加固桩体的外观质量、搭接质量和整体性等。

7）沉降观测

建筑物施工过程中和竣工后，应进行沉降、侧向位移等观测。这是最为直观检测加固效果的理想方法。

对作为侧向围护的水泥土搅拌桩，开挖时主要检测以下项目：

①墙面渗漏水情况；

②桩墙的垂直和整齐度情况；

③桩体的裂缝、缺损和漏桩情况；

④桩体强度和均匀性；

⑤桩顶和路面顶板的连接情况；

⑥桩顶水平位移量；

⑦坑底渗漏情况；

⑧坑底隆起情况。

对于水泥土搅拌桩的检测，由于试验设备等因素的限制，只能限于浅层。对于深层强度与变形、施工桩长及深度方向水泥土的均匀性等的检测，目前尚没有更好的方法，有待于今后进一步研究解决。

9. 高压喷射注浆加固效果的检测

（1）检测内容

①固结体的整体性和均匀性；

②固结体的有效直径；

③固结体的垂直度；

④固结体的强度特性（包括桩的轴向压力、水平力、抗酸碱性、抗冻性和抗渗性等）；

⑤固结体的溶蚀和耐久性能。

喷射质量的检测：

①施工前，主要通过现场旋喷试验，了解设计采用的旋喷参数、浆液配方和选用的外加剂材料是否合适，固结体质量能否达到设计要求。如某些指标达不到设计要求时，则可采取相应措施，使喷射质量达到设计要求。

②施工后，对喷射施工质量的鉴定，一般在喷射施工过程中或施工告一段落时进行。检查数量应为施工总数的 2%～5%，少于 20 个孔的工程，至少要检验两个点。检验对象应选择地质条件较复杂的地区及喷射时有异常现象的固结体。

凡检验不合格者，应在不合格的点位附近进行补喷或采取有效补救措施，然后再进行质量检验。

高压喷射注浆处理地基的强度较低，28d 的强度在 1～10MPa 间，强度增长速度较慢。检验时间应在喷射注浆后四周进行，以防在固结体强度不高时，因检验而受到破坏，影响检验的可靠性。

（2）检测方法

①开挖检验

待浆液凝固具有一定强度后，即可开挖检查固结体垂直度和固结形状。

②钻孔取芯

在已旋喷好的固结体中钻取岩芯，并将岩芯做成标准试件进行室内物理和力学性能的试验。

根据工程的要求亦可在现场进行钻孔，做压力注水和抽水两种渗透试验，测定其抗渗能力。

③标准贯入试验

在旋喷固结体的中部可进行标准贯入试验。

④载荷试验

静载荷试验分垂直和水平载荷试验两种。做垂直载荷试验时，需在顶部 0.5～1.0m 范围内浇筑 0.2～0.3m 厚的钢筋混凝土桩帽。做水平推力载荷试验时，在固结体的加载受力部位浇筑 0.2～0.3m 厚的钢筋混凝土加荷载面，混凝土的强度等级不低于 C20。

10. 土钉、锚杆加固效果的检测

在土钉、锚杆上连接钢筋计或贴电阻应变片，可用以量测土钉应力分布及其变化规律。也可在锚杆端部安装锚杆反力计，量测锚杆的受力大小及其变化发展规律。

对一般的土钉墙、锚杆工程，抗拔力试验是必要的，试验数量应为其总数的 1%，且不少于 3 根。检测的合格标准为：抗拔力平均值应大于设计极限抗拔力；抗拔力最小值应大于设计极限抗拔力的 0.9 倍。抗拔力设计安全系数：对临时性工程可取 1.5；对永久性工程可取 2.0。

对支护系统整体效果最为主要的检测是对墙体或斜坡在施工期间或竣工后的变形观测。最为直观或最为重要的监测是土钉墙或锚杆顶面的水平位移和垂直位移；对土体内部变形的监测，可在坡面后不同距离的位置布置测斜管，用测斜仪进行观测。其他尚有对土钉、锚杆应力、土压力和面层应力等监测项目。可根据实际工程的需要，做好施工期间的监测，从而可达到信息化施工的目的，这对保证工程质量和安全具有极为重要的意义。

4.4 工 程 实 例

本工程实例为天津市内一港口工程，使用真空预压法加固软黏土地基。

4.4.1 工 程 地 质 条 件

图 4-3 为施工现场的示意图。预加固区长 364.5m，宽 51m，为了施工和监测方便将其划分为两个区块即 1 区和 2 区。

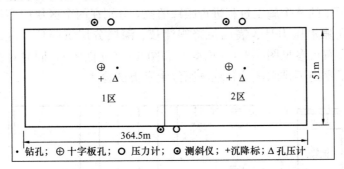

图 4-3 加固区及测点布置示意

根据岩土工程勘察报告，表 4-7 给出了预加固区各土层分布及其土性特点。由表 4-7 可以看出，第一层即地表以下 6m 内为经水力吹填的欠固结软黏土，第二层为粉土，其强度相对较高。这两层以下为 20m 厚的高压缩性粉质黏土和中压缩性粉质黏土。

地 质 勘 察 结 果　　　　　　　　　　　表 4-7

层号	标高（m）	土 性 描 述
1	+6.0～+0.0	水力吹填软黏土，黄灰色，饱和，高塑性，高压缩性
2	+0.0～-2.0	粉土，灰色，饱和
3	-2.0～-5.0	粉质黏土和软黏土，灰褐色，高塑性，高压缩性
4	-5.0～-7.0	粉质黏土，灰褐色，高塑性
5	-7.0～-18.0	粉质黏土，灰绿色，中压缩性

图 4-4 分别给出了两个区块中地基土的基本物理力学指标分布。由图 4-4 可

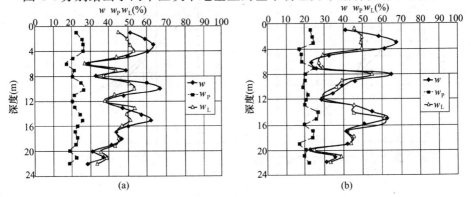

图 4-4 地基土土性指标分布

见，地基土的含水量一般大于等于 50%，大于或接近土体的液限，抗剪强度普遍较低。

4.4.2 监 测 过 程

对真空预压的整个施工过程进行跟踪监测，分别在两个区块中布设了如下的监测内容：孔隙水压力计、表面沉降观测仪、深层分层沉降仪、压力计、测斜仪。仪器的布置可参见图 4-3（平面图）和图 4-5（立面图）。同时对加固前、后的土体进行了室内不排水试验和现场原位十字板试验。

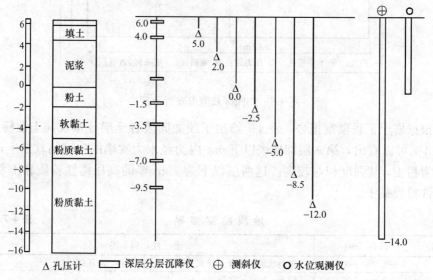

图 4-5   仪器布置（立面图）

1. 沉降量观测

在打设排水板的施工过程中，观测到的平均沉降量为 0.58m。图 4-6 所示为

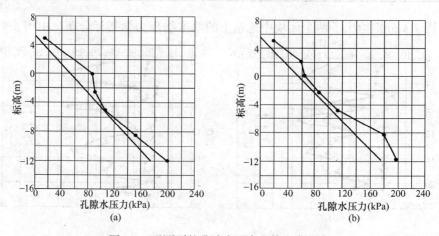

图 4-6   观测到的孔隙水压力和静止水压力

真空预压前观测到的地基中的孔隙水压力分布图。从图中可以看出,量测到的孔隙水压力明显大于静水压力,说明土体处于欠固结状态。排水板打设完毕后,为土体提供了竖向排水通道,土体在自重作用下固结,因此产生一定的沉降。

在真空荷载的施加过程中,地表沉降随着真空压力的施加而逐渐增长,见图4-7。

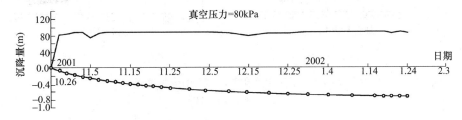

图 4-7 地表沉降随真空压力的变化

图4-8给出了地面以下不同深度处观测到的沉降量随施加的真空压力而变化的曲线。观测得到的地表最大沉降量为1.232m,最小沉降量为1.024m,平均沉降量为1.106m。

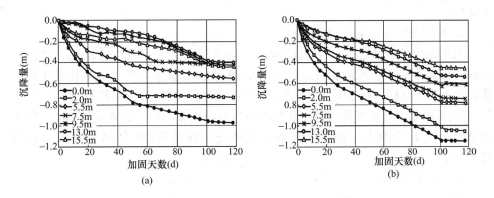

图 4-8 不同深度处沉降量观测值

(a) 1区;(b) 2区

2. 孔隙水压力观测

在真空荷载的作用下,地基土体中的孔隙水压力不断减小。图4-9给出了不同深度处孔隙水压力随时间变化的曲线。从图中可以看出,土体中不同深度的孔压变化在加荷一个半月到两个半月的时间后,趋于稳定。由观测结果可知,80kPa的真空压力沿竖向塑料排水板均匀分布,说明真空压力的施加是相当有效的。

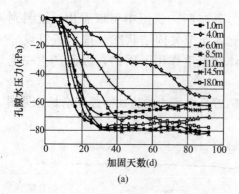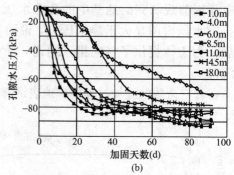

图 4-9 不同深度孔隙水压力的变化过程

(a) 1 区；(b) 2 区

4.4.3 观测结果分析

1. 土体的固结度

土体的固结度 U_t 可通过沉降量或孔隙水压力计算得到。根据图 4-9 给出的孔隙水压力观测值，经计算得到：1 区平均固结度为 92.5%；2 区平均固结度为 92.4%。

2. 真空预压前、后土性的变化

对场地内的土体进行十字板试验，图 4-10 给出了十字板试验结果。从图中可以看出加固后十字板强度明显增长，对于软黏土其强度增长 20%，地基承载力达到 80kPa。同样，对加固前、后的土体进行了相关的物理力学指标试验。图 4-11 给出了地基土含水量的变化，从图中可以看出土体的初始含水量越高，土体失水越多。图 4-12 给出了地基土压缩性的变化，同样的，土体越软其增长幅度越大。

3. 水平向位移

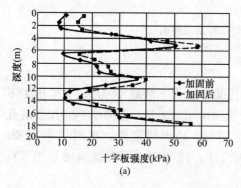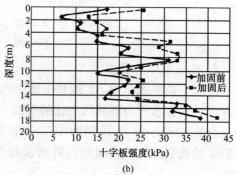

图 4-10 加固前、后十字板强度变化曲线

(a) 1 区；(b) 2 区

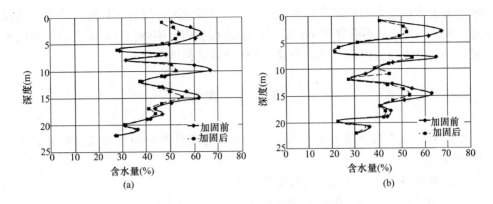

图 4-11 加固前、后土体含水量的变化曲线

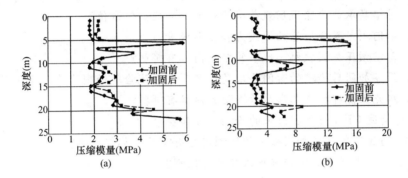

图 4-12 加固前、后土体压缩性的变化曲线

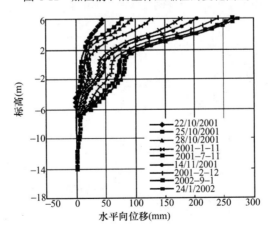

图 4-13 1区水平向位移随深度变化曲线

由于真空压力的作用，引起加固区内土体发生向内侧的水平位移。作者对加固区的水平位移进行了观测。图 4-13 为 1 区土体水平向位移量随深度变化的曲线。从图中可见，水平向位移在地表最大，随深度的增加急剧减小。距加固区数

米外的土体在地表附近发生开裂，由于该工程场地附近没有邻近建筑物和其他设施，水平向的位移不会导致不良后果。但是水平向产生的位移，应引起足够的重视，特别是当场地附近有建筑物时，这种位移是相当不利的。

思 考 题

1. 对已选定的地基处理方法，如何验证其设计参数和处理效果的可靠性和适宜性？

2. 简述各种现场测试方法的适用范围。

3. 换填垫层法中，每一垫层的施工质量如何检验？

4. 复合地基载荷试验中止试验的条件有哪些？

5. 对垫层承载力除现场载荷试验确定外，应如何取值？

6. 如何测定复合地基的承载力和变形模量？

7. 真空预压加固软黏土地基的监测内容有哪些？

8. 强夯加固后检测的时间要求是什么？强夯试验现场测试的内容有哪些？

9. 水泥土搅拌桩施工期质量检验的内容有哪些？

10. 简述 CFG 桩加固效果的检测内容和要求。

11. 高压喷射注浆加固效果的检测内容有哪些？如何检测？

12. 如何进行土钉、锚杆加固效果的检测？

第5章　桩基础的测试与检测

5.1　概　　述

桩基础是一种应用十分广泛的基础形式，桩基础的质量直接关系到整个建筑物的安危。桩的施工具有高度的隐蔽性，发现质量问题难，事故处理更难，因此，桩基础检测工作是整个桩基工程中不可缺少的重要环节，只有提高基桩检测评定结果的可靠性，才能真正确保桩基工程的质量与安全。

桩身材料、成桩方式以及场地岩土层条件等影响桩的承载力和桩身完整性。从桩身材料来看，目前工程上主要以混凝土灌注桩、混凝土预制桩和钢桩为主。混凝土灌注桩以现场成孔、就地灌注混凝土的方式成桩，分为沉管灌注桩、钻孔灌注桩及人工挖孔桩等多种形式；混凝土预制桩包括预制实心桩和预应力混凝土空心桩等桩型，预应力混凝土空心桩一般在工厂采用离心法生产，桩身质量可靠，施工方便，经济环保，近年来在桩基工程中得到广泛应用。桩的功能主要为承受轴向垂直荷载、水平荷载或者两种兼而有之，据此可以把桩分为抗压桩、抗拔桩和水平承载桩。从桩的成桩方法来看，桩又可以分为打入桩、就地灌注桩、静压桩等形式。

工程上针对不同类型的桩基测试和检测手段多种多样，但主要测试方法大都是围绕桩的承载力和桩身完整性来开展的，确定桩的承载力主要以静载荷试验法为主，高应变法也可以作为竖向抗压承载力确定的辅助方法。桩的静载荷试验是确定单桩承载能力、提供合理设计参数以及检验桩基质量最直观、最可靠的方法。用该方法测试的单桩极限承载力最大达 30000kN。对于大吨位桩，20 世纪 80 年代中期开展了桩承载力自平衡试验方法，并在工程中得到应用。根据桩的受力情况，静载荷试验可分为单桩竖向抗压静载试验、单桩竖向抗拔静载试验、单桩水平向静载试验。

20 世纪 80 年代以来，我国的基桩检测技术，特别是基桩动测技术得到了飞速发展。基桩的动力测试，一般是在桩顶施加一激振能量，引起桩身的振动，利用特定的仪器记录下桩身的振动信号并加以分析，从中提取能够反映桩身性质的信息，从而达到确定桩身材料强度、检查桩身的完整性、评价桩身施工质量和桩身承载力等目的。与传统测试手段相比，基桩的动力测试具有费用低廉、快速准确等优点。目前，这项技术已在工程实践中得到了越来越广泛的应用。按照测试时桩身和桩周土所产生的相对位移大小的不同，基桩的动力测试又可分为低应变法和高应变法。

鉴于高应变动力试桩法力的作用时间过短（～10ms），桩只能被视作弹性体进行分析，国外有人提出了一种动静法试桩方法，将力的作用时间延长至 200ms 左右，使沿桩身传播的应力波波长大于实际桩长，进而将桩视为刚性体，回避了应力波的传播问题。这种方法既克服了传统静载试验的笨重和费时的缺点，也克服了高应变方法的过分间接性之弊端，是一种较好的方法，但由于该方法对锤的配重要求太高（比高应变法重 10 倍），具体操作有较大难度。

5.2 单桩竖向抗压静载荷试验

在工程实践中，桩基础以承受竖向下压荷载为主。单桩竖向抗压静载荷试验，就是采用接近于竖向抗压桩实际工作条件的试验方法，确定单桩的竖向抗压承载力。当桩身中埋设有量测元件时，还可以实测桩周各土层的侧阻力和桩端阻力。

一个工程究竟应抽取多少根桩进行载荷试验，各种规范并没有统一规定，建筑工程相关规范要求同一条件下的试桩数量不应少于总桩数的 1%，并不少于 3 根，工程总桩数在 50 根以内时，不应少于 2 根。在实际测试时，可根据工程的实际情况参照相关的规范进行。

5.2.1 试 验 设 备

单桩竖向抗压静载荷试验的试验装置与地基土静载荷试验的试验装置基本相同，如图 5-1 所示。下面将着重介绍一下单桩竖向抗压静载荷试验的加载反力装置和桩身内测试元件的一些情况。

1. 加载装置

加载反力装置可根据现场条件选择锚桩横梁反力装置、压重平台反力装置、锚桩压重联合反力装置。

（1）锚桩横梁反力装置 锚桩横梁反力装置，如图 5-1 所示，一般锚桩至少要 4 根。用灌注桩作为锚桩时，其钢筋笼要沿桩身通长配置；如用预制长桩作锚桩，要加强接头的连接，锚桩的设计参数应按抗拔桩的规定计算确定。采用工程桩作锚桩时，锚桩数量不应少于 4 根，并应监测锚桩上拔量。另外，横梁的刚度、强度以及锚杆钢筋总断面等在试验前都要进行验算。当桩身承载力较大时，横梁自重有时很大，这时它就需要放置在其他工程桩之上，而且基准梁亦应放在其他工程桩上较为稳妥。这种加载方法的不足之处在于它对桩身承载力很大的钻孔灌注桩无法进行随机抽样。

（2）压重平台反力装置 压重平台反力装置，如图 5-2 所示。堆载材料一般为铁锭、混凝土块或沙袋。堆载在检测前应一次加足，并稳固地放置于平台上。

压重施加于地基的压应力不宜大于地基承载力特征值的 1.5 倍。在软土地基上放置大量堆载将引起地面较大下沉，这时基准梁要支撑在其他工程桩上并远离沉降影响范围。作为基准梁的工字钢应尽量长些，但其高跨比以不小于 1/40 为宜。堆载的优点是能对试桩进行随机抽样，适合不配筋或少配筋的桩。不足之处是测试费用高，压重材料运输吊装费时费力。

（3）锚桩压重联合反力装置当试桩最大加载重量超过锚桩的抗拔能力时，可在锚桩或横梁上配重，由锚桩与堆重共同承担上拔力。由于堆载的作用，锚桩混凝土裂缝的开展就可以得到有效的控制。这种反力装置的缺点是桁架或横梁上挂重或堆重的存在使得由于桩的突发性破坏所引起的振动、反弹对安全不利。千斤顶应平放于试桩中心，并保持严格的物理对中。采用千斤顶的型号、规格应相同。当采用两个以上千斤顶并联加载时，其上下部应设置足够刚度的钢垫箱，千斤顶的合力中心应与桩轴线重合。

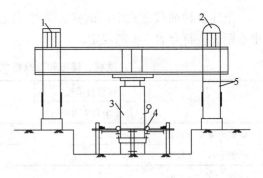

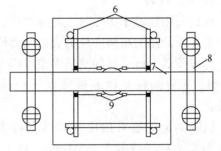

图 5-1　单桩竖向抗压静载荷试验装置示意图
1—厚钢板；2—硬木包钢皮；3—千斤顶；4、9—百分表；5—锚筋；6—基准梁；7—主梁；8—次梁

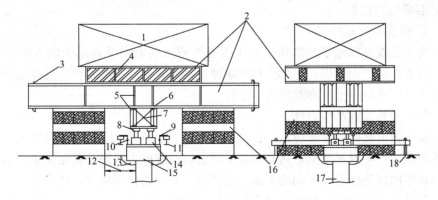

图 5-2　压重平台反力装置示意图
1—堆载；2—堆载平台；3—连接螺杆；4—木垫块；5—通用梁；6、7—十字撑；8—测力环；9—支架；10—千分表；11—槽钢；12—最小距离；13—空隙；14—液压千斤顶；15—桩帽；16—土垛；17—试桩；18—千分表支架

上述各种加载方式中，试桩、锚桩（或压重平台支力墩边）和基准桩之间的中心距离应符合表 5-1 的规定。

试桩、锚桩和基准桩之间的中心距离　　　　　　表 5-1

反力系统	试桩与锚桩（压重平台支力墩边）	试桩与基准桩	基准桩与锚桩（压重平台支力墩边）
锚杆横梁反力装置	≥4d	≥4d	≥4d
压重平台反力装置	≥2.0m	≥2.0m	≥2.0m

2. 测试仪表

荷载可用放置于千斤顶上的应力环、应变式压力传感器直接测定，或采用并联于千斤顶油路的高精度压力表或压力传感器测定油压，并根据千斤顶的率定曲线换算成荷载。传感器的测量误差不应大于 1%，压力表精度等级应优于或等于 0.4 级。重要的桩基试验尚须在千斤顶上放置应力环或压力传感器，实行双控校正。

沉降测量一般采用位移传感器或大量程百分表，测量误差不大于 0.1% FS，分辨力优于或等于 0.01mm。对于直径和宽边大于 500mm 的桩，应在桩的两个正交直径方向对称安装 4 个位移测试仪表；直径和宽边小于等于 500mm 的桩可对称安装 2 个位移测试仪表。沉降测定平面宜在桩顶 200mm 以下位置，测点应牢固地固定于桩身。基准梁应具有一定的刚度，梁的一端应固定于基准桩上，另一端应简支于基准桩上。固定和支承百分表的夹具和横梁在构造上应确保不受气温、振动及其他外界因素的影响而发生竖向变位。当采用堆载反力装置时，为了防止堆载引起的地面下沉影响测读精度，应采用水准仪对基准梁进行监控。

3. 桩身量测元件

为了比较准确地了解桩顶荷载作用下桩侧土的阻力及桩端土阻力的变化情况，需要在桩身中土层变化部位和桩端埋设量测元件。这些元件主要有振弦式钢筋应力计、电阻应变片和测杆式应变计。

（1）振弦式钢筋应力计

在桩顶荷载作用下，埋设于桩身中的振弦式钢筋应力计（简称钢筋应力计）中的钢弦会产生微量变形，从而改变了钢弦的原有应力状态及自振频率，钢筋应力计在室内预先标定，不同的钢筋应力值得出不同的自振频率，从而得到应力与频率关系的标定曲线。在现场测得钢筋应力计频率的变化后，就可按标定曲线得出桩身钢筋所承受的轴向力。

钢筋应力计直接焊接在桩身的钢筋中，并代替这一段钢筋的工作，为了保证钢筋应力计和桩身变形的一致性，钢筋应力计的横断面沿桩身长度方向不应有急剧的增加或减少。在加工过程中应尽量使钢筋应力计的强度和桩身钢筋的强度、弹性模量相等，钢弦长度以 6cm 为宜，工作应力一般在 $1.5 \times 10^5 \sim 5.0 \times 10^5$ kPa 范围内，相应的频率变化值在 800Hz 左右。

钢筋应力计埋设之前必须在试验机上进行标定，绘出每个钢筋应力计力 (P)—频率 (f) 曲线，并与标定曲线相核对，若重复性不好，每级误差超过 3Hz 时，则应淘汰；每隔两天要测量钢筋应力计的初频变化，若初频一直在变，且变化超过 3Hz，说明该钢筋应力计有零漂，不能使用。钢筋应力计及预埋的屏蔽线均需在室内进行绝缘防潮处理。

（2）电阻应变片

电阻应变片主要用来测量桩身的应变，它的工作部分是粘贴在极薄的绝缘材料上的金属丝，在轴向荷载作用下，桩身发生应变，粘贴在桩身上的应变片的金属丝也随之发生变化，导致其自身电阻的变化，通过量测应变片电阻的变化就可得到桩身的应变，进而得到桩身应力的变化情况。为了保证应变片的良好工作状态，应选用基底很薄而且刚性较小的应变片和抗剪强度较高的粘结剂。同时，为了克服由于工作环境温度变化而引起应变片的温度效应，量测时采用温度补偿片予以消除。

（3）测杆式应变计

在国外，以美国材料及试验学会（ASTM）推荐的量测桩身应变的方法最为常用，其基本方法是沿桩身的不同标高处预埋不同长度的金属管和测杆，如图 5-3 所示，用千分表量测杆趾部相对于桩顶处的下沉量，经过计算而求出应变与荷载。

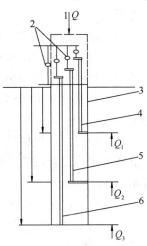

图 5-3　测杆式应变计
1—荷载；2—千分表；3—空心钢管或空心箱形钢柱；4—测杆 1；
5—测杆 2；6—测杆 3

$$Q_3 = \frac{2A_p E_c \Delta_3}{L_3} - Q \tag{5-1}$$

$$Q_2 = \frac{2A_p E_c \Delta_2}{L_2} - Q \tag{5-2}$$

$$Q_1 = \frac{2A_p E_c \Delta_1}{L_1} - Q \tag{5-3}$$

式中　Q_3、Q_2、Q_1——分别为第 3、第 2 和第 1 个测杆处的轴向力（kN）；

A_p——桩身的截面积（m^2）；

E_c——桩身材料的弹性模量（MPa）；

Q——施加于桩顶的荷载（kN）；

Δ_3、Δ_2、Δ_1——分别为第 3、第 2 和第 1 个测杆量测的变形值（mm）；

L_3、L_2、L_1——分别为第 3、第 2 和第 1 个测杆量测的长度（m）。

此时，桩端阻力一般是用埋置于桩端的扁千斤顶量测得到的。

5.2.2   试 验 方 法

1. 试桩要求

为了保证试验能够最大限度地模拟实际工作条件，使试验结果更准确、更具有代表性，进行载荷试验的试桩必须满足一定要求。这些要求主要有以下几个方面：

(1) 试桩的成桩工艺和质量控制标准应与工程桩一致；

(2) 混凝土桩应凿掉桩顶部的破碎层和软弱混凝土，桩头顶面应平整，桩头中轴线与桩身上部的中轴线应重合；

(3) 桩头主筋应全部直通至桩顶混凝土保护层之下，各主筋应在同一高度上；

(4) 距桩顶一倍桩径范围内，宜用厚度为 3～5mm 的钢板围裹或距桩顶 1.5 倍桩径范围内设置箍筋，间距不宜大于 100mm。桩顶应设置钢筋网片 2～3 层，间距 60～100mm；

(5) 桩头混凝土强度等级宜比桩身混凝土提高 1～2 级，且不得低于 C30；

(6) 对于预制桩，如果桩头出现破损，其顶部要在外加封闭箍后浇捣高强细石混凝土予以加强；

(7) 开始试验时间：预制桩在砂土中沉桩 7d 后；黏性土中不得少于 15d；灌注桩应在桩身混凝土达到设计强度后方可进行；

(8) 在试桩间歇期内，试桩区周围 30m 范围内尽量不要产生能造成桩间土中孔隙水压力上升的干扰，如打桩等。

2. 加载要求

(1) 加载总量要求

进行单桩竖向抗压静载荷试验时，试桩的加载量应满足以下要求：

1) 对于以桩身承载力控制极限承载力的工程桩试验，加荷至设计承载力的 1.5～2.0 倍；

2) 对于嵌岩桩，当桩身沉降量很小时，最大加载量不应小于设计承载力的 2 倍；

3) 当以堆载为反力时，堆载重量不应小于试桩预估极限承载力的 1.2 倍。

(2) 加载方式

单桩竖向抗压静载试验的加载方式有慢速法、快速法、等贯入速率法和循环法等。

慢速法是慢速维持荷载法的简称，即先逐级加载，待该级荷载达到相对稳定后，再加下一级荷载，直到试验破坏，然后按每级加载量的两倍卸载到零。慢速法载荷试验的加载分级，一般是按试桩的最大预估极限承载力将荷载等分成 10～15 级逐级施加。实际试验过程中，也可将开始阶段沉降变化较小时的第一、二级荷载合并，将试验最后一级荷载分成两级施加。卸载应分级进行，每级卸载量取加载时分级荷载的 2 倍，逐级等量卸载。加、卸载时应使荷载传递均匀、连续、无冲击，每级荷载在维持过程中的变化幅度不得超过分级荷载的 ±10%。为设计提供依据的竖向抗压静载试验应采用慢速维持荷载法。施工后的工程桩验收检测宜采用慢速维持荷载法。

3. 慢速法载荷试验沉降测读规定

每级加载后按第 5、15、30、45、60min 测读桩顶沉降量，以后每隔 30min 测读一次。

4. 慢速法载荷试验的稳定标准

每一小时内桩顶的沉降量不超过 0.1mm，并连续出现两次（从分级荷载施加后第 30min 开始，按 1.5h 连续三次每 30min 的沉降观测值计算）。当桩顶沉降速率达到相对稳定标准时，再施加下一级荷载。

5. 慢速载荷试验的试验终止条件

当试桩过程中出现下列条件之一时，可终止加荷：

（1）某级荷载作用下，桩顶沉降量大于前一级荷载作用下沉降量的 5 倍；

（2）某级荷载作用下，桩顶沉降量大于前一级荷载作用下沉降量的 2 倍，且经过 24h 尚未达到相对稳定标准；

（3）已达到设计要求的最大加载量；

（4）当工程桩作锚桩时，锚桩上拔量已达到允许值；

（5）当荷载—沉降曲线呈缓变形时，可加载至桩顶总沉降量 60～80mm；在特殊情况下，可根据具体要求加载至桩顶累计沉降量超过 80mm。

6. 慢速载荷试验的卸载规定

卸载时，每级荷载维持 1h，按第 15、30、60min 测读桩顶沉降量后，即可卸下一级荷载。卸载至零后，应测读桩顶残余沉降量，维持时间为 3h，测读时间为第 15、30min，以后每隔 30min 测读一次。

快速法载荷试验的程序与慢速法载荷试验基本相同，在实际应用时可参照相应的规范操作，在此不再赘述。

5.2.3 试验资料的整理

1. 填写试验记录表

为了能够比较准确地描述静载荷试验过程中的现象，便于实际应用和统计，单桩竖向抗压静载荷试验成果宜整理成表格形式，并且对成桩和试验过程中出现的异常现象作必要的补充说明。表 5-2 为单桩竖向抗压静载试验概况表，表 5-3 为单桩竖向抗压静载荷试验记录表。

单桩竖向抗压静载试验概况表　　　　　　　　表 5-2

工程名称			地点			试验单位		
试桩编号			桩型			试验起止时间		
成桩工艺			桩截面尺寸			桩长		
混凝土强度等级	设计		灌注桩沉渣厚度			配筋情况	规格长度	配筋率
	实际		灌注桩充盈系数					
综合柱状图						试验平面布置示意图		
层次	土层名称	土层描述	相对标高		桩身剖面			
1								
2								
3								
4								
5								

单桩竖向抗压静载荷试验记录表　　　　　　　　表 5-3

工程名称					桩号		日期		
加载级	油压(MPa)	荷载(kN)	测读时间	位移计（百分表）读数				本级沉降(mm)	累计沉降(mm)	备注
				1 号	2 号	3 号	4 号			

检测单位：　　　　　　校核：　　　　　　记录：

2. 绘制有关试验成果曲线

为了确定单桩竖向抗压极限承载力，一般应绘制竖向荷载-沉降（Q-S）、沉降-时间对数（S-$\lg t$）、沉降-荷载对数（S-$\lg Q$）曲线及其他进行辅助分析所需的曲线。在单桩竖向抗压静载荷试验的各种曲线中，不同地基土、不同桩型的 Q-S 曲线具有不同的特征，图 5-4 是几种典型的 Q-S 曲线。

当单桩竖向抗压静载荷试验的同时进行桩身应力、应变和桩端阻力测定时，尚应整理出有关数据的记录表和绘制桩身轴力分布、桩侧阻力分布、桩端阻力等与各级荷载关系曲线。

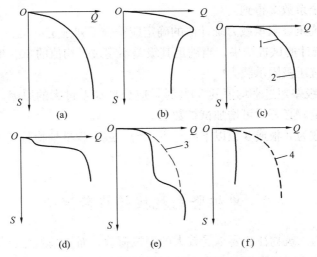

图 5-4 典型的单桩竖向抗压静载荷试验曲线

（a）软至半硬黏土中或松砂中的摩擦桩；（b）硬黏土中的摩擦桩；（c）
桩端支承在软弱而有孔隙的岩石上；（d）桩端开始离开了坚硬岩石，
当被试验荷载压下后又重新支承在岩石上；（e）桩身的裂缝被试验的
下压荷载闭合；（f）桩身混凝土被试验荷载剪断

1—桩端下岩石结构的破损；2—岩土的总剪切破坏；3、4—正常曲线

5.2.4 单桩竖向抗压承载力的确定

1. 单桩竖向抗压极限承载力的确定

《建筑基桩检测技术规范》JGJ 106—2014 按下列方法综合分析确定单桩竖向抗压极限承载力 Q_u：

（1）根据沉降随荷载变化的特征确定：对于陡降型的 Q-S 曲线，取其发生明显陡降的起始点对应的荷载值；

（2）根据沉降随时间变化的特征确定：取 S-lg$t$ 曲线尾部出现明显向下弯曲的前一级荷载值；

（3）某级荷载作用下，桩顶沉降量大于前一级荷载作用下沉降的 2 倍，且经 24h 尚未达到相对稳定标准，则取前一级荷载值；

（4）对于缓变型 Q-S 曲线可根据沉降量确定，宜取 $S＝40$mm 对应的荷载值；当桩长大于 40m 时，宜考虑桩身弹性压缩量；对于直径大于或等于 800mm 的桩，可取 $S＝0.05D$（D 为桩端直径）对应的荷载值；

（5）当按上述四条判定桩的竖向抗压承载力未达到极限时，桩的竖向抗压极限承载力应取最大试验荷载值。

2. 单桩竖向抗压承载力特征值的确定

《建筑地基基础设计规范》GB 50007—2011 及《建筑基桩检测技术规范》JGJ 106—2014 规定的单桩竖向抗压承载力特征值是按单桩竖向抗压极限承载力

统计值除以安全系数 2 得到。

单桩竖向抗压极限承载力统计值的确定应符合下列规定：

（1）参加统计的试桩结果，当满足其级差不超过平均值的 30%时，取其平均值为单桩竖向抗压极限承载力。

（2）当其级差超过平均值的 30%时，应分析级差过大的原因，结合工程具体情况综合确定，必要时可增加试桩数量。

（3）对桩数为 3 根或 3 根以下的柱下承台，或工程桩抽检数量少于 3 根，应取低值。

5.3　单桩竖向抗拔静载荷试验

高耸建（构）筑物往往要承受较大的上拔荷载，而桩基础是建（构）筑物抵抗上拔荷载的重要基础形式。迄今为止，桩基础上拔承载力的计算还是一个没有从理论上解决的问题，在这种情况下，现场原位试验在确定单桩竖向抗拔承载力中的作用就更显得尤为重要。单桩竖向抗拔静载荷试验就是采用接近于竖向抗拔桩实际工作条件的试验方法，确定单桩的竖向抗拔极限承载能力。

5.3.1　试　验　设　备

单桩竖向抗拔承载力试验装置如图 5-5 所示。它主要由加载装置和量测装置组成。

1. 加载装置

试验加载装置一般采用油压千斤顶，千斤顶的加载反力装置可根据现场情况确定，可以利用工程桩为反力锚桩，也可采用天然地基提供支座反力。若工程桩中的灌注桩作为反力锚桩时，宜沿灌注桩桩身通长配筋，以免出现桩身的破损；采用天然地基提供反力时，施加于地基的压应力不宜超过地基承载力特征值的 1.5 倍；反力梁支点重心应与支柱中心重合；反力桩顶面应平整并具有一定的强度。试桩与锚桩的最小间距也可按表 5-1 来确定。

2. 荷载与变形量测装置

荷载可用放置于千斤顶上的应力环、应变式压力传感器直接测定，也可采用

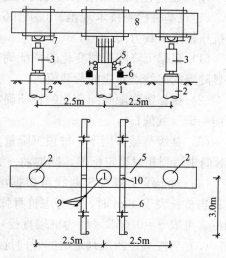

图 5-5　单桩竖向抗拔静载荷试验示意图
1—试桩；2—锚桩；3—液压千斤顶；4—表座；5—测微表；6—基准梁；7—球铰；8—反力梁；9—地面变形测点；10—10cm×10cm 薄铁板

连接于千斤顶上的标准压力表测定油压，根据千斤顶荷载-油压率定曲线换算出实际荷载值。试桩上拔变形一般用百分表量测，其布置方法与单桩竖向抗压静载荷试验相同。

5.3.2 试 验 方 法

1. 现场检测

从成桩到开始试验的时间间隔一般应遵循下列要求：在确定桩身强度已达到要求的前提下，对于砂类土，不应少于 10d；对于粉土和黏性土，不应小于 15d；对于淤泥或淤泥质土，不应少于 25d。

单桩竖向抗拔静载荷试验一般采用慢速维持荷载法，需要时也可采用多循环加、卸载法，慢速维持荷载法的加载分级、试验方法可按单桩竖向抗压静载试验的规定执行。

2. 终止加载条件

试验过程中，当出现下列情况之一时，即可终止加载：

（1）按钢筋抗拉强度控制，桩顶上拔荷载达到钢筋强度标准值的 0.9 倍；

（2）某级荷载作用下，桩顶上拔位移量大于前一级上拔荷载作用下上拔量的 5 倍；

（3）试桩的累计上拔量超过 100mm 时；

（4）对于抽样检测的工程桩，达到设计要求的最大上拔荷载值。

5.3.3 试 验 资 料 整 理

单桩竖向抗拔静载荷试验报告资料的整理应包括以下一些内容：

（1）单桩竖向抗拔静载荷试验概况，可参照表 5-2 整理成表格形式并对试验出现的异常现象作补充说明；

（2）单桩竖向抗拔静载荷试验记录表可参照表 5-3；

（3）绘制单桩竖向抗拔静载荷试验上拔荷载 (U) 和上拔量(δ) 之间的 U-δ 曲线以及δ-$\lg t$ 曲线；

（4）当进行桩身应力、应变量测时，尚应根据量测结果整理出有关表格，绘制桩身应力、桩侧阻力随桩顶上拔荷载的变化曲线；

（5）必要时绘制桩土相对位移 δ'-U/U_u（U_u 为桩的竖向抗拔极限承载力）曲线，以了解不同入土深度对抗拔桩破坏特征的影响。

5.3.4 确定单桩竖向抗拔承载力

1. 单桩竖向抗拔极限承载力的确定

（1）对于陡变形的 U-δ 曲线（如图 5-6 所示），可根据 U-δ 曲线的特征点来确定。大量试验结果表明，单桩竖向抗拔 U-δ 曲线大致可划分为三段：第Ⅰ段直线段，U-δ 按比例增加；第Ⅱ段为曲线段，随着桩土相对位移的增大，上拔位移量比侧阻力增加的速率快；第Ⅲ段又呈直线段，此时即使上拔荷载增加很小，桩的位移量仍继续上升，同时桩周地面往往出现环向裂缝；第Ⅲ段起始点所对应的荷载值即为桩的竖向抗拔极限承载力。

（2）对于缓变形的 U-δ 曲线，可根据 δ-$\lg t$ 曲线的变化情况综合判定，一般取 δ-$\lg t$ 曲线尾部显著弯曲的前一级荷载为竖向抗拔极限承载力，如图 5-7 所示。

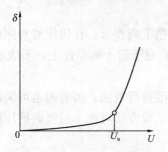

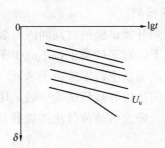

图 5-6　陡变形 U-δ 曲线确定
单桩竖向抗拔极限承载力

图 5-7　缓变形的 U-δ 曲线
根据 δ-$\lg t$ 曲线确定单桩
竖向抗拔极限承载力

（3）根据 δ-$\lg U$ 曲线来确定单桩竖向抗拔极限承载力时，可取 δ-$\lg U$ 曲线的直线段的起始点所对应的荷载作为桩的竖向抗拔极限承载力。将直线段延长与横坐标相交，交点的荷载值为极限侧阻力，其余部分为桩端阻力。

（4）根据桩的上拔位移量大小来确定单桩竖向抗拔极限承载力也是常用的一种方法。

2. 单桩竖向抗拔承载力特征值的确定

（1）单桩竖向抗拔极限承载力统计值的确定方法与单桩竖向抗压统计值的确定方法相同。

（2）单位工程同一条件下的单桩竖向抗拔承载力特征值应按单桩竖向抗拔极限承载力统计值的一半取值。

（3）当工程桩不允许带裂缝工作时，取桩身开裂的前一级荷载作为单桩竖向抗拔承载力特征值，并与按极限承载力一半取值确定的承载力相比取小值。

5.4　单桩水平静载荷试验

单桩水平静载荷试验一般以桩顶自由的单桩为对象，采用接近于水平受荷桩实际工作条件的试验方法来达到以下目的：

（1）确定试桩的水平承载力。检验和确定试桩的水平承载能力是单桩水平静载荷试验的主要目的。试桩的水平承载力可直接由水平荷载（H）和水平位移（X）之间关系的曲线来确定，亦可根据实测桩身应变来判定。

（2）确定试桩在各级水平荷载作用下桩身弯矩的分配规律。当桩身埋设有量测元件时，可以比较准确地量测出各级水平荷载作用下桩身弯矩的分配情况，从而为检测桩身强度、推求不同深度处的弹性地基系数提供依据。

（3）确定弹性地基系数。在进行水平荷载作用下单桩的受力分析时，弹性地基系数的选取至关重要。C法、m法和K法各自假定了弹性地基系数沿不同深度的分布模式，而且它们也有各自的适用范围，通过试验，可以选择一种比较符合实际情况的计算模式及相应的弹性地基系数。

（4）推求桩侧土的水平抗力（q）和桩身挠度（y）之间的关系曲线。求解水平受荷桩的弹性地基系数法虽然应用简便，但误差较大，事实上，弹性地基系数沿深度的变化是很复杂的，它随桩身侧向位移的变化是非线形的，当桩身侧向位移较大时，这种现象更加明显。因此，通过试验可直接获得不同深度处地基土的抗力和桩身挠度之间的关系，绘制桩身不同深度处的 q-y 曲线，并用它来分析工程桩在水平荷载作用下的受力情况更符合实际。

5.4.1　试　验　设　备

单桩水平静载荷试验装置通常包括加载装置、反力装置、量测装置三部分，如图 5-8 所示。

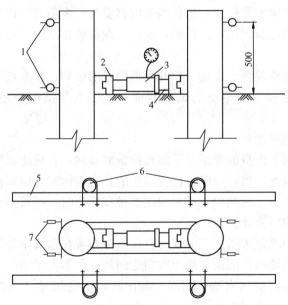

图 5-8　单桩水平静载荷试验装置

1、7—百分表；2—球铰；3—千斤顶；4—垫块；

5—基准梁；6—基准桩

1. 加载装置

试桩时一般都采用卧式千斤顶加载，加载能力不小于最大试验荷载的 1.2

倍，用测力环或测力传感器测定施加的荷载值，对往复式循环试验可采用双向往复式油压千斤顶，水平力作用线应通过地面标高处（地面标高处应与实际工程桩基承台地面标高一致）。为了防止桩身荷载作用点处局部的挤压破坏，一般需用钢块对荷载作用点进行局部加强。

单桩水平静载荷试验的千斤顶一般应有较大的引程。为了保证千斤顶施加的作用力能水平通过桩身曲线，宜在千斤顶与试桩接触处安置一球形铰座。

2. 反力装置

反力装置的选用应考虑充分利用试桩周围的现有条件，但必须满足其承载力应大于最大预估荷载的 1.2 倍的要求，其作用力方向上的刚度不应小于试桩本身的刚度。常用的方法是利用试桩周围的工程桩或垂直静载荷试验用的锚桩作为反力墩，也可根据需要把两根或更多根桩连成一体作为反力墩，条件许可时也可利用周围现有结构物作反力。必要时，也可浇筑专门支墩来作反力。

3. 量测装置

（1）桩顶水平位移量测

桩顶的水平位移采用大量程百分表来量测，每一试桩都应在荷载作用平面和该平面以上 50cm 左右各安装一只或两只百分表，下表量测桩身在地面处的水平位移，上表量测桩顶水平位移，根据两表位移差与两表距离的比值求出地面以上桩身的转角。如果桩身露出地面较短，也可只在荷载作用水平面上安装百分表量测水平位移。

位移测量基准点设置不应受试验和其他因素的影响，基准点应设置在与作用力方向垂直且与位移方向相反的试桩侧面，基准点与试桩净距不应小于一倍桩径。

（2）桩身弯矩量测

水平荷载作用下桩身的弯矩并不能直接量测得到，它只能通过量测得到桩身的应变来推算。因此，当需要研究桩身弯矩的分布规律时，应在桩身粘贴应变量测元件。一般情况下，量测预制桩和灌注桩桩身应变时，可采用在钢筋表面粘贴电阻应变片制成的应变计。

各测试断面的测量传感器应沿受力方向对称布置在远离中性轴的受拉和受压主筋上；埋设传感器的纵剖面与受力方向之间的夹角不大于 10°。在地面下 10 倍桩径的主要受力部分应加密测试断面，断面间距不宜超过一倍桩径；超过此深度，测试端面间距可适当加大。

（3）桩身挠曲变形量测

量测桩身的挠曲变形，可在桩内预埋测斜管，用测斜仪量测不同深度处桩截面倾角，利用桩顶实测位移或桩端转角和位移为零的条件（对于长桩），求出桩身的挠曲变形曲线，由于测斜管埋设比较困难，系统误差较大，较好的方法是利用应变片测得各断面的弯曲应变直接推算桩轴线的挠曲变形。

5.4.2 试 验 方 法

1. 试桩要求

(1) 试桩的位置应根据场地地质、地形条件和设计要求及地区经验等因素综合考虑，选择有代表性的地点，一般应位于工程建设或使用过程中可能出现最不利条件的地方。

(2) 试桩前应在离试桩边 2~6m 范围内布置工程地质钻孔，在 16D 的深度范围内，按间距为 1m 取土样进行常规物理力学性质试验，有条件时亦应进行其他原位测试，如十字板剪切试验、静力触探试验、标准贯入试验等。

(3) 试桩数量应根据设计要求和工程地质条件确定，一般不少于 2 根。

(4) 沉桩时桩顶中心偏差不大于 $D/8$，并不大于 10cm，轴线倾斜度不大于 0.1％。当桩身埋设有量测元件时，应严格控制试桩方向，使最终实际受荷方向与设计要求的方向之间夹角小于 $\pm 10°$。

(5) 从成桩到开始试验的时间间隔，砂性土中的打入桩不应少于 3d；黏性土中的打入桩不应少于 14d；钻孔灌注桩从灌入混凝土到试桩的时间间隔一般不少于 28d。

2. 加载和卸载方式

实际工程中，桩的受力情况十分复杂，荷载稳定时间、加载形式、周期、加荷速率等因素都将直接影响到桩的承载能力。常用的加、卸荷方式有单向多循环加、卸荷法和双向多循环加卸荷法或慢速维持荷载法。

《建筑桩基技术规范》JGJ 94—2008 推荐进行单桩水平静载荷试验时应采用单向多循环加载法，可取预估单桩水平极限承载力的 1/15~1/10 作为每级荷载的加载增量。根据桩径的大小并适当考虑土层的软硬程度，对于直径 300~1000mm 的桩，每级荷载增量可取 2.5~20kN。每级荷载施加后，恒载 4min 后测读水平位移，然后卸荷到零，停 2min 后测读残余水平位移，完成一个加、卸荷循环，如此循环 5 次便完成一级荷载的试验观测。单向多循环加载法的分级荷载应小于预估水平极限承载力或最大试验荷载的 1/10。每级荷载施加后，恒载 4min 后可测读水平位移。如此循环 5 次，完成一级荷载的位移观测。试验不得中间停顿。测量桩身应力或应变时，测试数据的测读和水平位移的测量同步进行。

慢速维持荷载法的加卸载分级、试验方法及稳定标准同单桩竖向静载试验。

3. 终止试验条件

当试验过程出现下列情况之一时，即可终止试验：

(1) 桩身折断；

(2) 桩身水平位移超过 30~40mm（软土中取 40mm）；

(3) 水平位移达到设计要求的水平位移允许值。

5.4.3 试验资料的整理

1. 单桩水平静载荷试验概况的记录

可参照表 5-2 记录实验基本情况，并对试验过程中发生的异常现象加以记录和补充说明。

2. 整理单桩水平静载荷试验记录表

将单桩水平静载荷试验记录表按表 5-4 的形式整理，以备进一步分析计算之用。

3. 绘制单桩水平静载荷试验曲线

绘制单桩水平静载荷试验水平力-时间-位移（H-t-X）关系曲线、水平力-位移梯度（H-$\Delta X/\Delta H$）曲线，如图 5-9 和图 5-10 所示。

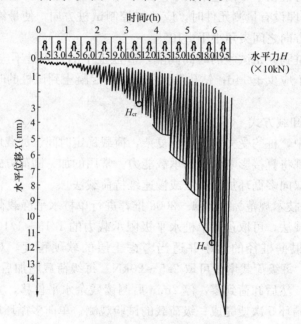

图 5-9 单桩水平静载荷试验 H-t-X 曲线

单桩水平静载荷试验记录表 表 5-4

工程名称								桩号		日期		上下表距	
油压（MPa）	荷载（kN）	观测时间	循环数	加载		卸载		水平位移（mm）		加载上下表读数差	转角	备注
				上表	下表	上表	下表	加载	卸载			

检测单位： 校核： 记录：

4. 计算地基土水平抗力系数的比例系数

地基土水平抗力系数的比例系数一般按下面的公式计算：

$$m = \frac{\left(\dfrac{H_{cr}}{X_{cr}} \nu_x\right)^{\frac{5}{3}}}{B\,(E_c I)^{\frac{2}{3}}} \tag{5-4}$$

式中　m——地基土水平抗力系数的比例系数（kN/m⁴）；该数值为地面以下 $2(D+1)$m 深度内各土的综合值；

　　　H_{cr}——单桩水平临界荷载（kN）；

　　　X_{cr}——单桩水平临界荷载对应的位移（m）；

　　　ν_x——桩顶水平位移系数，按表 5-5 采用；

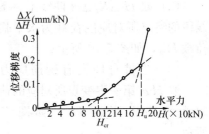

图 5-10　单桩水平静载荷试验
$H\text{-}\Delta X/\Delta H$ 曲线

　　　B——桩身计算宽度（m），按以下规定取值：

　　　　　圆形桩：当桩径 $D \leqslant 1.0$m 时，$B=0.9\,(1.5D+0.5)$；

　　　　　　　　　当桩径 $D \geqslant 1.0$m 时，$B=0.9\,(D+1)$；

　　　　　方形桩：当桩宽 $b \leqslant 1.0$m 时，$B=1.5b+0.5$；

　　　　　　　　　当桩宽 $b \geqslant 1.0$m 时，$B=b+1$。

桩顶水平位移系数 ν_x　　　　　　　　　　　　　表 5-5

桩顶约束情况	桩的换算埋深 $(\alpha_0 h)$	ν_x
铰接、自由	4.0	2.441
	3.5	2.502
	3.0	2.727
	2.8	2.905
	2.6	3.163
	2.4	3.526
固接	4.0	0.940
	3.5	0.970
	3.0	1.028
	2.8	1.055
	2.6	1.079
	2.4	1.095

注：表中 α_0 为桩身水平变形系数，$\alpha_0 = \sqrt[5]{\dfrac{mB}{E_c I}}$（m⁻¹）。

5.4.4　单桩水平临界荷载和极限荷载的确定

1. 单桩水平临界荷载的确定方法

单桩水平临界荷载（桩身受拉区混凝土明显退出工作前的最大荷载），一般按下列方法综合确定：

(1) H-t-X 曲线出现突变点的前一级荷载为水平临界荷载 H_{cr}，如图 5-9 所示；

(2) 取 H-$\Delta X/\Delta H$ 曲线第一条直线段的终点所对应的荷载为水平临界荷载 H_{cr}，如图 5-10 所示；

(3) 当桩身埋设有钢筋应力计时，取 H-σ_g 第一突变点所对应的荷载为水平临界荷载 H_{cr}，如图 5-11 所示。

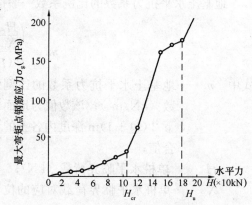

图 5-11　根据 H-σ_g 确定单桩水平临界荷载

2. 单桩水平极限荷载的确定方法

单桩水平极限荷载可根据下列方法综合确定：

(1) 取 H-t-X 曲线陡降的前一级荷载为极限荷载 H_u；

(2) 取 H-$\Delta X/\Delta H$ 曲线第二直线段的终点所对应的荷载为极限荷载 H_u；

(3) 取桩身折断或受拉钢筋屈服时的前一级荷载为极限荷载 H_u；

(4) 当试验项目对加载方法或桩顶位移有特殊要求时，可根据相应的方法确定水平极限荷载 H_u。

当作用于桩顶的轴向荷载达到或超过其竖向荷载 0.2 倍时，单桩水平临界荷载、极限荷载都将有一定程度的提高。因此，当条件许可时，可模拟实际荷载情况，进行桩顶同时施加轴向压力的水平静载试验，以更好地了解桩身的受力情况。

3. 单桩水平承载力特征值确定

按照水平极限承载力和水平临界荷载统计值确定后（按照单桩竖向抗压承载力统计值的确定方法），单位工程同一条件下的单桩水平承载力特征值的确定应符合下列规定：

(1) 当水平承载力按桩身强度控制时，取水平临界荷载统计值为单桩承载力特征值；

(2) 当桩受长期水平荷载作用且桩不允许开裂时，取水平竖向荷载统计值的 0.8 倍作为单桩水平承载力特征值；

(3) 当水平承载力按设计要求的允许水平位移控制时，可取设计要求的水平允许位移对应的水平荷载作为单桩水平承载力特征值，但应满足有关规范抗裂设计的要求。

5.5 桩基低应变动力检测

基桩的低应变动力检测就是通过对桩顶施加激振能量，引起桩身及周围土体的微幅振动，同时用仪表量测和记录桩顶的振动速度和加速度，利用波动理论或机械阻抗理论对记录结果加以分析。从而达到检验桩基施工质量、判断桩身完整性、判定桩身缺陷程度及位置等目的。低应变法具有快速、简便、经济、实用等优点。

基桩低应变动力检测的一般要求是：

（1）检测前的准备工作。检测前必须收集场地工程地质资料、施工原始记录、基础设计图和桩位布置图，明确测试目的和要求。通过现场调查，确定需要检测桩的位置和数量，并对这些桩进行检测前的处理。另外，还要及时对仪器设备进行检查和调试，选定合适的测试方法和仪器参数。

（2）检测数量的确定。桩基的检测数量应根据建（构）筑物的特点、桩的类型、场地工程地质条件、检测目的、施工记录等因素综合考虑决定。对于一柱一桩的建（构）筑物，全部桩基都应进行检测；非一柱一桩时，若检测混凝土灌注桩身完整，则抽测数不得少于该批桩总数的 30%，且不得少于 10 根。如抽测结果不合格的桩数超过抽测数的 30%，应加倍抽测；加倍抽测后，不合格的桩数仍超过抽测数的 30% 时，则应全面抽测。

（3）仪器设备及保养。用于基桩低应变动力检测的仪器设备，其性能应满足各种检测方法的要求。检测仪器应具有防尘、防潮性能，并可在 $-10 \sim 50℃$ 的环境温度下正常工作。

对桩身材料强度进行检测时，如工期较紧，亦可根据桩身混凝土实测纵波波速来推求桩身混凝土的强度。

低应变法基桩动力检测的方法很多，本节主要介绍在工程中应用比较广泛、效果较好的反射波法、机械阻抗法、动力参数法等几种方法。

5.5.1 反 射 波 法

1. 概述

埋设于地下的桩的长度要远大于其直径，因此可将其简化为无侧限约束的一维弹性杆件，在桩顶初始扰力作用下产生的应力波沿桩身向下传播并且满足一维波动方程：

$$\frac{\partial^2 u}{\partial t^2} = c^2 \frac{\partial^2 u}{\partial x^2} \tag{5-5}$$

式中　u——x 方向位移（m）；

　　　c——桩身材料的纵波波速（m/s）。

　　弹性波沿桩身传播过程中，在桩身夹泥、离析、扩颈、缩颈、断裂、桩端等桩身阻抗变化处将会发生反射和透射，用记录仪记录下反射波在桩身中传播的波形，通过对反射波曲线特征的分析即可对桩身的完整性、缺陷的位置进行判定，并对桩身混凝土的强度进行评估。

　　2. 检测设备

　　用于反射波法桩基动测的仪器一般有传感器、放大器、滤波器、数据处理系统以及激振设备和专用附件等。

　　（1）传感器

　　传感器是反射波法桩基动测的重要仪器，传感器一般可选用宽频带的速度或加速度传感器。速度传感器的频率范围宜为 $10 \sim 500 \text{Hz}$，灵敏度应高于 300mV/cm/s。加速度传感器的频率范围宜为 $1 \text{Hz} \sim 10 \text{kHz}$，灵敏度应高于 100mV/g。

　　（2）放大器

　　放大器的增益应大于 60dB，长期变化量小于 1%，折合输入端的噪声水平应低于 $3 \mu v$，频带宽度应宽于 $1 \text{Hz} \sim 20 \text{kHz}$，滤波频率可调。模数转换器的位数至少应为 8bit，采样时间间隔至少应为 $50 \sim 1000 \mu s$，每个通道数据采集暂存器的容量应不小于 1kbit，多通道采集系统应具有良好的一致性，其振幅偏差应小于 3%，相位偏差应小于 0.1ms。

　　（3）激振设备

　　激振设备应有不同材质、不同重量之分，以便于改变激振频谱和能量，满足不同的检测目的。目前工程中常用的锤头有塑料头锤和尼龙头锤，它们激振的主频分别为 2000Hz 左右和 1000Hz 左右；锤柄有塑料柄、尼龙柄、铁柄等，柄长可根据需要而变化。一般说来，柄越短，则由柄本身振动所引起的噪声越小，而且短柄产生的力脉冲宽度小、力谱宽度大。当检测深部缺陷时，应选用柄长、重的尼龙锤来加大冲击能量；当检测浅部缺陷时，可选用柄短、轻的尼龙锤。

　　3. 检测方法

　　反射波法检测基桩质量的仪器布置如图 5-12 所示。

　　现场检测工作一般应遵循下面的一些基本程序：

　　（1）对被测桩头进行处理，凿去浮浆，平整桩头，割除桩外露的过长钢筋；

　　（2）接通电源，对测试仪器进行预热，进行激振和接收条件的选择性试验，以确定最佳激振方式和接收条件；

　　（3）对于灌注桩和预制桩，激振点一般选在桩头的中心部位；对于水泥土桩，激振点应选择在 1/4 桩径处；传感器应稳固地安置于桩头上，为了保证传感器与桩头的紧密接触，应在传感器底面涂抹凡士林或黄油；当桩径较大时，可在桩头安放两个或多个传感器；

　　（4）为了减少随机干扰的影响，可采用信号增强技术进行多次重复激振，以

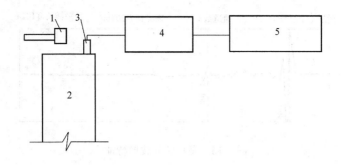

图 5-12　反射波检测基桩质量仪器布置图
1—手锤；2—桩；3—传感器；4—桩基分析仪；5—显示器

提高信噪比；

（5）为了提高反射波的分辨率，应尽量使用小能量激振并选用截止频率较高的传感器和放大器；

（6）由于面波的干扰，桩身浅部的反射比较紊乱，为了有效地识别桩头附近的浅部缺陷，必要时可采用横向激振水平接收的方式进行辅助判别；

（7）每根试桩应进行 3～5 次重复测试，出现异常波形应立即分析原因，排除影响测试的不良因素后再重复测试，重复测试的波形应与原波形有良好的相似性。

4. 检测结果的应用

（1）确定桩身混凝土的纵波波速

桩身混凝土纵波波速可按下式计算：

$$C = \frac{2L}{t_r} \tag{5-6}$$

式中　C——桩身纵波波速（m/s）；

　　　L——桩长（m）；

　　　t_r——桩底反射波到达时间（s）。

（2）评价桩身质量

反射波形的特征是桩身质量的反应，利用反射波曲线进行桩身完整性判定时，应根据波形、相位、振幅、频率及波至时刻等因素综合考虑，桩身不同缺陷反射波特征如下：

1）完整桩的波形特征。完整性好的基桩反射波具有波形规则、清晰、桩底反射波明显、反射波至时间容易读取、桩身混凝土平均纵波波速较高的特性，同一场地完整桩反射波形具有较好的相似性，如图 5-13 所示。

2）离析和缩颈桩的波形特征。离析和缩颈桩桩身混凝土纵波波速较低，反射波幅减少，频率降低，如图 5-14 所示。

3）断裂桩的波形特征。桩身断裂时其反射波到达时间小于桩底反射波到达

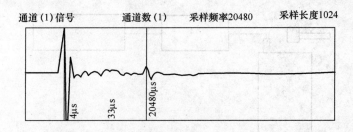

图 5-13 完整桩的波形特征

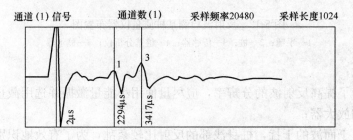

图 5-14 离析和缩颈桩的波形特征

时间，波幅较大，往往出现多次反射，难以观测到桩底反射，如图 5-15 所示。

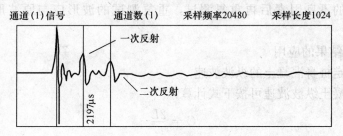

图 5-15 断裂桩的波形特征

（3）确定桩身缺陷的位置与范围

桩身缺陷离开桩顶的位置 L' 由下式计算：

$$L' = \frac{1}{2}t'_r C_0 \tag{5-7}$$

式中 L'——桩身缺陷的位置（m）；

t'_r——桩身缺陷的部位反射波至时间（s）；

C_0——场地范围内桩身纵波波速平均值（m/s）。

桩身缺陷范围是指桩身缺陷沿轴向的经历长度，如图 5-16 所示。桩身缺陷范围可按下面的方法计算：

$$l = \frac{1}{2}\Delta t C' \tag{5-8}$$

式中 l——桩身缺陷的位置（m）；

Δt——桩身缺陷的上、下面反射波至时间差（s）；

C'——桩身缺陷段纵波波速（m/s），可由表5-6确定。

桩身缺陷段纵波速度 表5-6

缺陷类别	离 析	断层夹泥	裂缝空间	缩 颈
纵波速度（m/s）	1500~2700	800~1000	<600	正常纵波速度

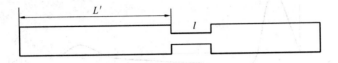

图5-16 桩身缺陷的位置和范围

5. 工程实例

（1）桩径1.5m，桩长40m灌注桩，桩尖入中风化岩0.5m，用应力波反射法检测，桩底反射明显，它和入射波反相位，嵌岩效果好，$c=3960$m/s（$t_1-t_0=20.2$ms），如图5-17所示。

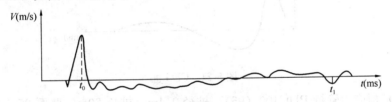

图5-17 嵌岩桩

（2）桩径1.5m，桩长45m入岩灌注桩，应力波反射法检测桩底反射波和入射波反相位，嵌岩效果好，$c=3840$m/s（$t_3-t_0=23.40$ms），在19m处桩身扩颈（$t_2-t_0=9.9$ms），如图5-18所示。

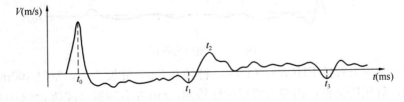

图5-18 扩颈嵌岩桩

（3）钻孔灌注桩，桩径0.6m，桩长16m，用应力波反射法检测。速度响应波形如图5-19所示。波形重复多次反射，看不到桩底反射，假设波速$c=3800$m/s计算，判断1.75m左右桩身严重缺陷。

（4）CFG桩，桩径0.4m，桩长12m，用应力波反射法检测，桩底反射明确，波速$c=4080$m/s，完整桩，波形如图5-20所示。

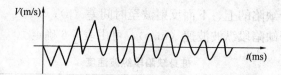

图 5-19　钻孔桩

图 5-20　CFG桩

（5）CFG 桩，桩径 0.4m，桩长 20m，用应力波反射法检测，近桩顶严重缺陷，经开挖验证，桩顶下 0.5m 断桩，波形如图 5-21 所示。

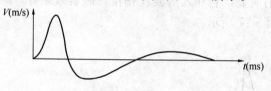

图 5-21　CFG桩

（6）预应力管桩 PHC400（95），桩径 0.4m，桩长 20m，壁厚 95mm，桩长 30m，静压法沉桩，用应力波反射法检测，桩底发射明确，波速 $c=4100\text{m/s}$，完整桩，波形如图 5-22 所示。

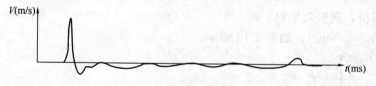

图 5-22　预应力管桩

（7）预应力管桩 PHC500（100），桩径 0.5m，桩长 58m，壁厚 100mm，桩长 30m，静压法沉桩，用应力波反射法检测，8m 左右断桩（波速 $c=4100\text{m/s}$），由于开挖基坑，坑壁整体滑动，工程桩被挤断，波形如图 5-23 所示。

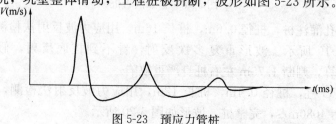

图 5-23　预应力管桩

5.5.2 机械阻抗法

1. 概述

埋设于地下的桩与其周围的土体构成一连续系统，亦即无限自由度系统，但当桩身存在一些缺陷，如断裂、夹泥、扩颈、离析时，桩-土体系可视为有限自由度系统，而且这有限个自由度的共振频率是可以足够分离的。因此，在考虑每一级共振时可将系统看成是单自由度系统，故在测试频率范围内可依次激发出各阶共振频率。这就是机械阻抗法检测基桩质量的理论依据。

依据频率不同的激振方式，机械阻抗法可分为稳态激振和瞬态激振两种。实际工程中多采用稳态正弦激振法。利用机械阻抗法进行基桩动测，可以达到检测桩身混凝土的完整性，判定桩身缺陷的类型和位置等目的，对于摩擦桩，机械阻抗法测试的有效范围为 $L/D \leqslant 30$；对与摩擦-端承桩或端承桩，测试的有效范围可达 $L/D \leqslant 50$（L 为桩长，D 为桩断面直径或宽度）。

2. 检测设备

机械阻抗法的主要设备由激振器、传感器、记录分析系统三部分组成。

（1）激振器

稳态激振应选用电磁激振器，应满足以下技术要求：

1）频率范围：5～1500Hz；

2）最大出力：当桩径小于 1.5m 时，应大于 200N；当桩径在 1.5m 和 3.0m 之间时，应大于 400N；当桩径大于 3.0m 时，应大于 600N。

悬挂装置可采用柔性悬挂（橡皮绳）或半刚性悬挂，在采用柔性悬挂时应注意避免高频段出现的横向振动。在采用半刚性悬挂时，在激振频率为 10～1500Hz 的范围内，系统本身特性曲线出现的（共振及反共振）谐振峰不应超过一个。为了减少横向振动的干扰，激振装置在初次使用及长距离运输后，正式使用前应进行仔细的调整，使横向振动系数（ξ）控制在 10% 以下，谐振时最大值应不超过 25%。横向振动系数（ξ）由式（5-9）计算：

$$\xi = \frac{1}{a_r}\sqrt{a_s^2 + a_g^2} \times 100\% \qquad (5\text{-}9)$$

式中　a_s——横向最大加速度值（m/s²）；

　　　a_g——与 a_s 垂直方向上的横向最大加速度值（m/s²）；

　　　a_r——竖直方向上的最大加速度值（m/s²）。

当使用力锤作激振设备时，所选用的力锤设备应优于 1kHz，最大激振力不小于 300N。

（2）量测系统

量测系统主要由力传感器、速度（加速度）传感器等组成。传感器的技术特性应符合下列要求：

1）力传感器。频率响应为 5～10kHz，幅度畸变小于 1dB，灵敏度不小于 100Pc/kN，量程应视激振最大值而定，但不应小于 1000N。

2）速度、加速度传感器。频率响应：速度传感器 5～1500Hz，加速度传感器 1Hz～10kHz；灵敏度：当桩径小于 60cm 时，速度传感器的灵敏度 S_v > 300mV/cm/s，加速度传感器的灵敏度 S_a > 1000Pc/g；当桩径大于 60cm 时，S_v > 800mV/cm/s，S_a > 2000Pc/g。横向灵敏度不大于 5%。加速度传感器的量程，稳态激振时不少于 5g，瞬态激振时不少于 20g。

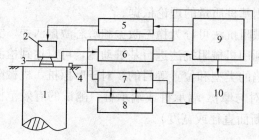

图 5-24　机械阻抗法测试仪器布置图

1—桩；2—激振器；3—力传感器；4—传感器；5—功率放大器；6—电荷放大器；7—测振放大器；8—跟踪滤波器；9—振动控制仪；10—x-y 函数记录仪

速度、加速度传感器的灵敏度应每年标定一次，力传感器可用振动台进行相对标定，或采用压力试验机作准静态标定。进行准静态标定所采用的电荷放大器，其输入阻抗应不小于 10^{11}Ω，测量响应的传感器可采用振动台进行相对标定。在有条件时，可进行绝对标定。

测试设备的布置如图 5-24 所示。

（3）信号分析系统

信号分析系统可采用专用的机械阻抗分析系统。也可采用由通用的仪器设备组成的分析系统。压电加速度传感器的信号放大器应采用电荷放大器，磁电式速度传感器的信号放大器应采用电压放大器。带宽应大于 5～2000Hz，增益应大于 80dB，动态范围应在 40dB 以上，折合输入端的噪声应小于 10μV。在稳态测试中，为了减少其他振动的干扰，必须采用跟踪滤波器或在放大器内设置性能相似的滤波系统，滤波器的阻尼衰减应不小于 40dB。在瞬态测试分析仪中，应具有频率均匀和计算相干函数的功能。如采用计算机进行数据采集分析时，其模-数转换器的位数应不小于 12bit。

3. 检测方法

在进行正式测试前，必须认真做好被测桩的准备工作，以保证得到较为准确的测试结果。首先应进行桩头的清理，去除覆盖在桩头上的松散层，露出密实的桩顶。将桩头顶面修凿得大致平整，并尽可能与周围的地面保持齐平。桩径小于 60cm 时，可布置 1 个测点，桩径为 60～150cm 时，应布置 2～3 个测点，桩径大于 150cm 时，应在互相垂直的两个方向布置 4 个测点。

粘贴在桩顶的圆形钢板必须在放置激振装置和传感器的一面用铣床加工成 △7 以上的光洁表面。接触桩顶的一面则应粗糙些，以使其与桩头粘贴牢固。将加工好的圆形钢板用浓稠的环氧树脂进行粘贴。大钢板粘贴在桩头正中处，小钢板粘贴在桩顶边缘处。粘贴之前应先将粘贴表面处修凿平整的表面清扫干净，再摊铺上浓稠的环氧树脂，贴上钢板并挤压，使钢板四周有少许粘贴剂挤出，钢板与桩之间填满环氧树脂，然后立即用水平尺反复校正，使钢板表面保持平整，待10～20h环氧树脂完全固化后即可进行测试。如不立即测试，可在钢板上涂上黄油，以防止锈蚀。桩头上不要放置与测试无关的东西，桩身主筋不要出露过长，以免产生谐振干扰。半刚性悬挂装置和传感器必须用螺丝固定在桩头钢板上。在安装和连接测试仪器时，必须妥善设置接地线，要求整个检测系统一点接地，以减少电噪声干扰。传感器的接地电缆应采用屏蔽电缆并且不宜过长，加速度传感器在标定时应使用和测试时等长的电缆线连接，以减少量测误差。

　　安装好全部测试设备并确认各仪器装置处于正常工作状态后方可开始测试。在正式测试前必须正确选定仪器系统的各项工作参数，使仪器能在设定的状态下完成试验工作。在测试过程中应注意观察各设备的工作状态，如未出现不正常状态，则该次测试为有效测试。

　　在同一工地中如果某桩实测的导纳曲线幅度明显过大，则有可能在接近桩顶部位存在严重缺陷，此时应增大扫频频率上限，以判定缺陷位置。

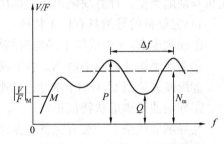

图 5-25　实测桩顶导纳曲线

　　4. 检测结果的分析及应用

　　（1）计算有关参数

　　根据记录到的桩的导纳曲线，如图5-25所示，可以计算出以下参数：

　　1）导纳的几何平均值：

$$N_m = \sqrt{PQ} \tag{5-10}$$

式中　N_m——导纳的几何平均值（m/kN·s）；

　　　　P——导纳的极大值（m/kN·s）；

　　　　Q——导纳的极小值（m/kN·s）。

　　2）完整桩的桩身纵波波速：

$$C = 2L\Delta f \tag{5-11}$$

式中　Δf——两个谐振峰之间的频差（Hz）。

　　3）桩身动刚度：

$$K_d = \frac{2\pi f_m}{\left| \dfrac{V}{F} \right|_m} \tag{5-12}$$

式中　K_d——桩的动刚度（kN/m）；

　　　　f_m——导纳曲线初始线段上任一点的频率（Hz）；

　　　　$\left| \dfrac{V}{F} \right|_m$——导纳曲线初始直线段上任一点的导纳（m/kN·s）；

V——振动速度（m/s）；

F——激振力（kN）。

4）检测桩的长度：

$$L_m = \frac{C}{2\Delta f} \tag{5-13}$$

式中　L_m——桩的检测长度（m）。

5）计算导纳的理论值：

$$N_c = \frac{1}{\rho C A_p} \tag{5-14}$$

式中　N_c——导纳曲线的理论值（m/kN·s）；

ρ——桩身材料的质量密度（kg/m³）；

A_p——桩截面积（m²）。

（2）分析桩身质量

计算出上述各参数后，结合导纳曲线形状，可以判断桩身混凝土完整性、判定桩身缺陷类型、计算缺陷出现的部位。

1）完整桩的导纳具有以下特征：

①动刚度 K_d 大于或等于场地桩的平均动刚度 $\overline{K_d}$；

②实测平均几何导纳值 N_m 小于或等于导纳理论值 N_c；

③纵波波速值 C 不小于场地桩的平均纵波波速 C_0；

④导纳曲线谱形状特征正常；

⑤导纳曲线谱中一般有完整桩振动特性反映。

2）缺陷桩的导纳具有以下特征：

①动刚度 K_d 小于场地桩的平均动刚度 $\overline{K_d}$；

②平均几何导纳值 N_m 大于导纳理论值 N_c；

③纵波波速值 C 不大于场地桩的平均纵波波速 C_0；

④导纳曲线谱形状特征异常；

⑤导纳曲线谱中一般有缺陷桩振动特性反映。

5. 工程实例

（1）冲击成孔灌注桩，桩径 1.5m，桩长 60m，用稳态激振机械阻抗法检测，由速度导纳量得 $\Delta f = 29.3$Hz，计算波速 c = 3516m/s，实测动刚度 $K_d = $

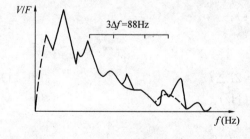

图 5-26　冲击成孔桩

2.38MN/mm。导纳值随频率增加而逐步减小，说明桩径随深度减小趋势，为完整桩，波形如图 5-26 所示。

（2）人工挖孔桩，桩径 1.0m，桩长 14.5m，扩底 1.5m，桩尖持力层为砂卵石。用稳态激振机械阻抗法检测，由速度导纳量得 $\Delta f = 135.3$Hz，计算波速 c =

3923m/s，实测导纳 $N_c = 1.05 \times 10^{-7}$ m/s·N，理论导纳 $N_c = 1.15 \times 10^{-7}$ m/s·N，动刚度 $K_d = 2.5$MN/mm。扩底在导纳波形上反映不明显，属完整桩，波形如图 5-27 所示。

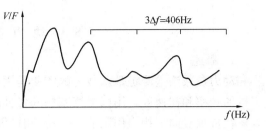

图 5-27　人工挖孔桩

（3）潜水钻孔灌注桩，桩径 1.0m，桩长 32m，用瞬态激振机械阻抗法检测，导纳波形量得桩底反射 $\Delta f_2 = 62$Hz，计算 $c = 3968$m/s，桩身缺陷 $\Delta f = 550$Hz，判断 3.6m 左右桩身轻微缺陷，波形如图 5-28 所示。

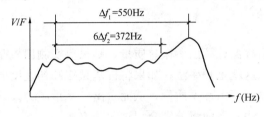

图 5-28　钻孔灌注桩

（4）潜水钻成孔灌注桩，桩径 0.6m，桩长 24.3m，用稳态激振机械阻抗法检测，由速度导纳波形量得 $\Delta f = 324$Hz，当波速 $c = 3500$m/s，计算桩长 $L_m = 5.4$m；当波速 $c = 3800$m/s，计算桩长 $L_m = 5.8$m，实测导纳 $N_m = 7.97 \times 10^{-7}$m/s·N，理论导纳 $N_c = 4.1 \times 10^{-7}$m/s·N，实测动刚度 $K_d = 0.45$MN/mm（完整桩 $K_d > 0.6$MN/mm）判断 5.5m 左右断桩，波形如图 5-29 所示。

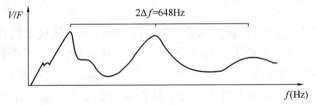

图 5-29　潜水钻成孔桩

（5）钻孔灌注桩，桩径 0.6m，桩长 16m，用稳态激振机械阻抗法检测，由速度导纳波形量得 $\Delta f = 866$Hz，无桩底反射，假定波速 $c = 3800$m/s，计算桩长 $L = 2.2$m；桩在 2.2m 严重缺陷，波形如图 5-30 所示。

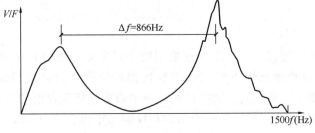

图 5-30　钻孔桩

5.5.3　动 力 参 数 法

1. 概述

动力参数法检测桩基承载力的实质是用敲击法测定桩的自振频率，或同时测定桩的频率和初速度，用以换算基桩的各种设计参数。

在桩顶竖向干扰力作用下，桩身将和桩周部分土体一起作自由振动，我们可以将其简化为单自由度的质量-弹簧体系，该体系的弹簧刚度 K 与频率间的关系为

$$K = \frac{(2\pi f)^2}{g}Q \tag{5-15}$$

式中　f——体系自振频率（Hz）；

　　　Q——参振的桩（土）重量（kN）；

　　　g——重力加速度，$g=9.8\text{m/s}^2$。

如果先按桩和其周围土体的原始数据计算出参振总质量，则只要实测出桩基的频率就可进行承压桩参数的计算，这就是频率法；如果将桩基频率和初速度同时量测，则无需桩和土的原始数据也可算出参振质量，从而求出桩基承载力及其他参数，这种方法称为频率—初速度法，下面将分别介绍这两种方法。

2. 频率—初速度法

（1）检测设备

动力参数法检测桩基的仪器和设备主要有激振装置、量测装置和数据处理装置三部分。

1）激振装置。激振设备宜采用带导杆的穿心锤，从规定的落距自由下落，撞击桩顶中心，以产生额定的冲击能量。穿心锤的重量从 25～1000kN 形成系列，落距自 180～500mm 分二至三挡，以适应不同承载力的基桩检测要求。对不同承载力的基桩，应调节冲击能量，使振动波幅基本一致，穿心锤底面应加工成球面。穿心孔直径应比导杆直径大 3mm 左右。

2）量测装置。拾振器宜采用竖、横两向兼用的速度传感器，传感器的频响范围应宽于 10～300Hz，最大可测位移量的峰值不小于 2mm，速度灵敏度应不低于 200mV/cm/s。传感器的固有频率不得处于基桩的主频附近；检测桩基承载力时，有源低通滤波器的截止频率宜取 120Hz 左右；放大器增益应大于 40dB，长期绝对变化量应小于 1‰，折合到输入端的噪声信号不大于 10mV，频响范围应宽于 10～1000Hz。

3）数据处理装置。接收系统宜采用数字式采集、处理和存储系统，并具有定时时域显示及频谱分析功能。模-数转换器的位数至少应为 8bit，采样时间间隔应在 50～1000μs 范围内分数挡可调，每道数据采集暂存器的容量不小于 1kB。

为了保证仪器的正常工作，传感器和仪器每年至少应在标准振动台上进行一次系统灵敏度系数的标定，在 10～300Hz 范围内至少标定 10 个频点并描出灵敏

度系数随频率变化的曲线。

测试设备现场布置如图 5-31 所示。

（2）检测方法

现场检测前应做好下列准备
工作：

1）清除桩身上段浮浆及破碎
部分。

2）凿平桩顶中心部位，用胶
粘剂（如环氧树脂等）粘贴一块
钢板垫，待固化后方可检测。对
预估承载力标准值小于 2000kN
的桩，钢垫板面积约（100×100）
mm^2，厚 10mm，中心钻一盲孔，
孔深约 8mm，孔径 12mm。对于
承载力较大的桩，钢垫板面积及厚度应适当加大。

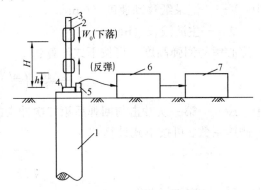

图 5-31　动参数法仪器设备布置图

1—桩；2—穿心锤；3—导杆；4—垫板；5—传感器；
6—滤波及放大器；7—采集、记录及处理器

3）用胶粘剂（如烧石膏）在冲击点与桩身钢筋之间粘贴一块小钢板，用磁
性底座吸附的方法将传感器竖向安装在钢板上。

4）用屏蔽导线将传感器、滤波器、放大器及接收系统连接。设置合适的仪
器参数，检查仪器、接头及钢板与桩顶粘结情况，确保一切处于正常工作状态。
在检测瞬间应暂时中断邻区振源。测试系统不可多点接地。

激振时，将导杆插入钢垫板的盲孔中，按选定的穿心锤质量 m 及落距 H 提
起穿心锤，任其自由下落并在撞击垫板后自由回弹再自由下落，以完成一次测
试，加以记录。重复测试三次，以便比较。

波形记录应符合下列要求：每次激振后，应通过屏幕观察波形是否正常。要
求出现清晰而完整的第一次及第二次冲击振振动波形，并且第一次冲击振动波形
的振幅值符合规定的范围，否则应改
变冲击能量，确认波形合格后进行记
录，典型的波形如图 5-32 所示。

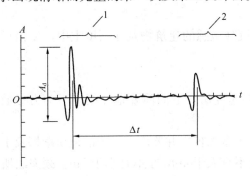

图 5-32　动参数法的实测波形

1—第一次冲击时的振动波形；2—回弹后第二次
冲击时的振动波形

（3）检测数据的处理与计算

对检测数据进行处理时，首先要
对振波记录进行"掐头去尾"处理，
亦即要排除敲击瞬间出现的高频杂波
及后段的地面脉冲波，仅取前面 1～
2 个主波进行计算。桩-土体系竖向
自振频率 f_r 由下式计算：

$$f_r = \frac{V}{\lambda} \tag{5-16}$$

式中 V——记录纸移动速度（mm/s）；

　　　　λ——主波波长（mm）。

穿心锤的回弹高度 h 可按下式计算：

$$h = \frac{1}{2} g \left(\frac{\Delta t}{2} \right)^2 \tag{5-17}$$

式中 Δt——第一次冲击与回弹后第二次冲击的时距（s）。

碰撞系数 ε 可按下式计算：

$$\varepsilon = \sqrt{\frac{h}{H}} \tag{5-18}$$

式中 H——穿心锤落距（m）。

桩头振动的初速度按下式计算：

$$V_0 = \alpha A_d \tag{5-19}$$

式中 α——与 f_r 相应的测试系统灵敏度系数（m/s/mm）；

　　　　A_d——第一次冲击振波形成的最大峰幅值（mm）。

求出了上述诸参数后，我们就可以由下式计算单桩竖向承载力的标准值：

$$R_k = \frac{f_r (1 + \varepsilon) W_0 \sqrt{H}}{K V_0} \beta_v \tag{5-20}$$

式中 R_k——单桩竖向承载力标准值（kN）；

　　　　f_r——桩-土体系的固有频率（Hz）；

　　　W_0——穿心锤重量（kN）；

　　　　ε——回弹系数；

　　　　β_v——频率-初速度法的调整系数，与仪器性能、冲击能量的大小、桩长、桩端支承条件及成桩方式等有关，应预先积累动、静对比资料经统计分析加以调整；

　　　　K——安全系数，一般取 2。对沉降敏感的建筑物及在新填土中，K 值可酌情增加。

3. 频率法

上面介绍了动力参数法中的频率-初速度法，下面简要地介绍一下动力参数法中的另一种方法频率法。

一般说来，频率法的适用范围仅限于摩擦桩，并要求有准确的地质勘探及土工试验资料供计算选用，桩的入土深度不宜大于 40m 亦不宜小于 5m。频率法所使用的仪器与频率-初速度法相同，但频率法不要求进行系统灵敏度系数的标定，激振设备可仍用穿心锤，也可采用其他能引起桩-土体系振动的激振方式。

当用频率法进行桩基承载力检测时，基桩竖向承载力的标准值可按下面的方法得到：

（1）计算单桩竖向抗压强度

$$K_z = \frac{(2\pi f_r)^2 (Q_1 + Q_2)}{2.365g} \tag{5-21}$$

式中　Q_1——折算后参振桩重（kN）；

　　　　Q_2——折算后参振土重（kN）；

其余符号意义同前。

Q_1、Q_2 的计算方法如下：

$$Q_1 = \frac{1}{3} A_p L \gamma_1 \tag{5-22}$$

式中　γ_1——桩身材料的重度（kN/m³）。

Q_2 的计算图式如图 5-33 所示。

$$Q_2 = \frac{1}{3}\left[\frac{\pi}{9} r_z^2 (1 + 16r_z) - \frac{1}{3} L A_p\right]\gamma_2 \tag{5-23}$$

$$r_z = \frac{1}{2}\left(\frac{2}{3} L \tan\frac{\varphi}{2} + d\right) \tag{5-24}$$

式中　L——桩的入土深度（m）；

　　　　r_z——土体的扩散半径（m）；

　　　　γ_2——桩的下段 1/3 范围内土的重度（kN/m³）；

　　　　φ——桩的下段 1/3 范围内土的平均内摩擦角（°）。

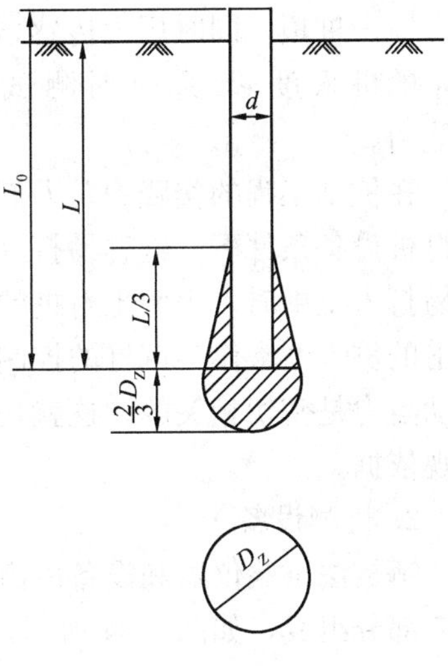

（2）计算单桩临界荷载

$$P_{cr} = \eta K_z \tag{5-25}$$

图 5-33　参振土体质量计算图示

式中　η——静测临界荷载与动测抗压强度之间比例系数，可取 0.004 来计算。

（3）计算单桩竖向容许承载力标准值

1）对于端承桩

$$R_k = P_{cr} \tag{5-26}$$

2）对于摩擦桩

$$R_k = P_{cr}/K \tag{5-27}$$

式中　K——一般取 2，对新近填土，可适当增大安全系数。

动力参数法也可用来检测桩的横向承载力，其测试方法与桩竖向承载力检测方法类似，但所需能量较小，而且波形也较为规则。

5.6　基桩的高应变动力检测

所谓基桩的高应变动力检测，就是在动力检测过程中利用外力使桩身产生较大的位移，进而可以对桩身的质量和其承载能力进行判断。高应变动力检测常用的方法有锤击贯入法、波动方程法、动力打桩公式法、Case 法等。这里只介绍锤击贯入法和 Case 法。

5.6.1　锤 击 贯 入 法

1. 概述

锤击贯入法，简称锤贯法。它是指用一定质量的重锤以不同的落距由低到高依次锤击桩顶，同时用力传感器量测桩顶锤击力 Q_d，用百分表量测每次贯入所产生的贯入度 e，通过对测试结果的分析，判断桩身缺陷，确定单桩的承载能力。

在桩基工程的实践中，人们早已从直观上认识到同一场地、同一种桩在相同的打桩设备条件下，桩容易打入土中时，表明土对桩的阻力小，桩的承载力低；不易打入土中时，表明土对桩的阻力大，桩的承载力高。因此，打桩过程中最后几击的贯入度常作为沉桩的控制标准。这就是说，桩的静承载力和其贯入过程中的动阻力是密切相关的。这就是用锤击贯入法检验桩基质量、确定桩基承载力的客观依据。

2. 检测设备

锤贯法试验仪器和设备由锤击装置、锤击力量测和记录设备、贯入度量测设备三部分组成，如图 5-34 所示。

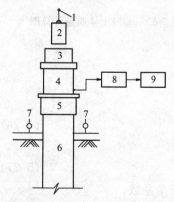

图 5-34　锤击贯入法试验装置

1—自动脱钩器；2—锤；3—锤垫；
4—力传感器；5—桩帽；6—桩；7—
百分表；8—动态应变仪；9—记录仪

（1）锤击装置

锤击装置由重锤、落锤导向柱、起重机具等部分组成，目前常用的锤击装置有多种形式，如钢管脚手架搭设的锤击装置、卡车式锤击装置和全液压步履式试桩机等。但无论采用什么样的锤击装置，都应保证设备移动方便，操作灵活，并能提供足够的锤击力。

高应变检测用重锤应材质均匀、形状对称、锤底平整、高径（宽）比不得小于 1，并采用铸铁或铸钢制作。当采取自由落锤安装加速度传感器的方式实测锤击力时，重锤应整体铸造，且高径（宽）比应在 1.0～1.5 范围内。

进行高应变检测时，锤的重量应大于预估单

桩极限承载力的 1.0%～1.5%，混凝土桩的桩径大于 600mm 或桩长大于 30m 时取高值。

锤垫宜采用 2～6cm 厚度的纤维夹层橡胶板，试验过程中如发现锤垫已损伤或材料性能已显著地发生变化要及时更换。

（2）锤击力量测和记录设备

锤击力量测和记录设备主要有：

1）锤击力传感器。锤击力传感器的弹性元件应采用合金结构钢和优质碳素钢。应变元件宜采用电阻值为 120Ω 的箔式应变片，应变片的绝缘电阻应大于 500MΩ。传感器的量程可分为 2000、3000、4000 和 5000kN，额定荷载范围内传感器的非线性误差不得大于 3%。

由于目前使用的锤击力传感器尚无定型产品，多为自行设计制造，因此传感器除满足工作要求外尚应符合规定材质和绝缘。试验过程中，要合理地选择传感器的量程。承载力低的桩使用大量程传感器会降低精度；而承载力高的桩使用小量程传感器，不仅测不到桩的极限承载力，甚至还会使传感器损坏。

2）动态电阻应变仪和光线示波器。锤击力的量程是通过动态电阻应变仪和光线示波器来实现的。动态电阻应变仪应变量测范围为 $0～\pm1000\mu\varepsilon$，标定误差不得大于 1%，工作频率范围不得小于 0～150Hz，光线示波器振子非线性误差不得大于 3%，记录纸移动速度的范围宜为 5～2500m/s。

3）贯入度量测设备。多使用分度值为 0.01mm 的百分表和磁性表座。百分表量程有 5mm、10mm 和 30mm 三种。也可用精密水准仪、经纬仪等光学仪器量测。

3. 检测方法

（1）收集资料

锤贯法试桩之前应收集、掌握以下资料：

1）工程概况；

2）试桩区域内场地工程地质勘察报告；

3）桩基础施工图；

4）试桩施工记录。

（2）试桩要求

检测前对试桩进行必要的处理是保证检测结果准确可靠的重要手段。试桩要求主要包括以下几个方面：

1）试桩数量。试桩应选择具有代表性的桩进行，对工程地质条件相近，桩型、成桩机具和工艺相同的桩基工程，试桩数量不宜少于总桩数的 2%，并不应少于 5 根。

2）从成桩至试验时间间隔。从沉桩至试验时间间隔可根据桩型和桩周土性质来确定。对于预制桩，当桩周土为碎石类土、砂土、粉土、非饱和黏性土和饱和黏性土时，相应的时间间隔分别为 3d、7d、10d、15d 和 25d；对于灌注桩，一般要在桩身强度达到要求后再试验。

3）桩头处理。为便于测试仪表的安装和避免试验对桩头的破坏，对于灌注桩和桩头严重破损的预制桩，应按下列要求对桩头进行处理：桩头宜高出地面 0.5m 左右，桩头平面尺寸应与桩身尺寸相当，桩头顶面应水平、平整，将损坏部分或浮浆部分剔除，然后再用比桩身混凝土强度高一个强度等级的混凝土，把桩头接长到要求的标高。桩头主筋应与桩身相同，为增强桩头抗冲击能力，可在顶部加设 1～3 层钢筋网片。

（3）设备安装

锤击装置就位后应做到底盘平稳、导杆垂直，锤的重心线应与试桩桩身中轴线重合；试桩与基准桩的中心距离不得小于 2m，基准桩应稳固可靠，其设置深度不应小于 0.4m。

（4）锤击力和贯入度量测

准备就绪后，应取 0.2m 左右落高先试击一锤，确认整个系统处于正常工作状态后，即可开始正式试验。试验时重锤落高的大小，应按试桩类型、桩的尺寸、桩端持力层性质等综合确定。一般说来，当采用锤击力（Q_d）-累计贯入度（Σe）曲线进行分析时，锤的落高应由低至高按等差级数递增，级差宜为 5cm 或 10cm（8～12 击）；当采用经验公式分析时，各击次可采用不同落高或相同落高，总锤击数为 5～8 击，一根桩的锤击贯入试验应一次做完，锤击过程中每击间隔时间为 3min 左右。

试验过程中，随时绘制桩顶最大锤击力 Q_{max}-Σe 关系曲线，当出现下列情况之一时，即可停止锤击：

1）开始数击的 Q_{max}-Σe 基本上呈直线按比例增加，随后数击 Q_{max} 值增加变缓，而 e 值增加明显乃至陡然急剧增加；

2）单击贯入度大于 2mm，且累计贯入度 Σe 大于 20mm；

3）Q_{max} 已达到力传感器的额定最大值；

4）桩头已严重破损；

5）桩头发生摇摆、倾斜或落锤对桩头发生明显的偏心锤击；

6）其他异常现象的发生。

4. 检测结果的应用

（1）确定单桩极限承载力

锤击贯入试验时，在软黏土中可能使桩间土产生压缩，在黏土和砂土中，贯入作用会引起孔隙水压力上升，而孔隙水压力的消散是需要一定时间的，这都会使得贯入试验所确定的承载力比桩的实际承载力降低；在风化岩石和泥质岩石中，桩周和桩端岩土的蠕变效应会导致桩承载力的降低，贯入法确定的单桩承载力偏高。在应用贯入法确定单桩承载力时，应当注意这些问题。在实际工程中，确定单桩承载力的方法主要有以下几种：

1）Q_d-Σe 曲线法。首先根据试验原始记录表的计算结果作出锤击力与桩顶累计贯入度 Q_d-Σe 曲线图，如图 5-35 所示。Q_d-Σe 曲线上第二拐点或 $\lg Q_d$-Σe 曲线起始点所对应的荷载即为试桩的动极限承载力 Q_{du}，该桩的静极限承载力 Q_{su} 可按下面的方法确定：

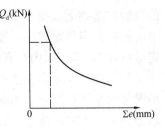

图 5-35　锤击贯入法的 Q_d-Σe 曲线

$$Q_{su} = Q_{du}/C_{dsc} \tag{5-28}$$

式中　Q_{su}——Q_d-Σe 曲线法确定的试桩极限承载力（kN）；

$\quad\quad Q_{du}$——试桩的动极限承载力（kN）；

$\quad\quad C_{dsc}$——动、静极限承载力对比系数。

其中的动静对比系数 C_{dsc} 与桩周土的性质、桩型、桩长等因素有关，可由桩的静荷载试验与动力试验的结果的对比得到。

2）经验公式法。单击贯入度不小于 2.0mm 时，各击次的静极限承载力 $Q_{su l}^{f}$ 可按下面公式计算：

$$Q_{su l}^{f} = \frac{1}{C_{ds}^{f}} \frac{Q_{di}}{1 + S_{di}} \tag{5-29}$$

式中　$Q_{su l}^{f}$——经验公式法确定的试桩第 i 击次的静极限承载力（kN）；

$\quad\quad Q_{di}$——第 i 击次的实测桩顶锤击力峰值（kN）；

$\quad\quad S_{di}$——第 i 击次的实测桩顶贯入度（m）；

$\quad\quad C_{ds}^{f}$——经验公式法动、静极限承载力对比系数。

确定经验公式法的静极限承载力 $Q_{su l}^{f}$ 值时，参加统计的单击贯入度不小于 2.0mm 的击次不得少于 3 击，并取其中级差不超过平均值 20% 的数值按下面公式计算：

$$Q_{su}^{f} = \frac{1}{m} \sum_{i=1}^{m} Q_{su l}^{f} \tag{5-30}$$

式中　Q_{su}^{f}——经验公式法确定的试桩静极限承载力（kN）；

$\quad\quad m$——单击贯入度不小于 2.0mm 的锤击次数。

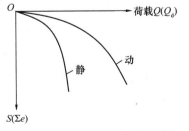

图 5-36　锤击贯入法和静载荷试验对比曲线

锤击贯入法和静载荷试验对比曲线如图 5-36 所示。

（2）判定桩身缺陷

锤击贯入法对桩身缺陷，尤其是对桩身深部的轻度缺陷反应并不敏感。同时，这种方法对确定灌注桩缺陷类型、规模时的适用性远不如其他检测方法。因此，利用锤击贯入法检测桩身缺陷，需十分谨慎。不少单位在总结地区的经验的基础上，提出了运用锤击贯入法检测沉管灌注桩桩身质量时一些可以借鉴的做法：当落距较小，锤击力不大，而贯入度较大时，即 $e>2mm$ 时，可以判定桩身浅部（5m 以内）有明显质量问题，比较多的情况为桩身断裂；当落距较小，贯入度不大，但当落距增加到某一值时，贯入度突然增大（$e>3mm$），这种情况可能是桩身缩颈，当落距较小时尚能将缩颈处上部的力传至下部，当锤击力增加到某一值时，就会引起缩颈处断裂，造成贯入度突然增加；随落距的增大，贯入度和力基本上都有增加，但单击贯入度比正常桩偏大，力比正常桩增加的幅度小，这种情况比较多的可能是混凝土松散，其松散程度视单击贯入度大小而定，单击贯入度大，则松散较严重，单击贯入度小，松散得较轻些。

5.6.2   Smith 波动方程法

1. 概述

很长一个时期以来，打桩过程一直被当作一个简单的刚体碰撞问题来研究，

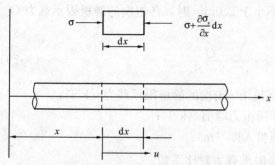

图 5-37   一维弹性杆的纵向振动

并用经典的牛顿力学理论进行处理。事实上，桩并不是刚体，打桩问题也不是一个简单的刚体碰撞问题，而是一个复杂的应力波传播过程，如果忽略桩侧土阻力的影响和径向效应，这个过程可用一维波动方程加以描述，然后通过求解波动方程就可得到打桩过程中桩身的应力和变形情况。

从桩身中选取一微元体 dx，如图 5-37 所示。则根据达朗贝尔原理，单元体上的诸力应满足下面的平衡方程：

$$A_p\sigma + \frac{\partial(A_p\sigma)}{\partial x}dx - A_p\sigma - \rho A_p dx \frac{\partial^2 u}{\partial t^2} = 0 \tag{5-31}$$

式中 σ——截面应力（kPa）。

假定桩截面变形后仍保持平面，则由胡克定律有：

$$A_p\sigma = EA_P \frac{\partial u}{\partial x} \tag{5-32}$$

式中 E——桩身材料的弹性模量（MPa）。

这样，式（5-31）就变为：

$$\frac{\partial^2 u}{\partial x^2} = \frac{1}{c}\frac{\partial^2 u}{\partial t^2} \tag{5-33}$$

$$c = \sqrt{\frac{E}{\rho}} \tag{5-34}$$

2. 基本公式和计算模型

1960 年，Smith 首先提出了波动方程在打桩中应用的差分数值解，将式（5-33）的波动方程变为求解一个理想化的锤—桩—土系统的各分离单元差分方程组，从而第一次提出了能在严密的力学模型和数学计算基础上分析复杂的打桩问题的手段。

Smith 将包括桩锤、桩帽、桩垫和桩在内的系统离散成若干个单元，每一个单元都用一个刚性的集中质量块和一个无质量的弹簧模拟，如图 5-38 所示。桩周土假设为刚性的，土的反力用连接土与桩的流变模型来表示，它由弹簧、摩擦键和阻尼器组成，各流变模型所模拟的土阻力 $R(i,j)$ 可分为静阻力 $R_s(i,j)$ 和动阻力 $R_d(i,j)$ 两部分，即

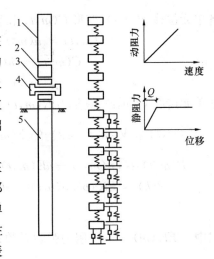

图 5-38 Smith 离散质弹体系的计算模式
1—锤；2—冲击块；3—锤垫；
4—桩垫；5—桩

$$R(i,j) = R_s(i,j) + R_d(i,j) \tag{5-35}$$

这样，锤对桩的一次锤击过程就转化为锤—桩—土体系的运动问题。

将一次锤击的历时分为许多个时间间隔 Δt，Δt 应取得很短，尽量保证弹性应力波在此时间间隔内尚未从一个单元传播到下一个单元，因此在该时间间隔内各单元的运动可看作是等速运动，任一单元 m 在该时间间隔内可认为是等速的，该单元在 t 时刻的平衡方程为：

$$-\frac{W(m)}{g}\frac{\partial^2 u(m,t)}{\partial t^2} + K(m-1)\left[u(m-1,t-\Delta t) - u(m,t-\Delta t)\right]$$
$$-K(m)\left[u(m,t-\Delta t) - u(m+1,t-\Delta t)\right] - R(m,t) = 0 \tag{5-36}$$

式中　$u(m,t)$ ——桩单元的位移（m）；

$\quad\quad K(m)$ ——桩材料的弹簧系数（kN/m）；

$\quad\quad W(m)$ ——单元块体的重量（kN）；

$\quad\quad R(m,t)$ ——土的阻力（kN）。

引起每一单元在下一瞬间速度变化的加速度为：

$$\frac{\partial^2 u(m,t)}{\partial t^2} = \frac{\left[u(m,t) - 2u(m,t-\Delta t) + u(m,t-2\Delta t)\right]}{\Delta t^2} \tag{5-37}$$

代入上式得：

$$u(m,t) = 2u(m,t-\Delta t) - u(m,t-2\Delta t) + \frac{g\Delta t^2}{W(m)}$$
$$\{K(m-1)\left[u(m-1,t-\Delta t) - u(m,t-\Delta t)\right] - K(m)\left[u(m,t-\Delta t)\right.$$
$$\left. - u(m+1,t-\Delta t)\right] - R(m,t)\} \tag{5-38}$$

各单元位移 $u(m,t)$、变形 $C(m,t)$ 和受力 $F(m,t)$ 分别为:

$$
\left.
\begin{aligned}
u(m,t) &= u(m,t-\Delta t) + v(m,t-\Delta t)\Delta t \\
C(m,t) &= u(m,t) - u(m+1,t) \\
F(m,t) &= C(m,t)K(m)
\end{aligned}
\right\}
\tag{5-39}
$$

各单元速度 $V(m,t)$、侧阻力 $R(m,t)$ 和桩端阻力 $R(b)$ 分别为:

$$
\left.
\begin{aligned}
V(m,t) &= V(m,t-\Delta t) + [F(m-1,t) - F(m,t) - R(m,t)] - \frac{g\Delta t}{W(m)} \\
R(m,t) &= [u(m,t) - uE(m,t)][1 + J_s(m) \cdot V(m,t-\Delta t)]EK(m) \\
R(b) &= EK(b)[u(b,t) - uE(b,t)] - [1 + J_p \cdot V(b,t-\Delta t)]
\end{aligned}
\right\}
$$

$$\tag{5-40}$$

式中　$EK(m)$——土阻力弹簧系数;$EK(m) = \dfrac{R_u(m)}{S_{max}}$,$S_{max}$ 为土的最大位移,

$\qquad\qquad R_u(m)$ 为单元 m 的极限侧阻力 (kN);

$\qquad uE(m,t)$——土的残余变形;$uE(m,t) = u(m,t) \pm S_{max}$;

$\qquad J_s(m)$、J_p——桩侧和桩端的阻尼系数。

时间间隔 Δt 选择十分重要,Δt 过大,将会产生过大的计算误差,甚至使计算不能收敛。

Smith 建议将 Δt 取为各单元最小的 Δt_{cr} 之半;Bowles 建议 Δt 的取值为:

$$\Delta t_{cr}/2 \leqslant \Delta t < \Delta t_{cr} \tag{5-41}$$

式中　Δt_{cr}——应力波通过一个桩单元所需的时间 (s)。

实际应用时,对钢管桩一般为 1/4000s,混凝土桩为 1/3000s。

3. 计算步骤

(1) Smith 波动方程法

主要计算步骤有:

1) 计算参数准备。计算时需输入的参数有:桩单元、桩帽、锤的重量;桩身材料弹性模量、桩截面面积、桩单元长度;锤垫和桩垫特性参数;端、侧阻力分配比例;S_{max}、$J_s(m)$、J_p 值和打入时土静阻力 R_u。

2) 计算土的动刚度。先假设极限阻力 Q_u,端、侧分配比例,侧阻分布形式 (矩形、梯形或三角形等),土最大弹性位移 S_{max},计算土的动刚度 E_k。

3) 计算锤的初速度。采用下式计算落锤的初速度:

$$V_0 = \sqrt{2gH'} \tag{5-42}$$

式中　H'——锤的落高 (m)。

4) 从上到下计算各单元的位移、变形和速度。

5) 重复计算后继时间间隔的各单元位移、变形和速度,直到桩端处残余位移达最大值。

6) 重新假定 R_u 并进行同样计算求得不同贯入度与 R_u 关系曲线。

（2）计算参数的确定

各计算参数的取值如下：

1）最大弹性变形。Smith 建议不分土质和土类，桩侧和桩端最大弹性变形 $S_{max}(m)$ 和 S_p 都可取 $S_{max}=2.54mm$，实践证明，对于一般的 S_{max} 这样的取值是适用的，但用于大直径闭口及半闭口桩，S_{max} 值应适当加大才比较符合实际。

Forthand 和 Reese 建议对砂土取 $1.3\sim5.1mm$；对黏土取 $1.3\sim7.6mm$。而 Coyle、Lowery 和 Hirsoh 则建议按土质和加载或卸载时 S_{max} 取不同的值。加载时，对砂土桩侧取 $S_s(m)=5.28mm$，桩端处取 $S_p=10.16mm$；对黏土，在桩端和桩侧都取 $S_{max}=2.54mm$。卸载时，对砂土和黏土桩端可取 $S_p=12.54mm$。

2）阻尼系数。Smith 建议对于桩端阻尼 $J_p=0.48$；对于桩侧阻尼系数取 $J_s=1/3J_p=0.16$。上海地区在动静试验资料对比的基础上建议根据不同土质情况按表 5-7 取值，并且认为当桩侧有多种不同土层时，应当取各单元所对应土层的阻尼系数。

阻尼系数的建议值 表 5-7

土层类别	桩侧 J_s	桩端 J_p
黏土、粉质黏土	$0.33\sim0.43$	$1.0\sim1.3$
粉砂层	0.20	0.60
中粗砂层	0.16	0.48

3）最大静阻力。一般情况下应根据工程地质资料来估计桩侧摩阻力：

$$R_{us}(m)=f_s(m)\Sigma U(m)L(m) \tag{5-43}$$

式中　　$f_s(m)$——桩侧单位面积上最大静阻力（kPa）；

　　　　$U(m)$——桩单元周长（m）；

　　　　$L(m)$——桩单元长度（m）。

在桩端处：

$$R_{up}=f_pA_p \tag{5-44}$$

式中　　f_p——桩端单位面积上静阻力（kPa）。

Smith 的计算模型仅仅是经验地将动、静阻力联系起来，完全忽略了土体质量的惯性力对桩的反作用，从这个意义上来讲，这些参数是经验的和地区性的，取用时要注意它们各自适用的范围。

5.6.3 Case 法

1. 检测设备

Case 法的测试装置如图 5-39 所示。

（1）锤击设备

Case 法属于高应变动力试桩的范畴，因此在测试过程中，必须使桩土间产

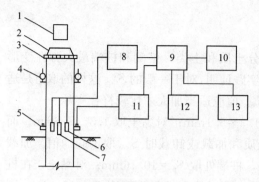

图 5-39　Case 法测试装置

1—锤；2—砧座；3—桩垫；4—百分表；5—加速度计；6—应变片；7—混凝土应变计；8—动态应变仪；9—磁带机；10—滤波器；11—电荷放大器；12—计算机；13—峰值表

生一定的相对位移，这就要求作用在桩顶上的能量要足够大，所以一般要以重锤锤击桩顶。对于打入桩，可以利用打桩机作为锤击设备，进行复打试桩；对于灌注桩，则需要专用的锤击设备，不同重量的锤要形成系列，以满足不同承载力桩的使用要求。摩擦桩或端承—摩擦桩，锤重一般为单桩预估极限承载力的 1‰；端承桩则应选择较大的锤重，才能使桩端产生一定的贯入度。重锤必须质量均匀，形状对称，锤底平整。图 5-40 是常用的两种锤击装置，其中图 5-40（a）是由电动卷扬机通过滑轮组提升锤头，图 5-40（b）是由起重吊车起锤。两种装置的重锤提升高度都由自动脱钩器控制，锤自由下落时通过锤垫打在桩顶上。

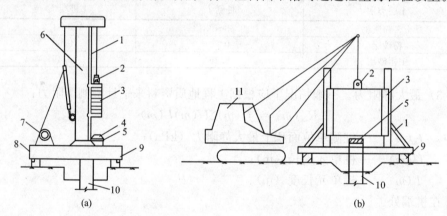

图 5-40　Case 法的锤击装置

1—导向架；2—自动脱钩；3—锤；4—砧座；5—锤垫；6—导向柱；7—电机；8—底盘；9—道木；10—桩；11—吊车

（2）量测仪器

用于 Case 法动测的量测仪器主要由传感器、信号采集和分析装置等三部分组成。

1）传感器量测力的方法，PDI 公司最初是将电阻丝应变片粘贴在钢桩外侧，由动态应变仪进行量测，后来改进为筒式力传感器，最后发展为现在使用较多的工具式应变传感器，如图 5-41 所示，图中的尺寸为"mm"，它具有重量轻，安装使用方便等特点。量测加速度所使用的传感器，一般都采用压电式加速度计，它具有体积小、质量轻、低频特性好和频带宽等特点。安装好的加速度计应在3000Hz范围内成线性，其最大量程宜为 3000 ～ 5000g。正常情况下，传感器应一年标定一次。

2）信号采集装置。在桩顶处接收到信号后，一般都要进行一次低通滤波处理，以去掉现场高频杂波的干扰。国内测桩仪的信号采集装置都是单成一体，用总线和计算机连接，PID公司的GB信号采集装置是把数据采集和微机合为一体

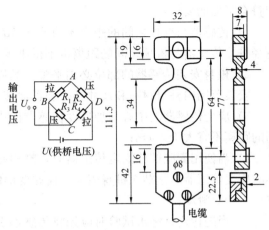

图 5-41 工具式应变传感器

的专用机，它由模拟系统和数字系统两部分组成。采集频率宜为 10kHz，对于超长桩，采样频率可适当降低。采样点数不应少于 1024 点。

3）信号分析装置。由于 Case 法的计算公式很简单，这使得在现场每一次锤击的同时就能得到桩的承载力等参数成为可能，这种极强的实时分析能力正是 Case 的优势之所在。在 PDA 系统中有关的实时分析运算是在模拟信号转换为数字信号后进行的。微处理器为 16 位的 Motorola68000 微处理芯片，最高速度可对 120 锤/分的打桩过程进行分析。

2. 现场测试工作

试验前要做好以下准备工作：

（1）试桩要求。为保证试验时锤击力的正常传递和试验安全，试验前应对桩头进行处理。对灌注桩，应清除桩头的松散混凝土，并将桩头修理平整；对于桩头严重破损的预制桩，应用掺早强剂的高强度等级混凝土修补，当修补的混凝土达到规定强度时，才可以进行测试；对桩头出现变形的钢桩也应进行必要的修复和处理。也可在设计时采取下列措施：桩头主筋应全部直通桩底混凝土保护层之下，各主筋应在同一保护层之下，或者在距桩顶一倍桩径范围内，宜用 3～5mm 厚的钢板包裹，距桩顶 1.5 倍的桩径范围内可设箍筋，箍筋间距不宜大于 150mm。桩顶应设置钢筋网片 2～3 层，间距 60～100mm。进行测试的桩应达到桩头顶面水平、平整，桩头中轴线与桩身中轴线重合，桩头截面积与桩身截面积相等等要求。

桩顶应设置桩垫，桩垫可用木板、胶合板和纤维板等匀质材料制成，在使用过程中应根据现场情况及时更换。

（2）传感器的安装。为了减少试验过程中可能出现的偏心锤击对试验结果的影响，试验前必须对称地安装应变传感器和加速度传感器各两只。传感器的安装

应符合下面的要求：

1）传感器与桩顶之间的距离不宜小于 1d（d 为桩径或边长），即使对于大直径桩，传感器与桩顶之间的距离也不得小于 1d；

2）桩身安装传感器的部位必须平整，其周围也不得有缺损或截面突变的情况；安装范围内桩身材料和尺寸必须和正常桩一致；

3）应变传感器的中心与加速度传感器的中心应位于同一水平线上，两者之间的距离不宜大于 10cm；

4）当使用膨胀螺栓固定传感器时，螺栓孔径应与膨胀螺栓相匹配，安装完毕的应变传感器应紧贴在桩身表面，初始变形值不得超过固定值，测试过程中不得产生相对滑动；

5）当进行连续锤击试验时应先将传感器引线与桩身紧密固定，防止引线振动受损。

（3）现场检测时的技术要求。试验前认真检查整个测试系统是否处于正常状态，仪器外壳接地是否良好；设定测试所需的参数。这些参数包括：桩长、桩径、桩身的纵波波速值、桩身材料的重度和桩身材料的弹性模量。这些参数可按下面的方法确定：

1）桩长和桩径的选取应遵循下面的要求：对于预制桩可采用建设或施工单位提供的实际桩长和桩截面面积作为设定值，对于灌注桩可按建设或施工单位提供的完整施工记录确定；

2）纵波波速的选取应满足以下一些要求：对于钢桩，纵波波速值可设定为 5120m/s；对于混凝土预制桩，可在打入前实测桩身纵波波速作为设定值或者根据桩身混凝土强度等级估算纵波波速值作为设定值；对于混凝土灌注桩，可根据反射波法测定桩身的纵波波速值作为设定值或者根据桩身混凝土强度等级确定纵波波速值作为设定值；

3）桩身材料的重度，对于混凝土预制桩，重度可取为 24.5～25.5kN/m³；对于灌注桩，重度可取为 24.5～25.5kN/m³；对于钢桩，重度可取为 78.5kN/m³；

4）桩身材料的弹性模量可按下式计算：

$$E = \rho \cdot C^2 \tag{5-45}$$

5）应保证测试信号具有足够的持续时间，力和加速度时程曲线必须最终归零；

6）检测时宜实测每一锤击力作用下桩的贯入度，为了使桩周土产生塑性变形，锤击贯入度不宜小于 2.5mm；

7）试验过程中应随时检查采集数据的质量，发现问题及时调整，如果发现桩身有明显的缺陷或缺陷程度加剧时，应停止试验；

8）当试验的目的仅仅是为了检测桩身结构的完整性时，可适当减少锤重，降低落距，减少锤垫厚度。

3. 检测结果的分析和应用

(1) 检测结果的分析

Case 法在打桩现场记录到的是一条力波曲线和一条速度波曲线，这两条曲线是进行现场实时分析和室内进一步分析的原始材料。因此，保证所采集的波形的质量是至关重要的。

良好的波形应该具有以下特征：

1) 两组力和速度曲线基本一致，也就是说锤击过程中没有过大的偏心；

2) 力和速度波形最终回零；

3) 峰值以前没有其他波形的叠加影响，力和速度波形重合；峰值以后，桩侧阻力、桩身阻抗变化和桩端反射波的叠加，使力波和速度波形的相对位置发生变化，但两者的变化应协调。图 5-42 是典型的 Case 法波形记录。

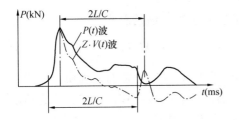

图 5-42　典型的 Case 法波形记录

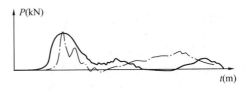

图 5-43　实测曲线异常的情形之一

在现场实测时，经常会出现下面的异常情况：P 波和 $Z \cdot V$ 波起始段不重合，如图 5-43 所示；另外一种情形，虽然从曲线形状上看，两者似乎有重合的趋势，但实测值与理论估算值相差太大，如图 5-44 所示，在实际应用时应将异常的波形剔除，以保证检测结果的可靠性。

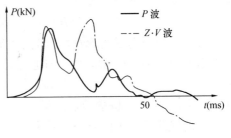

图 5-44　实测曲线异常的情形之二

选择正确的波形，对于计算纵波波速、确定承载力以及判断桩身质量等都是十分重要的。因此，现场实测时，要对记录的波形及时进行检查，发现问题，应找出原因，重新测试，直到得到满意的记录。锤击后出现下列情况之一者，其信号不得作为分析计算的依据：

1) 传感器振动或安装不合格；

2) 严重偏心锤击，记录上一测力信号呈现受拉；

3) 应变传感器出现故障；

4) 桩身上安装传感器的部位的混凝土发生开裂。

根据现场实测的记录信号，按下列方法确定桩身的平均纵波波速值：

1) 桩底反射信号明显时，可根据下行波波形上升段的起点到上升波下降段

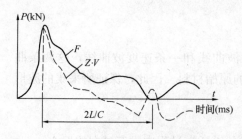

图 5-45   桩身纵波波速值的确定

起始点间的时间差和桩的长度来确定，如图 5-45 所示；

2）桩底反射信号不明显时，可根据桩长、桩身混凝土的纵波波速经验值以及场地其他正常桩的纵波波速值综合确定；

3）桩长较短且锤击力上升缓慢时，可以用其他方法确定纵波波速值。

（2）检测结果的应用

Case 法主要用于单桩承载力的确定和桩身质量的检测等方面。

1）确定单桩极限承载力。利用 Case 法确定单桩极限承载力时，应满足下面的要求：桩身材料均匀、截面处处相等、桩身无明显缺陷。

在一次锤击过程中，沿桩身各处受到的实际土反力值的总和为：

$$RT(t) = \frac{1}{2}\left[P_\mathrm{m}(t) + P_\mathrm{m}\left(t + \frac{2L}{C}\right)\right] + \frac{Z}{2}\left[V_\mathrm{m}(t) - V_\mathrm{m}\left(t + \frac{2L}{C}\right)\right] \quad (5\text{-}46)$$

由于利用了应力波在桩身内以 $2L/C$ 为周期反复传播、叠加的性质，所以使得求解单桩承载力的公式变得简洁、方便，需要注意的是，在使用该公式进行桩身承载力计算时，必须将 $2L/C$ 的实际值判断准确，否则将会带来较大的误差。

作用在桩身上的土的总阻力 $RT(t)$ 是由土的静阻力 $Rs(t)$ 和土的动阻尼力 $Rd(t)$ 两部分组成的，即：

$$RT(t) = Rs(t) + Rd(t) \quad (5\text{-}47)$$

关于土的动阻尼力 $Rd(t)$，目前普遍采用的是用阻尼法求解，该方法假定土的动阻尼力全部集中在桩端且与桩端质点运动速度成正比，即

$$Rd(t) = Jp \cdot V_\mathrm{toe}(t) \quad (5\text{-}48)$$

式中 $V_\mathrm{toe}(t)$——桩端质点的运动速度（m/s）。

锤击桩顶所产生的压缩波将和桩身各截面处的桩侧摩阻力所产生的下行波同时到达桩端。当这些波同时到达桩端时，桩端处力波的幅值为：

$$P_\mathrm{toe} \downarrow = P(t) - \frac{1}{2}\sum_{i=1}^{n} R_i(t) = P(t) - \frac{1}{2}R_\mathrm{T}(t) \quad (5\text{-}49)$$

桩端自由时，其质点运动速度为：

$$V_\mathrm{toe} = \frac{1}{Z}[2P(t) - R_\mathrm{T}(t)] \quad (5\text{-}50)$$

令 Case 阻尼系数 $J_1 = Jp/Z$，并将上列各式进行变换，得到 Case 法确定单桩静承载力的公式：

$$R_\mathrm{s}(t) = \frac{1}{2}\left[P(t) + P\left(t + \frac{2L}{C}\right)\right] + \frac{Z}{2}\left[V(t) - V\left(t + \frac{2L}{C}\right)\right] - J_1[2P(t) - R_\mathrm{T}(t)]$$

$$(5\text{-}51)$$

一次锤击过程中曾经到达过的土的静反力，就是桩的极限承载力 R_s，即

$$R_s = \max \left\{ \frac{1}{2} \left[P(t) + P\left(t + \frac{2L}{C}\right) \right] \right\} + \frac{Z}{2} \left[V(t) - V\left(t + \frac{2L}{C}\right) \right]$$
$$- J_1[2P(t) - R_T(t)] \tag{5-52}$$

对于以桩侧摩阻力为主的摩擦桩，在用 Case 法确定桩的极限承载力时必须考虑桩侧阻力 R_{ski} 的影响，在这种情况下，式（5-52）应修正为：

$$R_{s1} = \max \left\{ \frac{1}{2} \left[P(t) + P\left(t + \frac{2L}{C}\right) \right] \right\} + \frac{Z}{2} \left[V(t) - V\left(t + \frac{2L}{C}\right) \right]$$

$$- J_1[2P(t) - R_T(t)] - \frac{1}{2} J_s R_{ski}$$

$$= R_s - \frac{1}{2} J_s R_{ski} \tag{5-53}$$

对于在软土中的摩擦桩，修正后公式的预估承载力更接近实际值。

对于长桩或上部土层较好的桩，桩身侧阻力在桩的承载力中比例较高，在桩身贯入过程中，在桩端应力波反射到桩顶以前，桩顶有明显的回弹，此时，桩身将产生负摩阻力，部分侧阻力产生卸荷，使测得的桩身承载力降低。这一现象在实测曲线上表现为在 $2L/C$ 之前，速度值小于零。因此，必须在式（5-51）求得的 RT 值前加上一补偿值 UN。如图 5-46 所示，补偿值 UN 的求法如下：

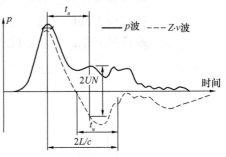

图 5-46　桩身回弹补偿值 UN 的算法图示

令实测曲线速度出现峰值的时刻为 t^*，观察自 t^* 起到 $t^* + 2L/C$ 为止的一段波形曲线，质点运动的速度小于或等于零。再自 t^* 时刻起，量取 $t_1 = t^* + 2L/C$，以这时的 $P(t_1)$ 值和 $ZV(t_1)$ 值来补偿 UN，即

$$UN = \frac{1}{2}[P(t_1) - ZV(t_1)] \tag{5-54}$$

补偿以后土摩阻力总和 RT_1 为：

$$RT_1 = \max\{RT(t^*) + UN\} \tag{5-55}$$

将式（5-51）中的 $RT(t)$ 值以补偿后的 RT_1 代替，就得到考虑卸载补偿的计算桩静极限承载力式为：

$$R_{s2} = R_s + (1 + J_1)UN \tag{5-56}$$

对于以桩侧土阻力为主的摩擦桩，同样可以推导相应的修正公式为：

$$R_{s3} = R_{s1} + \left(1 + J_1 - \frac{1}{2} J_s\right)UN \tag{5-57}$$

2）桩身完整性评定。高应变动力试桩，若桩身某部位有缺陷，利用实测波

形可计算桩身完整性系数 β 和桩身缺陷位置。β 值是被测截面桩身阻抗和测点处桩身阻抗之比：

$$\beta = Z_2 / Z_1 \tag{5-58}$$

式中 Z_2——被测截面桩身阻抗；

Z_1——测点处桩身阻抗。

当桩身无缺陷时，$Z_2 = Z_1$，$\beta = 1.0$，当桩身有缺陷时 $Z_2 < Z_1$，β 和 x 可按下式计算：

$$\beta = \frac{[F(t_1) + Z \cdot V(t_1)] - 2R_x + [F(t_x) - Z \cdot V(t_x)]}{[F(t_1) + Z \cdot V(t_1)] - [F(t_x) - Z \cdot V(t_x)]} \tag{5-59}$$

$$x = c \cdot \frac{t_x - t_1}{2000} \tag{5-60}$$

式中 t_x——缺陷反射峰对应的时刻（ms）；

x——桩身缺陷至传感器安装点的距离（m）；

R_x——缺陷以上部位土阻力的估计值，等于缺陷反射波起始点的力与速度乘以桩身截面力学阻抗之差值，取值方法见图 5-47。

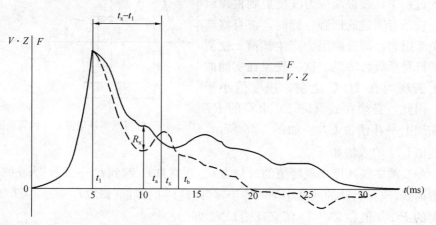

图 5-47   桩身完整性系数计算

根据《建筑基桩检测技术规范》JGJ 106—2014 桩身缺陷程度、完整性类别和 β 的关系见表 5-8。

桩身完整性评定

表 5-8

β 值	缺损程度和类别	β 值	缺损程度和类别
1.0	完整、Ⅰ类	$0.6 \leqslant \beta < 0.8$	明显缺损、Ⅲ类
$0.8 \leqslant \beta < 1.0$	轻微缺损、Ⅱ类	$\beta < 0.6$	严重缺损、Ⅳ类

4. 实例计算

（1）某预制桩，截面面积 0.3m×0.3m，桩长 12m，C35 混凝土，桩端持力层为粉土，高应变法实测波形如图 5-48 所示，其中 $F_{(t1)}=1882kN$，$F_{(t2)}=317kN$，$V_{(t1)}=2.7m/s$，$V_{(t2)}=2.25m/s$，$c=4000m/s$，试用 Case 法计算单桩极限承载力。

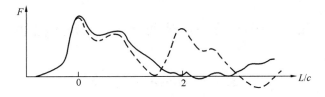

图 5-48 单桩极限承载力计算一

【解】 $Z=\dfrac{EA}{c}$，C35 混凝土：$E=3.15\times10^7kPa$，则

$$A=0.3\times0.3=0.09m^2；c=4000m/s$$

$$Z=\frac{3.15\times10^7\times0.09}{4000}=708.8kN\cdot s/m$$

桩端持力层为粉土 J_c 取 0.3。

$$R_c=\frac{1}{2}(1-J_c)(F_{(t1)}+ZV_{(t2)})+\frac{1}{2}(1+J_c)(F_{(t2)}-ZV_{(t2)})$$

$$=0.5(1-0.3)(1882+708.8\times2.7)+0.5(1+0.3)(317-708.8\times2.25)$$

$$=1328-830.6$$

$$=497kN$$

（2）某预制桩，截面 $0.4\times0.4m^2$，桩长 32m，C35 混凝土，$c=4000m/s$，土层分布的淤泥质粉质黏土，桩端持力层为强风化基岩，高应变法实测波形如图 5-49 所示，其中 $F_{(t1)}=6000kN$，$V_{(t1)}=4.76m/s$，$F_{(t2)}=400kN$，$V_{(t2)}=0.57m/s$，$c=4000m/s$，试用 Case 法计算单桩极限承载力。

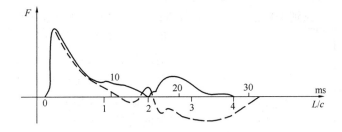

图 5-49 单桩极限承载力计算二

【解】 $$Z=\frac{EA}{c}=\frac{3.15\times10^7\times0.16}{4000}=1260kN\cdot s/m$$

桩端持力层为强风化岩 J_c 取 0.1。

$$R_c=\frac{1}{2}(1-J_c)(F_{(t_1)}+ZV_{(t_2)})+\frac{1}{2}(1+J_c)(F_{(t_2)}-ZV_{(t_2)})$$

$$=0.5(1-0.1)(6000+1260\times4.76)+0.5(1+0.1)(400-1260\times0.57)$$
$$=5398.9-175$$
$$=5223\text{kN}$$

5.7 Osterberg 试桩法和静动试桩法

5.7.1 Osterberg 试桩法

1. 概述

迄今为止，传统的静载荷试桩法仍被认为是确定单桩极限承载力最直观、最可靠的方法。然而长期以来，静载荷试验的装置一直停留在压重平台或锚桩反力架之类的形式上，试验工作费时、费力、费钱，因此人们常力图回避做静载荷试验，甚至出现了单桩承载力越高，越不愿意做静载荷试验的倾向，以致许多重要的建（构）筑物的大吨位基桩往往得不到准确的承载力数据，基桩的承载潜力不能得到有效的发挥。另外，由于工作条件限制或者承载力过大，某些特殊的桩墩，难于进行单桩的静载荷试验。

针对静载荷试验存在诸多不便，人们一直试图寻找一种更方便、更有限的测试方法。一种新的测定桩基承载力的思路很早就被提出：将千斤顶放置在桩的下端，向上顶桩身的同时，向下压桩底，使桩的摩阻力和端阻力互为反力，分别得到荷载—位移曲线，叠加后得到桩的承载力（Q）和位移（S）的 Q-S 曲线。

Osterberg 试桩法的主要装置是经特别设计的液压千斤顶式的荷载箱，也称为压力单元（O-Cell）。荷载箱由活塞、缸体、顶盖和底盖组成，在顶盖和底盖设置位移杆，位移杆引至地面，量测顶盖和底盖向上和向下位移量，同时量测桩顶的位移。荷载箱放的位置，使荷载箱以上桩身侧阻力等于荷载箱以下桩身侧阻加桩端阻力，即找到平衡点，这时上段桩的 $Q_\text{上}$-s 曲线和下段桩的 $Q_\text{下}$-s 曲线都

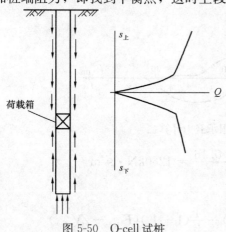

很完整，均可达到极限值，实际这个平衡点是难以找到的，绝大多数情况，总有一根 Q-s 曲线达不到极限状态。

试验时在地面上用高压油泵通过油管向荷载箱加压，桩上段向上位移，桩身侧阻向下作用，柱下段向下位移、桩身侧阻和端阻向上作用（图 5-50）。

试验采用慢速维持荷载法，荷载分级、变形观测记录时间、变形稳定标准和桩上段、下段极限承载力确定方法等和传统的单桩静载荷试验一样。

图 5-50 O-cell 试桩

这种测桩方法的思路是 1969 年由日本的中山（Nakayama）和藤关（Fujiseki）提出的。1973 年他们取得了对于钻孔桩的测试专利；1978 年 Sumii 获得了对于预制桩的测试专利。随后，Gibson 与 Devenny 在 1973 年用类似的技术方法测定在钻孔中混凝土与岩石间的胶结应力。基于同样的思路，相似的技术也被 Cernak 等人（1988）和 Osterberg（1989）所开发，并且得到了快速和极大的发展。所以，该方法又以 Osterberg 试桩法闻名于世。

Osterberg 试桩法由于其加压装置简单，不需压重平台，不需锚桩反力架，不占用施工场地，试验方便，费用低廉，节省时间，且能直接测出桩的侧阻力和端阻力，近 10 年来该法已在美国许多州广泛使用。美国深基础协会（DFI）为此授予 Osterberg 教授以"杰出贡献奖"，并称试桩已进入"Osterberg 新时期"。该法已成为多国专利，并已在英、日、加拿大、菲律宾、新加坡等国及我国香港和台湾等地应用。

东南大学龚维明教授对 Osterberg 法进行研究，并将其命名为"自平衡试桩法"，自制荷载箱在工程中加以推广，编制了地方规范《桩承载力自平衡测试技术规程》DB32/T 291—1999。自平衡试桩方法在国内得到较大的发展，目前已完成特大吨位试桩如，润扬大桥南汉桥南塔试桩，桩径 2.8m，桩长 59m，测得桩的极限承载力为 120MN；舟山西门堠门大桥，桩径 2.8m，桩长 40m，测得极限承载力为 130MN。

2. O-cell 试桩法单桩承载力确定

O-cell 试桩法桩上段的侧阻力作用方向是向下的，它和实际工程桩侧阻力作用方向正好相反，传统的加载法，由于侧阻力的扩散作用，使各土层有压密效应，而 O-cell 法桩上段侧阻力使土层减压产生松动效应，所以该法桩上段的侧阻力一般应小于常规侧阻力，O-cell 法的单桩竖向桩压极限承载力由式（5-61）确定。

$$Q_u = \frac{Q_{u\text{上}} - W}{\gamma} + Q_{u\text{下}} \tag{5-61}$$

式中　$Q_{u\text{上}}$——桩上段极限承载力；

$Q_{u\text{下}}$——桩下段极限承载力；

W——桩上段自重；

γ——桩上段侧阻力修正系数，经验取值黏性土、粉土 $\gamma=0.8$；砂 $\gamma=0.7$；对于岩石取 $\gamma=1.0$。

O-cell 试桩法的两条 Q-s 曲线如何转换成常规静载的 Q-s 曲线？O-cell 法得到的桩上段 $Q_{\text{上}}$-s 曲线和桩下段的 $Q_{\text{下}}$-s 曲线，如何转换为常规静荷试验的 Q-s 曲线，有两种方法，一是 $s_{\text{上}}=s_{\text{下}}$ 分别对应的荷载相加；二是考虑桩身弹性压缩的上、下段位移相等的荷载叠加，如图 5-51 所示。

抗压桩桩顶等效荷载 $Q_u = \dfrac{Q_{u\text{上}} - W}{\gamma} + Q_{u\text{下}}$，对应的沉降 s 为

$$s = s_\text{下} + \Delta s \tag{5-62}$$

$$\Delta s = \Delta s_1 + \Delta s_2 \tag{5-63}$$

式中 Δs_1——桩上段在 $Q_\text{下}$ 作用下产生的弹性压缩量；

Δs_2——桩上段在侧阻力作用下的弹性压缩量；

$$\Delta s_1 = \frac{Q_\text{下} l}{E_\text{p} A_\text{p}}; \quad \Delta s_2 = \frac{(Q_\text{上} - W) l}{2\gamma E_\text{p} A_\text{p}} \tag{5-64}$$

式中 l——桩上段长度；

E_p——桩身混凝土弹性模量；

A_p——桩截面积。

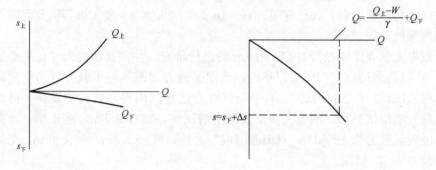

图 5-51 $Q\text{-}s$ 曲线转换

3. 工程实例

某直径 0.8m，桩长 39m 的桩孔灌注桩，C30 混凝土，土层分布为填土，粉质黏土和强风化基岩，桩端持力层为强风化岩，荷载箱放置桩顶下 27m 处，试验得到上段桩和下段桩的 $Q\text{-}s$ 曲线如图 5-52（a）所示。

由 $Q_\text{上}\text{-}s$ 曲线表明，最大加载 $Q_{\max} = 4300\text{kN}$，相应沉降 $s_\text{上} = 34.6\text{mm}$，上段桩侧阻力已到极限，其极限承载力 $Q_{u\text{上}} = 4000\text{kN}$，相应位移 $s_\text{上} = 14.5\text{mm}$，而下段桩 $Q_\text{下}\text{-}s$ 曲线近似直线段，当荷载 $Q_{u\text{下}} = 4000\text{kN}$ 时，相应沉降 $s_\text{下} = 6.2\text{mm}$，桩的端阻力没充分发挥，说明荷载箱应往下放置。

$Q_\text{上}\text{-}s$ 曲线和 $Q_\text{下}\text{-}s$ 转换为常规静载的 $Q\text{-}s$ 曲线如图 5-52（b）所示。

例如 $Q_\text{下} = 4300\text{kN}$；$s_\text{下} = 6.2\text{mm}$；$Q_\text{下} = 4000\text{kN}$，则

$$s_\text{上} = 14.5\text{mm}, \quad W = \frac{\pi}{4} d^2 \times 27 \times 24.5 = 332.3\text{kN}$$

$$Q = \frac{Q_\text{上} - W}{\gamma} + Q_\text{下}, \quad \text{黏性土} \ \gamma = 0.8$$

$$Q = \frac{4000 - 332.3}{0.8} + 4000 = 8584.6\text{kN}$$

$$s_1 = \frac{Q_下 l}{E_p A_p}，\text{C30 混凝土：} E_p = 3 \times 10^7 \text{kPa}，A_p = 0.5 \text{m}^2$$

$$s_1 = \frac{4000 \times 27}{3 \times 10^7 \times 0.5} = 7.2 \text{mm}$$

$$s_2 = \frac{(Q_上 - W)l}{2\gamma E_p A_p} = \frac{(4000 - 332.3) \times 27}{2 \times 0.8 \times 3 \times 10^7 \times 0.5} = 4.13 \text{mm}$$

$$s = s_下 + \Delta s = 6.2 + 7.2 + 4.13 = 17.53 \text{mm}$$

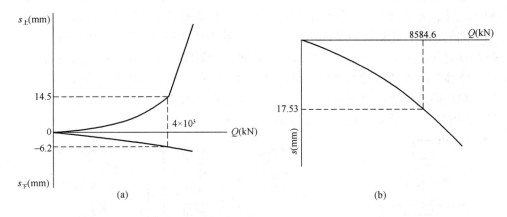

图 5-52　$Q\text{-}s$ 曲线转换

从转换后的 $Q\text{-}s$ 曲线表明，该桩承载力未达极限值。为了使桩端阻力充分发挥，荷载箱还应近桩端放置。

5.7.2　静动试桩法

1. 概述

静动试桩法，国外称为 STATNAMIC 试桩法（STATNAMIC 一词是由 STATIC（静力的）和 DYNAMIC（动力的）组合而成），是一种评价单桩极限承载力的新方法，由于它兼有静载荷试验和高应变动测的特点，所以称其为静动法。静动试桩法由加拿大伯明桩锤公司（Berming Hammer）和荷兰建筑与施工技术研究所（TNO）于 1989 年联合研制成功。它通过特殊的装置将动测中的冲击力变为缓慢荷载，将动力试桩时的荷载左右时间 1～20ms 延长到 200～600ms，从而获得可分解的荷载试验曲线，最终通过解析处理得到桩顶荷载-沉降曲线（即 $Q\text{-}S$ 曲线）。

2. 静动试桩法的原理

静动试桩法的原理可以用牛顿运动定律描述如下：

（1）物体在没有外力作用时，将保持静止或原来的运动状态；

（2）物体在受到外力作用时，将产生一个与作用力方向一致的加速度，加速度的大小与作用力大小成正比，即 $F = ma$；

（3）对于每一个作用力，都有一个大小相等、方向相反的反作用力。

在静动试验中，一个反力装置被固定在待测桩的桩顶，利用固体燃料的燃烧产生一个气体压力 F，使得反力物体 m 产生一个向上的加速度，这个加速度大约在 $20g$（g 为重力加速度）左右；同时，一个大小相等的向下的反作用力作用在桩顶，使桩产生贯入度，如图 5-53 所示。

3. 静动试桩法的试验设备

静动试验设备的各部分组成如图 5-54 所示。基础盘安装在桩顶，荷载盒、加速度计、光电激光传感器和活塞基础被固定在基础盘上，发射气缸被安装在活塞基础的上面，这样可以关闭压力盒并推动反力物体运动，反力物体（质量块）堆在发射气缸上，一个阻挡结构放在反力物体的周围，用砂或砾石的回填物堆满反力物体和阻挡结构的卷筒型空间，在推动燃料点燃和反力物体开始向上运动以后，粒状回填物落入余下的空间中去缓冲反力物体的回落；一个远距离的激光参照源固定在距离试验设备 20m 远的地方记录桩的位移。

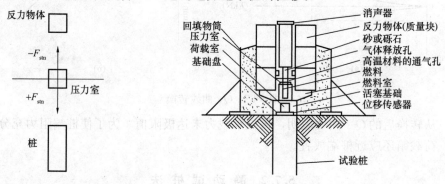

图 5-53   静动试桩法
原理示意图

图 5-54   静动试桩法试验设备与安装

加载量的大小、持续时间和加载速率可由选择活塞和气缸的尺寸、燃料的质量、燃料的种类、反力物质的气体释放技术来控制。施加到桩上的力由反力计来测量，桩顶的加速度由加速度计来测量，积分后可得桩顶的速度，再次积分可以得到桩顶的位移。桩相对于参照激光源的位移可以用光电激光传感器来测量，从应力计和光电激光传感器所得到的荷载和位移可以被记录、数字化，并被立即显示出来。

得到通常的荷载和位移的原始记录如图 5-55 所示。这些信号可以被转换为等效的荷载—沉降曲线，如图 5-56 所示，这个曲线经过整理分析可以得到单桩极限承载力。

1988 年，静动试验方法的加载量可达 100kN；从 1988～1992 年，试验的荷载增加到了 16MN；1994 年，出现了 30MN 的加载设备。

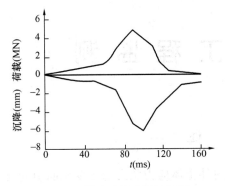
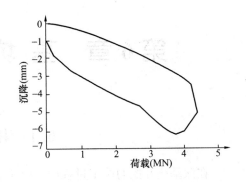

图 5-55　静动法试验原始记录　　　　　　图 5-56　等效的荷载—沉降曲线

思　考　题

1. 单桩竖向抗压试验试桩应满足哪些要求？
2. 单桩竖向抗压试验静荷载试验时试桩的加载量应满足哪些要求？
3. 简述单桩竖向抗压试验终止条件。
4. 单桩竖向抗压极限承载力如何确定？
5. 简述单桩竖向抗拔试验终止条件。
6. 单桩竖向抗拔极限承载力如何确定？
7. 简述单桩水平静载荷试验的要求。
8. 简述单桩水平极限载荷的确定方法。
9. 简述基桩低应变动测常用的方法及原理。
10. 简述基桩高应变动测常用的方法及原理。
11. 简述 Osterberg 试桩法和动静试桩法。

第6章 基坑工程监测

6.1 概 述

在深基坑开挖的施工过程中，由于基坑内外土体应力状态的改变从而引起支护结构承受的荷载发生变化，并导致支护结构和土体的变形，支护结构内力和变形以及土体变形中的任一量值超过容许的范围，将造成基坑的失稳破坏或对周围环境造成不利影响。建筑物密集区域的深基坑开挖工程，施工场地四周常常分布着建筑物、道路和预埋的地下管线，基坑开挖所引起的土体变形将在一定程度上改变这些建筑物和地下管线的正常工作状态，当土体变形过大时，会造成邻近结构和设施的失效或破坏。同时，与基坑相邻的建筑物又相当于荷载作用于基坑周围土体，这些因素导致土体变形加剧，将引起邻近建筑物的倾斜和开裂以及管道的渗漏。

由于基坑工程中土体和结构的受力性质及地质条件复杂，在基坑支护结构设计和变形预估时，通常对地层条件和支护结构形式进行一定的简化和假定，此外，由于基坑支护体系所承受的土压力等荷载存在着较大的不确定性，加之基坑开挖与支护结构施工过程中基坑工作性状存在的时空效应，以及气象、地面堆载和施工等偶然因素的影响，使得在基坑工程设计时，对结构内力计算以及结构和土体变形的预估与工程实际情况之间存在较大的差异。由此可见，基坑工程在设计理论上存在局限性，在施工上以工程经验为主。

因此，基坑施工过程中，在理论分析的指导下，对基坑支护结构、基坑周围的土体和相邻的建（构）筑物进行全面、系统的监测十分必要，通过监测才能对基坑工程自身的安全性和基坑工程对周围环境的影响程度有全面的了解，及早发现工程事故的隐患，并能在出现异常情况时，及时调整设计和施工方案，为信息化施工和采取必要的工程应急措施提供依据，从而减少工程事故的发生，确保基坑工程施工的顺利进行。

6.1.1 基坑监测的目的和内容

由于基坑工程的复杂性和不确定性，现场监测已成为基坑施工中必不可少的手段。不仅确保基坑支护结构和相邻建筑物的安全，而且有助于检验设计假设和参数的合理性。同时，也为基坑工程的信息化施工提供了条件，从而达到提高深基坑工程的安全性、缩短施工时间、降低工程造价的目的，促进基坑工程设计和施工整体水平提高。

（1）确保支护结构的稳定和安全，确保基坑周围建筑物、构筑物、道路及地下管线等的安全与正常使用。根据监测结果，判断基坑工程的安全性和对周围环境的影响程度，防止工程事故和周围环境事故的发生。

（2）指导基坑工程的施工。通过现场监测结果的信息反馈，采用反分析方法求得更合理的设计参数，并对基坑的后续施工工况的工作性状进行预测，指导后续施工方案的合理实施，达到优化设计方案和施工方案的目的，并为工程应急措施的实施提供依据。

（3）验证基坑工程设计方法，完善基坑工程设计理论。基坑工程现场实测资料的积累为完善现行的设计方法和设计理论提供依据。监测结果与理论预测值的对比分析，有助于验证设计和施工方案的正确性，总结支护结构和土体的受力与变形规律，推动基坑工程设计理论的发展。

基坑工程现场监测的内容分为两大部分，即支护体系监测和周围环境监测。

基坑支护体系监测包括围护桩墙的变形和内力、围檩和圈梁内力、支撑轴力、立柱变形和内力、围护墙侧向土压力、地下水位等项目。周边环境监测包括临近道路位移、地下管线位移、建筑物位移、地面沉降、地下水位等项目。在制定监测方案时，监测项目应根据基坑开挖深度、周边环境的重要性程度、场地土特点、基坑支护形式、施工工艺等因素综合确定。

依据上海市工程建设规范《基坑工程技术规范》DG/T J08—61—2010，对基坑工程安全等级和基坑工程环境保护等级进行划分。

根据基坑开挖的深度等因素，基坑工程安全等级分为以下三级：

（1）基坑开挖深度≥12m 或基坑采用支护结构与主体结构相结合时，属于一级安全等级基坑工程；

（2）基坑开挖深度<7m 时，属于三级安全等级基坑工程；

（3）除一级和三级以外的基坑均属于二级安全等级基坑工程。

根据基坑周围环境的重要性程度及其与基坑的距离，基坑工程环境保护等级分为以下三级，如表 6-1 所示。基坑工程环境保护等级可依据基坑周边的不同环境情况分别确定，对位于轨道交通设施、优秀历史建筑、重要管线等环境保护对象周边的基坑工程，应遵照政府有关文件和规定执行。

基坑工程的环境保护等级　　　　　　　　　　　　　表 6-1

环境保护对象	保护对象与基坑距离关系	基坑工程环境保护等级
优秀历史建筑、有精密仪器与设备的厂房、其他采用天然地基和短桩基础的重要建筑物、轨道交通设施、隧道、防汛墙、原水管、自来水总管、燃气总管、共同沟等重要建（构）筑物或设施	$s \leqslant H$	一级
	$H < s \leqslant 2H$	二级
	$2H < s \leqslant 4H$	三级
较重要的自来水管、燃气管、污水管等市政管线、采用天然地基或短桩基础的建筑物等	$s \leqslant H$	二级
	$H < s \leqslant 2H$	三级

注：H 为基坑开挖深度，s 为保护对象与基坑开挖边线的净距。

根据基坑工程安全等级和基坑工程环境保护等级给出的基坑支护体系的监测项目和周边环境的监测项目分别如表 6-2 和表 6-3 所示，在制定实际监测方案时，监测项目可根据支护形式、施工阶段、基坑工程和环境保护等级分类等因素选定。

基坑支护体系监测项目　　　　　　　　　表 6-2

序号	监测项目	支护形式						
		放坡开挖	复合土钉支护	水泥土重力式围护结构		板式支护体系		
		三级	三级	二级	三级	一级	二级	三级
		支护体系施工、预降水段	基坑开挖阶段					
1	支护体系观察	—	☆	☆	☆	☆	☆	☆
2	围护墙（边坡）顶部竖向位移、水平位移	○	☆	☆	☆	☆	☆	☆
3	围护体系裂缝	—	☆	—	☆	☆	☆	☆
4	围护墙侧向变形	○	○	☆	○	☆	☆	☆
5	围护墙侧向土压力	—	—	—	—	○	○	—
6	围护墙内力	—	—	—	—	○	○	—
7	冠梁及围檩内力	—	—	—	—	☆	○	—
8	支撑轴力	—	—	—	—	☆	☆	○
9	锚杆拉力	—	—	—	—	☆	☆	○
10	立柱竖向位移	—	—	—	—	☆	☆	—
11	立柱内力	—	—	—	—	○	○	—
12	坑底隆起（回弹）	—	—	—	○	—	☆	—
13	坑内、外地下水位	☆	☆	☆	☆	☆	☆	☆

注：☆应测项目；○选测项目

周边环境监测项目　　　　　　　　　表 6-3

序号	施工阶段 监测项目	土方开挖前			基坑开挖阶段		
	基坑环境保护等级	一级	二级	三级	一级	二级	三级
1	基坑外地下水水位	☆	☆	☆	☆	☆	☆
2	孔隙水压力	○	○	—	○	○	—
3	坑外土体深层侧向变形	☆	○	—	☆	○	—
4	坑外土体竖向位移	○	—	—	○	—	—
5	地表竖向位移	☆	☆	○	☆	☆	☆
6	基坑外侧地面裂缝	☆	☆	☆	☆	☆	☆
7	邻近建（构）筑物水平及竖向位移	☆	☆	☆	☆	☆	☆
8	邻近建（构）筑物倾斜	☆	○	○	☆	☆	☆
9	邻近建（构）筑物裂缝	☆	☆	☆	☆	☆	☆
10	邻近地下管线水平及竖向位移	☆	☆	☆	☆	☆	☆

注：☆应测项目；○选测项目

6.1.2 基坑监测的基本要求

（1）基坑监测资料搜集和监测方案编制。在现场踏勘基础上，搜集建设场地的规划红线图、地形图、建筑总平面图、岩土工程勘察报告、基坑支护设计资料、基坑施工方案以及基坑工程影响范围内的建（构）筑物、地下管线与设施等工程设计资料。根据设计要求和基坑周围环境编制详细的监测方案，对基坑的施工过程开展有计划的监测工作。监测方案应包括工程概况、监测依据、监测目的、监测项目、测点布置、仪器设备、监测方法以及精度、监测频率、监测报警值、信息反馈制度等内容，以保证监测数据的完整性。

（2）监测点布置的合理性。监测点布置应最大限度地反映监测对象的实际状态及其变化趋势，不妨碍监测对象的正常工作，并便于观测和保护。

（3）监测数据的可靠性和真实性。监测仪器的精度、测点埋设的可靠性以及监测人员的素质是保证监测数据可靠性的基本条件，所有监测数据必须以原始记录为依据，确保满足监测数据的真实性要求。

（4）监测数据的及时性。监测数据需在现场及时处理，发现监测数据变化速率突然增大或监测数据超过报警值时，应及时复测和分析原因。基坑开挖是一个动态的施工过程，只有保证及时监测才能及时发现隐患，采取相应的应急措施。

（5）监测报警值的确定。根据工程的具体情况预先设定报警值，报警值应包括变形值、内力值及其变化速率。当监测值超过报警值时，应根据连续监测资料和多项监测内容综合分析其产生原因及发展趋势，全面正确地掌握基坑的工作性状，为是否采取工程应急补救措施提供依据。

（6）基坑监测资料的完整性。基坑监测应该有完整的监测记录，提交相应的图表、曲线和监测报告。

6.2 变 形 监 测

基坑开挖导致土中应力释放，必定会引起邻近基坑周围土体的变形，过量的变形将影响邻近建筑物和地下管线的正常使用，甚至导致破坏。因此，必须在基坑施工期间对支护结构、土体、邻近建筑物和地下管线的变形进行监测，并根据监测数据及时调整开挖速度和开挖位置，以保证邻近建筑物和管线不因过量、过快的变形而影响它们的正常使用功能，以利于基坑开挖顺利进行。

基坑工程施工场地变形观测的目的，就是通过对设置在场地内的观测点进行周期性的测量，求得各观测点坐标和高程的变化量，为支护结构和周边环境的稳定性评价提供技术数据。

变形监测主要包括：地面、邻近建筑物、地下管线和深层土体沉降监测；支护结构顶面和深层、土体深层、地下管线水平位移监测。

变形监测的观测周期，应根据变形速率、观测精度要求、不同施工阶段和工程地质条件等因素综合考虑。观测过程中，可根据变形量的情况，作适当的调整。

变形监测的初始值，应具有可靠的监测精度，对基准点或工作基点应定期进行稳定性检测。监测前，必须对所用的仪器设备按有关规定进行校检，并作好记录。监测人员要相对固定，并使用同一仪器和设备。监测过程中应采用相同的监测路线和监测方法。原始记录应说明监测时的气象情况、施工进度和荷载变化，以供分析参考。

6.2.1　沉　降　监　测

沉降监测主要采用精密水准测量，监测的范围宜从基坑边线起到开挖深度约1～3倍的距离。水准仪可采用（WILD）N3 精密水准仪或 S1 精密水准仪，并配用铟钢水准尺。监测过程中应使用固定的仪器和水准尺，监测人员也应相对固定。

1. 基准点设置

基准点设置以保证其稳定可靠为原则，在监测基坑的四周适当的位置，必须埋设 3 个沉降监测基准点。沉降监测基准点必须设置在基坑开挖影响范围之外的（至少大于 5 倍基坑开挖深度）基岩或原状土层上，亦可设置在沉降稳定的建筑物或构筑物基础上。土层较厚时，可采用下水井式混凝土基准点。当受条件限制时，亦可在变形区内采用钻孔穿过土层和风化岩层，在基岩里埋设深层钢管基准点（图 6-1）。基准点的选择亦需考虑到测量和通视的便利，避免转站引点导致的误差。

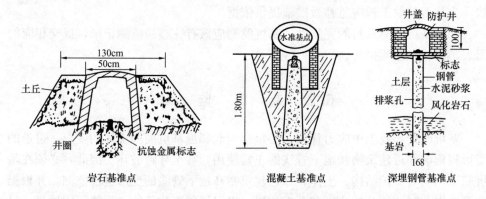

图 6-1　基准点设置

2. 邻近建筑物沉降监测

邻近建筑物沉降监测点布设的位置和数量应根据基坑开挖有可能影响到的范围和程度，同时考虑建筑物本身的结构特点和重要性综合确定。与建筑物的永久沉降观测相比，基坑开挖引起相邻房屋沉降的现场监测具有测点数量多，监测频度高（通常每天 1 次），监测周期较短（一般为数月）等特点。相对而言，监测精度要求比永久观测略低，但需根据邻近建筑物的种类和用途分别对待。

监测点设置的数量和位置应根据建筑物的体形、结构、工程地质条件、沉降规律等因素综合考虑，尽量将其设置在监测建筑物具有代表性的部位，布点范围应能够全面地反映监测建筑物的不均匀沉降，每栋建（构）筑物的变形监测点不宜少于 3 个；同时，监测点的设置必须便于观测和不易遭到破坏。

建（构）筑物的沉降监测点布置应符合下列要求：

（1）建（构）筑物四角、沿外墙每 10～15m 处或每隔 2～3 根柱基上，且每边不少于 3 个监测点；

（2）不同地基或基础的分界处；

（3）建（构）筑物不同结构的分界处；

（4）变形缝、防震缝或严重开裂处的两侧；

（5）新、旧建筑物或高、低建筑物交接处的两侧；

（6）烟囱、水塔和大型储仓罐等高耸构筑物基础轴线的对称部位，每一构筑物不得少于 4 点。

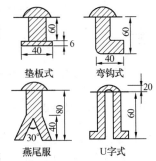

图 6-2 设备基础监测点构造

建筑物监测标志构造通常有以下几种形式：

（1）设备基础监测点：一般利用铆钉和钢筋来制作。标志形式有垫板式、弯钩式、燕尾式、U 字式，尺寸及形状如图 6-2 所示。

（2）柱基础监测点：对于钢筋混凝土柱是在标高 ±0.000 以上 10～50cm 处凿洞，将弯钩形监测标志水平向插入，或用角铁呈 60° 角斜向插入，再以 1∶2 水泥沙浆填充，如图 6-3 所示。

（3）钢柱监测标志，用铆钉或钢筋焊在钢柱上，如图 6-4 所示。

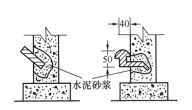

图 6-3 柱基础监测点构造

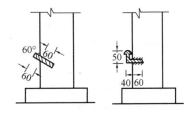

图 6-4 钢柱监测点构造

3. 地表沉降监测

地面沉降监测方法主要采用精密水准测量（二等水准精度），不宜采用精度较低的三角高程测量。在一个测区内，应设立 3 个以上基准点，基准点要设置在距基坑开挖深度 5 倍距离以外的稳定地方。在基坑开挖前可采用 φ15mm 左右，长 1～1.5m 的钢筋打入地下，地面用混凝土加固，作为基准点；亦可将基准点设置在年代较老且结构坚固的建筑物墙体上。水准仪可采用（WILD）N₃ 精密水准仪或 SI 精密水准仪，并配用铟钢水准尺。水准仪的 I 角在开工前应作检查，以后定期检查，如选用自动安平水准仪，应每周检查一次。因工地条件限制，有些观测点不可能做到前后视距离相等，因而对 i 角的要求更为严格，一般不应大于 $\pm10''$（规范规定为 $\pm15''$）。

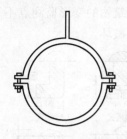

图 6-5　抱箍式监测点

4. 地下管线沉降监测

在收集基坑周围管线图，调查管线走向、管线类型、管线埋深、管线材料、管线直径、管道每节长度、管壁厚度、管道接头形式和受力等条件的基础上，查明管线距基坑的距离。在听取管线主管部门的意见基础上，应根据管线年份、类型、材料尺寸及现状等情况，并考虑管线的重要性及对变形的敏感性来确定监测点设置。

一般情况下上水管承接式接头应按 2～3 个节段设置 1 个监测点，管线越长，在相同位移下产生的变形和附加弯矩就越小，因而测点间距可适当大些，在管线接头、转角以及变形敏感的部位，测点间距适当加密。

管线监测点可用抱箍直接固定在管道上，抱箍形式如图6-5所示，标志外可砌筑窨井。在不宜开挖的地方，亦可用钢筋直接打入地下，其深度应与管底深度一致，作为监测点。监测点设置之前，要收集基坑周围地下管线和建筑物的位置和状况，以利于对基坑周围环境的保护。

上水、燃气、暖气等压力管线应将监测点直接设置在管线上，也可以利用阀门开关、抽气孔以及检查井等管线设备作为监测点。

5. 土体分层沉降监测

土体分层沉降是指离地面不同深度处土层的沉降或隆起，通常用磁性分层沉降仪量测。通过在钻孔中埋设一根硬塑料管作为引导管，再根据需要分层埋入磁性沉降环，用测头测出各磁性沉降环的初始位置。在基坑施工过程中分别测出各沉降环的位置，便可算出各层土的压缩量。

（1）监测设备

磁性分层沉降仪是由沉降管、磁性沉降环、测头、测尺和输出讯号指示器组成（图6-6）。

① 沉降管：用硬质塑料制成，包括主管（引导管）和连接管，引导管一般内径为

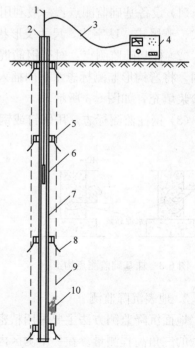

图 6-6　磁性分层沉降仪

1—测尺；2—基点；3—导线；4—指示器；5—磁性沉降环；6—测头；7—沉降管；8—弹性爪；9—钻孔；10—回填土球

ϕ20mm、外径 ϕ25mm，每根管长有 2m、3m 或 4m 三种长度，可根据埋设深度需要截取不同长度，当长度不足需要接长时，可用内径 25mm、外径 31.5mm，长 40mm 的硬质塑料管连接，连接管为伸缩式，套于两节管之间，用自攻螺钉固定。为了防止泥砂和水进入管内，导管下端管口应封死，接头处需作密封处理。

②磁性沉降环：沉降环由磁环、保护套和弹性爪组成。磁环为外径 112mm、内径 60mm、20mm 恒磁铁氧体。为防止磁环在埋设时破碎，将磁环装在金属保护套内。保护套上安装了四只用钟表条做的弹性爪，用以使沉降环牢固地嵌入土体中，以保证与土体不出现相对位移。

③测头：测头由干簧管及铜制壳体组成。干簧管的两个触点用话筒线引出，话筒线与壳体间用橡胶密封止水。

④输出讯号指示器：指示器由微安表等组成。当干簧管工作时，调整可变电阻，使微安表指示在 20 微安以内，也可根据需要选用灯光或音响指示。

（2）基本原理

埋设于土中的磁性沉降环会随土层沉降而同步下沉。当探头从引导管中缓慢下放遇到预埋的磁性沉降环时，干簧管的触点便在沉降环的磁场力作用下吸合，接通指示器电路，电感探测装置上的蜂鸣器就发出叫声，这时根据测量导线上标尺在孔口的刻度以及孔口的标高，就可计算沉降环所在位置的标高，测量精度可达 1mm。

$$H = H_j - L \tag{6-1}$$

式中　H——沉降环标高（mm）；

　　　H_j——基准点标高（mm），可将沉降管管顶作为测量的基准点；

　　　L——测头至基准点的距离（mm）。

在基坑开挖前通过预埋分层沉降管和沉降环，并测读各沉降环的起始标高，与其在基坑开挖施工过程中测得的相应标高的差值，即为各土层在施工过程中的沉降或隆起。

$$\Delta H = H_0 - H_t \tag{6-2}$$

式中　ΔH——某高程处土层的沉降（mm）；

　　　H_0——基坑开挖前沉降环标高（mm）；

　　　H_t——基坑开挖后沉降环标高（mm）。

上式可测量某一高程处土层的沉降值，但由于基准点水准测量的误差，可导致沉降环的高程误差。也可只测土层变形量，假定埋置较深处的沉降环为不动的基点，用沉降仪测出各沉降环的深度，即可求得各土层的变形量。

（3）沉降管和沉降环的埋设

用钻机在预定位置钻孔，孔底标高略低于欲测量土层的标高，取出的土分层堆放。提起套管 30～40cm，将引导管插入钻孔中，引导管可逐节连接直至略深于预定的最深监测点深度，然后，在引导管与孔壁间用膨胀黏土球填充并捣实至最低的沉降环位置，另用一只铝质开口送筒装上沉降环，套在导管上，沿导管送至预埋位置，再用 ϕ50mm 的硬质塑料管将沉降环推出并轻轻压入土中，使沉降环的弹性爪牢固地嵌入土中，提起套管至待埋沉降环以上 30～40cm，往钻孔内回填该层土做的土球（直径不大于 3cm），至另一个沉降环埋设标高处，重复上述步骤进行埋设。埋设完成后，固定孔口，做好孔口的保护装置，并测量孔口标高和各磁性沉降环的初始标高。

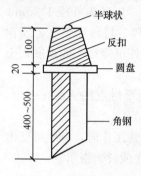

图 6-7　回弹监测标

6. 基坑回弹监测

基坑回弹是基坑开挖对坑底土层卸荷引起基坑底面及坑外一定范围内土体的回弹变形或隆起。深大基坑的回弹量对基坑本身和邻近建筑物都有较大影响，因此需作基坑回弹监测。基坑回弹监测可采用回弹监测标和深层沉降标两种，当分层沉降环埋设于基坑开挖面以下时所监测到的土层隆起也就是土层回弹量。

（1）回弹标及其埋设

回弹监测标如图 6-7 所示。回弹标埋设方法如下：

① 钻孔至基坑设计标高以下 200mm，将回弹标旋入钻杆下端，顺钻孔徐徐放至孔底，并将回弹标压入孔底土中 400～500mm 即将回弹标尾部压入土中。旋转钻杆，使回弹标脱离钻杆，提起钻杆。

② 放入辅助测杆，用辅助测杆上的测头进行水准测量，确定回弹标顶面标高。

③ 监测完毕后，将辅助测杆、保护管（套管）提出地面，用砂或素土将钻孔回填，为了便于开挖后找到回弹标，可先用白灰回填 500mm 左右。

（2）深层沉降标及其埋设

深层沉降标由一个三卡锚头、一根 1/4″ 的内管和一根 1″ 的外管组成，内管和外管都为钢管。内管连接在锚头上，可在外管中自由滑动，如图 6-8 所示。用光学仪器测量内管顶部的标高，标高的变化就相当于锚头位置土层的沉降或隆起。

深层沉降标埋设方法：

① 用钻机在预定位置钻孔，孔底标高略高于需测量土层的标高约一个锚头长度。

② 将 1/4″ 钢管旋在锚头顶部外侧的螺纹连接器上，用管钳旋紧。将锚头顶部外侧的左旋螺纹用黄油润滑后，并与 1″ 钢管底部的左旋螺纹相连，但不必太紧。

③ 将装配好的深层沉降标慢慢地放入钻孔内，并逐步加长，直到放入孔底，用外管将锚头压入预测土层的指定标高位置。

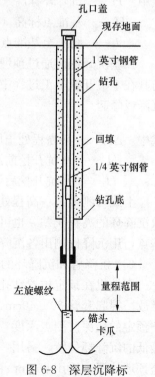

图 6-8　深层沉降标

④ 在孔口临时固定外管，将内管压下约 150mm，此时锚头上的三个卡子会向外弹，卡在土层里，卡子一旦弹开就不会再缩回。

⑤ 顺时针旋转外管，使外管与锚头分离。上提外管，使外管底部与锚头之间的距离稍大于预估的土层隆起量。

⑥ 固定外管，将外管与钻孔之间的空隙填实，做好测点的保护装置，孔口一般以高出地面 200~1000mm 为宜。

（3）监测点的设置

监测点的平面布置应以最少的点数，能测出所需的基坑纵横断面的回弹量为原则。因此，一般在基坑平面的中心及通过中心的纵横轴线上布置监测点或在其他重要的、特殊的位置布点。基坑不大时，纵横断面各布一条测线；基坑较大时，可各布置 3~5 条测线，各断面测线上的监测点必要时应延伸到坑外一定距离内布点，监测点自坑中心开始向两侧布置。

（4）基坑回弹监测方法

基坑回弹量监测，通常采用精密水准仪测出布置监测点的高程变化，即基坑开挖前后监测点的高程差作为基坑的回弹量。

基坑回弹量随基坑开挖的深度而变化，监测工作应随基坑开挖深度的进展而随时进行监测，这样可得出基坑回弹量随开挖深度的变化曲线。但由于开挖现场施工条件的限制，开挖中途进行测量很困难，因此每个基坑一般不得少于三次监测。第一次在基坑开挖之前，即监测点刚埋置之后；第二次在基坑开挖到设计标高立即进行监测；第三次在打基础垫层或浇灌混凝土基础之前。对于分阶段开挖的深基坑，可在中间增加监测次数。

6.2.2 水平位移监测

水平位移监测一般包括基坑边坡顶部、地下管线水平位移和深层水平位移监测。水平位移监测点宜布置在基坑边中部和阳角处。

1. 地表水平位移监测

地表水平位移一般包括挡墙顶面、地表面及地下管线等的水平位移。水平位移通常采用经纬仪及觇牌，或带有读数尺的觇牌测量。

水平位移的观测方法很多，可根据现场条件及观测仪器而定，常用的方法有视准线法、小角度法、前方交会法、三角测量法等。用经纬仪测角，钢尺或电磁波测距仪测距离。

（1）视准线法

视准线法是沿基坑边设置一条视准线，并在视准线的两端埋设两个永久工作基点 A、B，如图 6-9 所示。沿基坑边线按照需

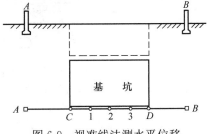

图 6-9 视准线法测水平位移

要设置若干测点，定期观测这排点偏离固定方向的距离，并加以比较，即可求出这些测点的水平位移量。

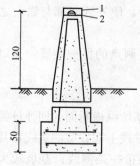

图 6-10　钢筋混凝土观测墩
1—标盖；2—仪器基座

①基点及测点的布置及埋设

采用视准线法，首先要在深基坑两端不动位置上做观测墩（图 6-10），设置基点 A、B，并经常检查基点有无移动。

在基坑边 AB 方向线上有代表性的位置设置测点。测点也可布置在支护结构混凝土圈梁上，采用铆钉枪打入铝钉，或钻孔埋设膨胀螺钉，作为标记。测点的间距一般 $8\sim15m$，可等距布置，也可根据现场通视条件、地面堆载等具体情况随机布置。测点间距的确定主要考虑能够描绘出基坑支护结构的变形特性，对水平位移变化剧烈的区域，测点可适当加密，基坑有支撑时，测点宜设置在两根支撑的跨中。

对于有支撑的地下连续墙或大直径灌注桩类的围护结构，通常基坑角点的水平位移较小，这时可在基坑角点部位设置临时基点 C、D，在每个工况内可以用临时基点监测，变换工况时用基点 A、B 测量临时基点 C、D 的水平位移，再用此结果对各测点的水平位移值进行校正。

②观测方法

用视准线法观测水平位移时，活动觇标法是在一个端点 A 上安置经纬仪，在另一个端点 B 上设置固定觇标（图 6-11），并在每一测点上安置活动觇标（图 6-12）。观测时，经纬仪先后视固定觇标进行定向，然后再观测基坑边各测点上的活动觇标。在活动觇标的读数设备上读取读数，即可得到该点相对于固定方向上的偏离值。比较历次观测所得的数值，即可求得该测点的水平位移量。

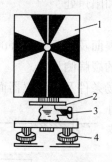

图 6-11　固定觇标
1—觇牌；2—水准器；
3—制动螺旋；4—脚螺旋

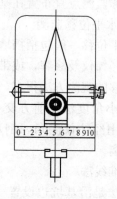

图 6-12　活动觇标

每个测点应照准三次，观测时的顺序是由近到远，再由远到近往返进行。测点观测结束后，再应对准另一端点 B，检查在观测过程中仪器是否有移动，如果发现照准线移动，则重新观测。在 A 端点上观测结束后，应将仪器移至 B 点，重新进行以上各项观测。

第一次观测值与以后观测所得读数之差，即为该点水平位移值。

（2）小角度法

该方法适用于观测点零乱，不在同一直线上的情况，如图 6-13 所示。在离基坑两倍开挖深度距离的地方，选设测站点 A，若测站至观测点 T 的距离为 S，则在不小于 $2S$ 范围之外选设后视方向目标 A'，一般可选用建筑物的棱边或避雷针等作为固定目标 A'。用 J2 级经纬仪测定 β 角，角度测量的测回数可根据距离 S 及观

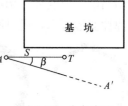

图 6-13 小角度法

测点的精度要求而决定，一般用 2～4 测回测定，并测量 A 至观测点 T 的距离。为保证 β 角初始值的正确性，要进行二次测定。其后根据每次测定 β 角的变动量计算 T 点的位移量：

$$\Delta T = \frac{\Delta \beta}{\rho} S \tag{6-3}$$

式中　$\Delta \beta$——β 角的变动量（"）；

ρ——换算常数，即将 $\Delta \beta$ 化成弧度的系数，$\rho = 3600 \times 180 / \pi = 206265$；

S——测站至观测点的距离（mm）。

如果 β 角测定中误差为 $\pm 2''$，S 为 100m 代入式（6-3），则位移值的中误差约为 ± 1mm。

视准线法是基坑水平位移监测最常用的方法，其优点是精度较高，直观性强，操作简易，确定位移量迅速。当位移量较小时，可使用活动觇牌法进行监测，当位移量增大，超出觇标活动范围时，可使用小角度法监测。

该法的缺点是只能测出垂直于视准线方向的位移分量，难以确切地测出位移方向。要较准确地测位移方向，可采用前方交会法等方法测量。

2. 深层水平位移监测

土体和围护结构的深层水平位移通常采用钻孔测斜仪测定，当被测土体产生水平变形时，测斜管轴线产生挠度，用测斜仪测量测斜管轴线与铅垂线之间夹角的变化量，从而获得土体内部各点的水平位移。

（1）监测设备

测量深层水平位移的仪器通常采用测斜仪。测斜仪分固定式和活动式两种。目前普遍采用活动式测斜仪，该仪器只使用一个测头，即可连续测量，测点数量可以任选。

测斜仪主要有测头、测读仪、电缆和测斜管四部分组成。

①测头。目前常用的测头有伺服加速度计式和电阻应变计式。

伺服加速度计式测头是根据检测质量块因输入加速度而产生惯性力与地磁感应系统产生的反馈力相平衡，通过感应线圈的电流与反力成正比的关系测定倾角，该类测斜探头的灵敏度和精度都较高。

电阻应变式测头的工作原理是用弹性好的铜簧片下悬挂摆锤，并在弹簧片两侧粘贴电阻应变片，构成全桥输出应变式传感器。弹簧片构成的等应变梁，在弹簧弹性变形范围内通过测头的倾角变化与电阻应变读数间的线性关系测定倾角。

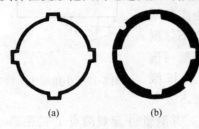

图 6-14　测斜管断面

（a）铝管；（b）塑料管

②测读仪。有携带式数字显示应变仪和静态电阻应变仪等。

③电缆。采用有长度标记的电缆线，且在测头重力作用下不应有伸长现象。通过电缆向测头提供电源，传递量测信号，量测测点到孔口的距离，提升和下放测头。

④测斜管。测斜管有铝合金管和塑料管两种（图 6-14），长度每节 2～4m，管径有 60、70、90mm 等多种不同规格，管段间由外包接头管连接，管内有两组正交的纵向导槽，测量时测头在一对导槽内可上下移动，测斜管接头有固定式和伸缩式两种，测斜管的性能是直接影响测量精度的主要因素。导管的模量既要与土体的模量接近，又要不因土压力而压扁导管。

（2）测斜仪基本原理

将测斜管划分成若干段，由测斜仪测量不同测段上测头轴线与铅垂线之间倾角 θ，进而计算各测段位置的水平位移，如图 6-15 所示。

由测斜仪测得第 i 测段的应变差 $\Delta\varepsilon_i$，换算得该测段的测斜管倾角 θ_i，则该测段的水平位移 δ_i 为：

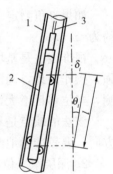

$$\sin\theta_i = f\Delta\varepsilon_i \qquad (6\text{-}4)$$

$$\delta_i = l_i\sin\theta_i = l_if\Delta\varepsilon_i \qquad (6\text{-}5)$$

式中　δ_i——第 i 测段的水平位移（mm）；

l_i——第 i 测段的管长，通常取为 0.5、1.0m；

θ_i——第 i 测段的倾角值（°）；

f——测斜仪率定常数；

$\Delta\varepsilon_i$——测头在第 i 测段正、反两次测得的应变读数差

之半 $\Delta\varepsilon_i = (\varepsilon_i^+ - \varepsilon_i^-)/2$。

图 6-15　倾斜角与

区间水平变位

1—导管；2—测头；

3—电缆

当测斜管管底进入基岩或足够深的稳定土层时，则可认为管底不动，作为基准点（图 6-16a），从管底向上计算第 n 测段处的总水平位移：

$$\Delta_i = \sum_{i=1}^{n}\delta_i = \sum_{i=1}^{n}l_i\cdot\sin\theta_i = f\sum_{i=1}^{n}l_i\cdot\Delta\varepsilon_i \qquad (6\text{-}6)$$

当测斜管管底未进入基岩或埋置较浅时，可以管顶作为基准点（图 6-16b），实测管顶的水平位移 δ_0，并由管顶向下计算第 n 测段处的总水平位移：

$$\Delta_i = \delta_0 - \sum_{i=1}^{n} \delta_i$$

$$= \delta_0 - \sum_{i=1}^{n} l_i \cdot \sin \theta_i \qquad (6\text{-}7)$$

$$= \delta_0 - f \sum_{i=1}^{n} l_i \cdot \Delta\varepsilon_i$$

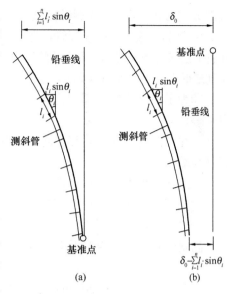

图 6-16 测斜管基准点

由于测斜管在埋设时不可能使得其轴线为铅垂线，测斜管埋设好后，总存在一定的倾斜或挠曲，因此，各测段处的实际总水平位移 Δ'_i 应该是各次测得的水平位移与测斜管的初始水平位移之差，即

$$\Delta'_i = \Delta'_i - \Delta'_{0i} = \sum_{i=1}^{n} l_i \cdot (\sin\theta_i - \sin\theta_{0i}) \qquad \text{管底作为基准点} \qquad (6\text{-}8)$$

$$\Delta'_i = \Delta'_i - \Delta'_{0i} = \delta_0 - \sum_{i=1}^{n} l_i \cdot (\sin\theta_i - \sin\theta_{0i}) \qquad \text{管顶作为基准点} \qquad (6\text{-}9)$$

式中　θ_{0i}——第 i 测段的初始倾角值（°）。

测斜管可以用于测单向位移，也可以测双向位移，测双向位移时，可由两个方向的位移值求出其矢量和，得到位移的最大值和方向。

（3）测斜管的埋设

测斜管的埋设有两种方式：一种是绑扎预埋式，另一种是钻孔后埋设。

①绑扎埋设

主要用于支护桩墙体深层挠曲监测，埋设时将测斜管在现场组装后绑扎固定在钢筋笼上，随钢筋笼一起下到孔槽内，并将其浇筑在混凝土中。浇筑之前应封好管底底盖，并在测斜管内注满清水，以防止测斜管在浇筑混凝土时浮起和水泥浆渗入管内。

②钻孔埋设

首先在土层中预钻孔，孔径略大于所选用测斜管的外径，然后将测斜管封好底盖逐节组装、逐节放入钻孔内，并同时在测斜管内注满清水，直到放到预定的标高为止。随后在测斜管与钻孔之间空隙内回填细砂，或水泥和黏土拌合的材料固定测斜管，配合比取决于土层的物理力学性质。

采用钻孔埋设时，应注意以下几方面问题：

a. 首先用钻探工具形成合适口径的孔，然后将测斜管放入孔内。测斜管连接部分应防止污泥进入，测斜管与钻孔壁之间用砂充填密实。

b. 测斜管连接采用连接管，为了避免测斜管的纵向旋转，采用凹凸式插入法，在管节连接时必须将上、下管节的滑槽严格对准，并用自攻螺钉固定使纵向的扭曲减小到最低程度。放入测斜管时，应注意十字形槽口应对准所测的水平位移方向。

③为了消除测斜管周围土体变形对管体产生负摩擦的影响，还可在管外涂润滑剂等。

④在可能的情况下，尽量将测斜管底埋入硬土层中，作为固定端，否则需采用管顶端位移进行校正。

⑤测斜管埋设完成后，需经过一段时间使钻孔中的填土密实，贴紧测斜管，并测量测斜管导槽的方位、管口坐标及高程。

⑥要及时做好测斜管的保护工作，如在测斜管外局部设置金属套管加以保护，测斜管管口处砌筑窨井并加盖保护。

（4）监测方法

①基准点设定。基准点可设在测斜管的管顶或管底。若测斜管管底进入基岩或较深的稳定土层时，则以管底作为基准点。对于测斜管底部未进入基岩或埋置较浅时，可以管顶作为基准点，每次测量前须用经纬仪或其他手段确定基准点的坐标。

②将电缆线与测读仪连接，测头的感应方向对准水平位移方向的导槽，自基准点管顶或管底逐段向下或向上，每 50cm 或 100cm 测出测斜管的倾角。

③测读仪读数稳定后，提升电缆线至欲测位置。每次应保证在同一位置上进行测读。

④将测头提升至管口处，旋转 180°，再按上述步骤进行测量，这样可消除测斜仪本身的固有误差。

（5）监测与资料整理

深层水平位移监测点宜布置在基坑边坡、围护墙周边的中心处及有代表性的部位。根据基坑施工进度，定期将测斜仪探头沿管内导槽放入测斜管内，用测读仪测得的应变读数，利用式（6-5）求得各测段处的水平位移，并绘制水平位移随深度的分布曲线，可将不同时间的监测结果绘于同一图中，以便分析水平位移发展的趋势，如图 6-17 所示。

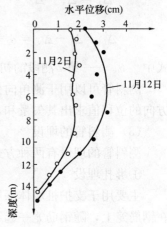

图 6-17 深层水平位移曲线

6.3 土压力和孔隙水压力监测

土压力是基坑支护结构周围的土体传递给挡土构筑物的压力。在基坑开挖之前，挡土构筑物两侧土体处于静止平衡状态。在基坑开挖过程中，由于基坑内一侧的土体被移除，挡土构筑物两侧土体原始的应力平衡和稳定状态发生变化，在挡土构筑物周围一定范围内产生应力重分布。在被支护土体一侧，由于挡土构筑物的移动引起土体的松动而使土压力降低，而在基坑一侧的土体由于受挡土结构的挤压而使土压力升高。当变形或应力超过了一定数值时，土体就会发生破坏致使挡土结构坍塌。因此土压力的大小直接决定着挡土构筑物的稳定和安全。

影响土压力的因素很多，如土体的物理力学性质、超载大小、地下水位变化、挡土构筑物的类型、施工工艺和支护形式、挡土构筑物的刚度及位移、基坑挖土顺序及工艺等等，这些影响因素给理论计算带来一定的困难。因此，仅用理论分析土压力大小及沿深度分布规律是无法准确地表达土压力的实际情况，而且土压力的分布在基坑开挖过程中动态变化，从挡土构筑物的安全、地基稳定性及经济合理性考虑，对于重要的基坑支护结构，有必要进行土压力现场原型观测。

基坑开挖工程经常是在地下水位以下土体中进行，地基土是多相介质的混合体，土体中的应力状态与地基土中的孔隙水压力和排水条件密切相关。虽然静水压力不会使土体产生变形，但当地下水渗流时，在流动方向上产生渗透力。当渗透力达到某一临界值时，土颗粒就处于失重状态，出现所谓的"流土"现象。在基坑内采用不恰当的排水方法，会造成灾难性的事故。另一方面，当饱和黏土被受荷时，由于黏性土的渗透性很小，孔隙水不能及时排出，产生超静孔隙水压力。超静孔隙水压力的存在，降低了土体颗粒之间的有效压力。当超静孔隙水压力达到某一临界值时，同样会使土体失稳破坏。因此监测土体中孔隙水压力在施工过程中的变化，可以直观、快速地得到土体中孔隙水压力的状态和消散规律，也是基坑支护结构稳定性控制的依据。

通过现场土压力和孔隙水压力的监测可达到以下主要目的：

（1）验证挡土构筑物各特征部位土压力的理论分析值及沿深度的分布规律。

（2）监测土压力在基坑开挖过程中的变化规律。根据观测到的土压力变化趋势，及时发现影响基坑稳定的因素，以采取相应的应急措施。

（3）积累不同条件下的土压力分布规律，提高土压力和孔隙水压力的理论分析水平。

土压力和孔隙水压力现场监测设计原则，应符合土与挡土构筑物的相互作用关系和沿深度变化的规律。

6.3.1　土压力监测

土压力监测就是测定土体作用在挡土构筑物上的接触压力，并将监测到的压力大小及其变化速率，用以判定土体的稳定性，控制施工速度。

1. 监测设备

通常采用在量测位置上埋设压力传感器进行土压力监测。土压力传感器工程上称之为土压力计，常用的土压力计有钢弦式和电阻式。在现场监测中，为了保证量测的稳定可靠，多采用钢弦式，本节主要介绍钢弦式土压力计。

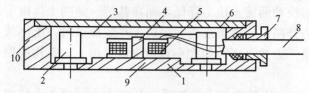

图 6-18　卧式钢弦压力计构造

1—弹性薄膜；2—钢弦柱；3—钢弦；4—铁芯；5—线圈；
6—盖板；7—密封塞；8—电缆；9—底座；10—外壳

目前采用的钢弦式土压力计，可分为竖式和卧式两种。图 6-18 所示的为卧式钢弦压力盒的构造简图，其直径为 100～150mm，厚度为 20～50mm。薄膜的厚度视所量测的压力的大小来选用 2～3.1mm 不等，它与外壳用整块钢轧制成形，钢弦的两端夹紧在支架上，弦长一般采用 70mm。在薄膜中央的底座上，装有铁芯及线圈，线圈的两个接头与导线相连。

2. 土压力计工作原理

土压力计在一定压力作用下，其传感面（即薄膜）向上微微鼓起，引起钢弦伸长，钢弦在未受压力时具有一定的初始频率，当拉紧以后，它的频率就会提高。作用在薄膜上的压力不同，钢弦被拉紧的程度不一样，测量得到的频率因而也发生差异。可根据测到的不同频率来推算出作用在薄膜上的压力大小，即为土压力值。

土压力计埋设好后，根据施工进度，采用频率仪测得土压力计的频率，从而换算出土压力盒所受的总压力，其计算公式如下：

$$p = k(f_0^2 - f^2) \tag{6-10}$$

式中　p——作用在土压力计上的总压力（kPa）；

k——压力计率定常数（kPa/Hz^2）；

f_0——压力计零压时的频率（Hz）；

f——压力计受压后的频率（Hz）。

土压力计实测的压力为土压力和孔隙水压力的总和，应当扣除孔隙水压力计实测的压力值，才是实际的土压力值。

土压力计在使用之前必须进行标定，通过标定建立压力与频率之间的关系，绘制压力～频率标定曲线，如图 6-19 所示。同时，也可以确定出不同使用条件或不同标定条件下的误差关系。

标定应该在与其使用条件相似的状态下进行。标定可分为静态标定和动态标定，两者又可分为气压、液压（油标）和土介质（砂标）中等标定方法。

3. 土压力计选用

土压力量测前，应选择合适的土压力计，对于长期量测静态土压力时，一般都采用钢弦式土压力盒，土压力计的量程一般应比预

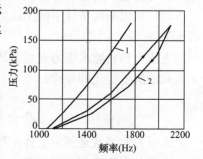

图 6-19　土压力计标定曲线

1—水标曲线；2—砂标曲线

计压力大 2~4 倍，应避免超量程使用。土压力计应具有较好的密封防水性能，导线采用双芯带屏蔽的橡胶电缆，导线长度可根据实际长度确定（适当保留富余长度），且中间不允许有接头。

4. 土压力计布置

土压力计的布置以测定有代表性位置处的土反力分布规律为原则，在土反力变化较大的区域布置得较密，土反力变化不大的区域布置较稀疏，用有限的压力计测到尽量多的有用数据，通常将测点布设在有代表性的结构断面上和土层中。如布置在希望能解释特定现象的位置、理论计算不能得到足够准确解答的位置、土质条件变化较大的位置、土压力变化较大的位置。

5. 土压力计埋设方法

（1）土中土压力计埋设通常采用钻孔法。先在预定埋设位置采用钻机钻孔，孔径大于土压力计直径，孔深比土压力计埋设深度浅 50cm，把钢弦式土压力盒装入特制的铲子内，如图 6-20 所示，然后用钻杆把装有土压力计的铲子徐徐放至孔底，并将铲子压至所需标高。

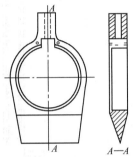

图 6-20 铲式土压力计

钻孔法也可在一孔内埋设多个土压力计，此时钻孔深度应略大于最深的土压力计埋设位置，将土压力计固定在定制的薄型槽钢或钢筋架上，一起放入钻孔中，就位后回填细砂。根据薄型槽钢或钢筋架的沉放深度和土压力计的相对位置，可以确定土压力计所处的测点标高。该埋设方法由于钻孔回填砂石的密实度难以控制，测得的土压力与土中实际的土压力存在一定的差异，通常数据偏小。

钻孔法埋设土压力计的工程适应性强。但钻孔位置与桩墙之间不可能直接密贴，需要保持一段距离，因而测得的数据与实际作用在桩墙上的土压力相比具有一定近似性。

（2）地下连续墙侧土压力计埋设通常用挂布法。取 1/3~1/2 的槽段宽度的布帘，在预定土压力计的布置位置缝制放置土压力计的口袋，将土压力计放入口袋后封口固定。然后将布帘铺设在地下连续墙钢筋笼迎土面一侧，并通过纵横分布的绳索将布帘固定于钢筋笼上。布帘及土压力计随同钢筋笼一起吊入槽孔内。浇筑混凝土时，借助于流态混凝土的侧向挤压力将布幕推向土壁，使土压力计与土壁密贴。挂布法埋设过程如图 6-21 所示。除挂布法外，也可采用活塞压入法、弹入法等方法埋设土压力计。

6. 监测及资料整理

土压力计埋设好后，根据施工进度，采用频率仪测得埋设土压力计的频率数值，从而换算出土压力计所受的压力大小，扣除孔隙水压力后得实际的土压力值，并绘制土压力变化过程曲线及随深度的分布曲线（图 6-22）。

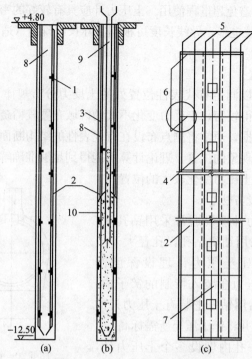

图 6-21　挂布法埋设土压力计

(a) 槽中带有挂布的钢筋笼；(b) 浇筑水下混凝土；(c) 挂布正面图

1—土压力计；2—布帘；3—钢筋笼；4—布袋；5—麻绳；6—ϕ10 圆钢；

7—加固细帆布；8—泥浆；9—导管；10—水下混凝土

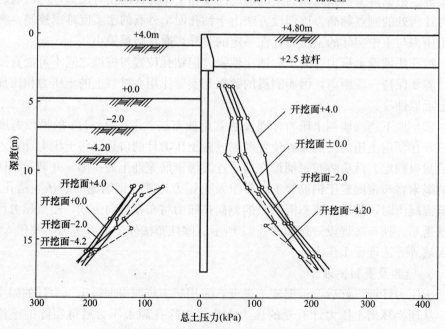

图 6-22　基坑开挖过程中土压力的变化

6.3.2　土中孔隙水压力监测

土体的变形和强度与土中有效应力有关，但目前尚无直接的方法测量土中有效压力，因此，只能通过测定土中的总应力和相应的孔隙水压力来求得有效应力，孔隙水压力常作为工程施工中的一个关键监控参数。

孔隙水压力计可分为水管式、钢弦式、差动电阻式和电阻应变片式等多种类型，钢弦式结构牢固，长期稳定性好，不受埋设深度的影响，施工干扰小，埋设和操作简单。国内外多年使用经验表明，它是一种性能稳定、监测数据可靠的较为理想的孔隙水压力计。这里主要介绍钢弦式孔隙水压力计。

1. 监测设备

钢弦式孔隙水压力计由测头和电缆组成。

（1）钢弦式孔隙水压力计测头

钢弦式测头主要由透水石、压力传感器构成。透水石材料一般用氧化硅或不锈金属粉末制成，采用圆锥形透水石以便于钻孔埋设。钢弦式压力传感器由不锈钢承压膜、钢弦、支架、壳体和信号传输电缆构成，如图6-23所示。其构造是将一根钢弦的一端固定于承压膜中心处，另一端固定于支架上，钢弦中段旁边安装一电磁圈，用以激振和感应频率信号，张拉的钢弦在一定的应力条件下，其自振频率随之发生变化。土孔隙中的有压水通过透水石，作用于承压膜上，使其产生挠曲而引起钢弦的应力发生变化，钢弦的自振频率也相应发生变化。由此可根据钢弦自振频率的变化，测得孔隙水压力的变化。

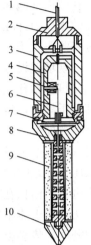

图6-23　钢弦式孔隙水压力计构造
1—屏蔽电缆；2—盖帽；3—壳体；4—支架；5—线圈；6—钢弦；7—承压膜；8—底盖；9—透水体；10—锥头

（2）电缆

电缆通常采用氯丁橡胶护套，或聚氯乙烯护套的二芯屏蔽电缆。电缆要能承受一定的拉力，以免因地基沉降而被拉断，并要能防水绝缘。

2. 钢弦式孔隙水压力计工作原理

土体中的孔隙水，通过测头透水石汇集到承压腔，作用于压力薄膜上，压力薄膜受力产生挠曲变形，引起装在薄膜上的钢弦应力变化，随之引起钢弦自振频率的改变，用频率仪测定钢弦的频率大小，根据测得的频率推算出作用在薄膜上的压力大小，即为孔隙水压力。

孔隙水压力与钢弦频率间有如下关系：

$$u = k(f_0^2 - f^2) \tag{6-11}$$

式中　u——孔隙水压力（kPa）；

　　　k——孔隙水压力计率定常数（kPa/Hz^2），其数值与承压膜和钢弦的尺寸及材料性质有关，由室内标定给出；

f_0——测头零压力（大气压）下的频率（Hz）；

f——测头受压后的频率（Hz）。

3. 孔隙水压力计埋设方法

孔隙水压力计埋设前应首先将透水石放入纯净的清水中煮沸 2 小时，以排除其孔隙内气泡和油污。煮沸后的透水石需浸泡在冷开水中，测头埋设前，应量测孔隙水压力计在大气中的初始频率，然后将透水石在水中装在测头上，在埋设时应将测头置于有水的塑料袋中连接于钻杆上，避免与大气接触。

现场埋设方法有钻孔法和压入法。

（1）钻孔埋设法。在埋设位置用钻机成孔，达到要求深度后，先向孔底填入部分干净砂，将测头放入孔内，再在测头周围填砂，然后用膨胀性黏土将钻孔全部封严即可。原则上一个钻孔只能埋设一个探头，但为了节省钻孔费用，也可在同一钻孔中埋设多个位于不同标高处的孔隙水压力计，在这种情况下，每个孔隙水压力计之间的间距应不小于 1m，并且需要采用干土球或膨胀性黏土将各个探头进行严格相互隔离，否则达不到测定各层土层孔隙水压力变化的目的。钻孔埋设法使得土体中原有孔隙水压力降低为零，此外测头周围填砂不可能达到原有土的密度，势必影响孔隙水压力的量测精度。

（2）压入埋设法。若地基土质较软，可将测头缓缓压入土中的要求深度，或先成孔到预埋深度以上 1.0m 左右，然后将测头向下压入至埋设深度，钻孔用膨胀性黏土密封。采用压入埋设法，土体局部仍有扰动，引起超孔隙水压力较大，也影响孔隙水压力的测量精度。

6.3.3　地 下 水 位 监 测

地下水位监测主要是用来观测地下水位（头）及其变化。可采用钢尺或钢尺水位计监测，钢尺水位计的工作原理是在已埋设好的水管中放入水位计测头，当测头接触到地下水水面时启动讯响器，此时，读取测量钢尺与管顶的距离，根据管顶高程即可计算地下水位的高程。对于地下水位比较高的水位观测井，也可用干的钢尺直接插入水位观测井，记录湿迹与管顶的距离，根据管顶高程即可计算地下水位的高程，钢尺长度需大于地下水位与孔口的距离。

基坑内地下水位监测点布置：当采用深井降水时，水位监测点宜布置在基坑中央和两相邻降水井的中间部位；当采用轻型井点、喷射井点降水时，水位监测点宜布置在基坑中央和周边拐角处。基坑外地下水位监测点布置：水位监测点应沿基坑周边、被保护对象（如邻近建筑物、地下管线等）周边或在两者之间布置，如有止水帷幕，宜在止水帷幕的外侧布置监测点。回灌井点观测井应设置在回灌井点与被保护对象之间。

水位管由 PVC 工程塑料制成，包括主管和连接管，连接管套于两节主管接头处，起着连接固定的作用。在 PVC 管上打数排小孔做成花管，开孔直径 5mm 左右，间距 50cm，梅花形布置。花管长度根据测试土层厚度确定，一般花管长度不应小于 2m，花管外面包裹无纺土工布，起过滤作用。水位管的埋置深度（管底标高）应在控制地下水位之下 3～5m。对于需要降低承压水水位的基坑工程，水位监测管埋置深度应满足设计要求。

水位管埋设方法：用钻机钻孔到设计要求的深度后，在孔内放入管底加盖的水位管。套管与孔壁间用干净细砂填实，然后用清水冲洗孔底，以防泥浆堵塞测孔，保证水路畅通，测管高出地面约 200mm，管顶加盖，不让雨水进入，并做好观测井的保护装置，地下水位时程曲线见图 6-24。

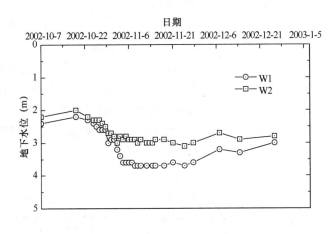

图 6-24 地下水位时程曲线

6.4 支护结构内力监测

支护结构是指深基坑工程中采用的围护墙（桩）、支锚结构、围檩等。支护结构的内力量测（应力、轴力与弯矩等）是深基坑监测中的重要内容，也是进行基坑开挖反分析获取设计参数的主要途径。宜在有代表性位置的围护墙（桩）、支锚结构、围檩上布设钢筋应力计和混凝土应变计，以监测支护结构在基坑开挖过程中的应力变化。

6.4.1 桩（墙）体内力监测

1. 监测点布置

监测点布置应考虑以下几个因素：计算的最大弯矩所在位置和反弯点位置；土层的分界面；结构变截面或配筋率改变截面位置；结构内支撑或拉锚所在位置等等。

2. 墙体内力监测

采用钢筋混凝土材料制作的支护结构，通常采用在钢筋混凝土中埋设钢筋计，通过测定构件受力钢筋的应力或应变，然后根据钢筋与混凝土共同工作、变形协调条件计算求得其内力或轴力。钢筋计有钢弦式和电阻应变式两种，监测仪表分别用频率计和电阻应变仪。

3. 支撑轴力监测

支撑轴力监测点宜设置在内力较大或在整个支撑系统中起关键作用的杆件上，支撑轴力一般可采用下列方法监测：

（1）对于钢筋混凝土支撑，可采用钢筋应力计和混凝土应变计分别量测钢筋应力和混凝土应变，然后换算得到支撑轴力。

（2）对于钢支撑，可在支撑上直接粘贴电阻应变片量测钢支撑的应变，即可得到支撑轴力，也可采用轴力传感器（轴力计）量测。

钢弦式钢筋计埋设时需与结构主筋轴心对焊，并与受力主筋串联连接，由监测得到的频率计算钢筋的应力值。由于主钢筋一般沿混凝土结构截面周边布置，所以钢弦式钢筋应力计应上下或左右对称布置，或在矩形断面的 4 个角点处布置 4 个钢筋计。混凝土应变计是与主筋平行绑扎或点焊在箍筋上，用以测得混凝土内部的应变，如图 6-25 所示。

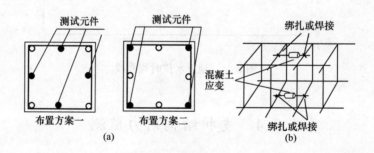

图 6-25　钢筋计在混凝土构件中的布置
(a) 钢筋应力计布置；(b) 混凝土应变计布置

通过埋设在钢筋混凝土结构中的钢筋应力计，可以得到下列参数：

（1）支护结构沿深度方向的弯矩；

（2）支撑结构的轴力和弯矩；

（3）圈梁或围檩的平面弯矩；

（4）结构底板的弯矩。

以钢筋混凝土构件中埋设钢筋计为例，根据钢筋与混凝土的变形协调原理，由钢筋计的拉力或压力计算构件内力的方法如下：

支撑轴力： $$P_c = \frac{E_c}{E_g}\,\overline{p}_g\Big(\frac{A}{A_g}-1\Big)$$ (6-12)

支撑弯矩： $$M = \frac{1}{2}(\overline{p}_1 - \overline{p}_2)\Big(n + \frac{bhE_c}{6E_gA_g}\Big)h$$ (6-13)

地下连续墙弯矩： $$M = \frac{1000h}{t}\Big(1 + \frac{tE_c}{6E_tA_t}h\Big)\frac{(\overline{p}_1 - \overline{p}_2)}{2}$$ (6-14)

式中　　P_c——支撑轴力（kN）；

E_c、E_g——混凝土和钢筋的弹性模量（MPa）；

$\overline{p}_g$——所量测钢筋拉压力平均值（kN）；

A、A_g——支撑截面面积和钢筋截面面积（m²）；

n——埋设钢筋计的那一层钢筋的受力主筋总根数；

t——受力主筋间距（m）；

b——支撑宽度（m）；

$\overline{p}_1$，$\overline{p}_2$——分别为支撑或地下连续墙两对边受力主筋实测拉压力平均值（kN）；

h——支撑高度或地下连续墙厚度（m）。

按上述公式进行内力换算时，结构浇筑初期应计入混凝土龄期对弹性模量的影响，在室外温度变化幅度较大的季节，还需注意温差对监测结果的影响。

对于 H 型钢、钢管等钢支撑的轴力监测，可通过串联安装轴力计或压力传感器的方式来进行，支撑轴力计经过标定后可以重复使用，测试方法简单，测得的读数根据标定曲线可直接换算成轴力，数据比较可靠。

在施工单位配置钢支撑时就要与施工单位协调轴力计安装事宜，由于轴力计是串联安装的，安装不好会影响支撑受力，甚至引起支撑失稳或滑脱。在现场监测环境许可条件下，亦可在钢支撑表面粘贴钢弦式表面应变计、电阻应变片等测试钢支撑的应变，或在钢支撑上直接粘贴底座并安装电子位移计、千分表来量测钢支撑变形，再用弹性理论来计算支撑的轴力。支撑轴力时程曲线见图 6-26。

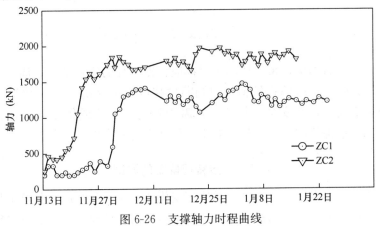

图 6-26　支撑轴力时程曲线

6.4.2 土层锚杆监测

在基坑开挖过程中，锚杆要在受力状态下工作数月，为了检查锚杆在整个施工期间是否按设计预定的方式工作，有必要选择一定数量的锚杆作长期监测，锚杆监测一般仅监测锚杆拉力的变化。锚杆受力监测有专用的锚杆轴力计，锚杆轴力计安装在承压板与锚头之间，其结构如图 6-27 所示。锚杆拉力监测点应选择在受力较大且有代表性的位置，在基坑每边跨中部位和地质条件复杂的区域宜布置监测点。

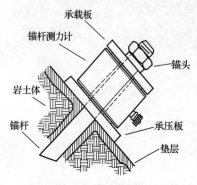

图 6-27 锚杆轴力计布置

钢筋锚杆可采用钢筋应力计和应变计监测，其埋设方法与钢筋混凝土中的埋设方法类似，但当锚杆由几根钢筋组合时，必须在每根钢筋上都安装钢筋计，它们的拉力总和才是锚杆总拉力，而不能只测其中几根钢筋的拉力求其平均值，再乘以钢筋总数来计算锚杆总拉力，因为多根钢筋组合的锚杆，各锚杆的初始拉紧程度是不一样的，锚杆所受的拉力与初始拉紧程度存在密切关系。

锚杆钢筋计（锚杆测力计）安装和锚杆施工完成后，进行锚杆预应力张拉时，要记录锚杆钢筋计和锚杆测力计上的初始荷载，同时也可根据张拉千斤顶的读数对锚杆钢筋计和锚杆测力计的结果进行校核。在整个基坑开挖过程中，宜每天测读一次，监测次数宜根据开挖进度和监测结果及其变化情况而适当增减。当基坑开挖到设计标高时，锚杆上的荷载应是相对稳定的。如果每周荷载的变化量大于 5‰ 锚杆所受的荷载时，就应当及时查明原因，并采取适当措施保证基坑工程的安全。

6.5 监测报警值与报警

在基坑工程监测中，每一监测项目都应根据工程的实际情况、周边环境和设计要求，事先确定相应的报警值，以判断位移或受力状况是否会超过允许的范围，判断工程施工是否安全可靠，是否需调整施工步序或优化原设计方案。因此，监测项目报警值的确定和报警对于工程施工的安全性至关重要。

6.5.1 报警值确定的原则

基坑工程监控报警值由累计变化值和变化速率两部分组成。基坑工程监测报警值应符合基坑工程设计的极限值、地下主体结构设计要求以及监测对象的控制要求，基坑工程监测报警值由基坑工程设计方确定，通常为设计控制值的80%。报警值确定的原则包括：

(1) 满足设计计算的要求，不可超出设计值，通常是以支护结构内力控制；

(2) 满足现行的相关规范、规程的要求，通常是以位移或变形控制；

(3) 满足保护对象的主管部门提出的要求。

(4) 在保证工程和环境安全的前提下，综合考虑工程质量、施工进度、技术措施和经济等因素。

6.5.2 报警值的确定

确定报警值时还要综合考虑基坑的规模、工程地质和水文地质条件、周围环境的重要性程度以及基坑施工方案等因素。确定报警值主要参照现行的相关规范和规程的规定值、经验类比值以及设计预估值这三个方面的数据。

随着基坑工程经验的积累和增多，各地区的工程管理部门以地区规范、规程等形式对基坑工程报警值作了规定，其中大多报警值是最大允许位移或变形值。报警值的确定应首先根据基坑支护安全等级，再采用相关方法预估基坑工程对周围环境可能产生的影响基础上，并根据基坑周围环境对附加变形的承受能力确定基坑变形的控制指标。

基坑监测报警值应包括基坑支护结构监测报警值和基坑周边环境监测报警值两部分。确定基坑支护结构变形报警值时，应以基坑变形设计控制指标为依据，并考虑时空效应对基坑变形的影响。基坑开挖对周边环境、邻近建（构）筑物和地下管线等设施产生不利影响，周边环境监测报警值应根据主管部门的要求确定。因此，邻近建（构）筑物的沉降差、局部倾斜、整体倾斜及基础倾斜不应超过现行国家标准《建筑地基基础设计规范》GB 50007—2011规定的允许值，邻近道路和各种管线的变形不应超过相关规范的规定或影响其正常使用。临近有地铁时，应按其特殊要求制定报警值。

表6-4为《深圳市基坑支护技术规范》SJG 05—2011给出的支护结构顶部最大水平位移控制值，当周边环境的允许变形值与支护结构的变形控制值不一致时，应以较小数值进行控制，基坑工程变形报警值可取控制值的80%。

支护结构顶部最大水平位移控制值　　　　　　　　　表 6-4

基坑支护安全等级	支护结构最大水平位移允许值（mm）		
	排桩、地下连续墙加内支撑支护	排桩、地下连续墙加锚杆支护、双排桩、复合土钉墙	坡率法、土钉墙或复合土钉墙、水泥土挡墙、悬臂式排桩、钢板桩等
一级	0.002h 与 30mm 的较小值	0.003h 与 40mm 的较小值	—

续表

基坑支护安全等级	支护结构最大水平位移允许值（mm）		
	排桩、地下连续墙加内支撑支护	排桩、地下连续墙加锚杆支护、双排桩、复合土钉墙	坡率法、土钉墙或复合土钉墙、水泥土挡墙、悬臂式排桩、钢板桩等
二级	0.004h 与 50mm 的较小值	0.006h 与 60mm 的较小值	0.01h 与 80mm 的较小值
三级	—	0.01h 与 80mm 的较小值	0.02h 与 100mm 的较小值

注：表中 h 为深度（mm）。

　　上海市工程建设规范《基坑工程技术规范》DG/T J08—61—2010 从基坑工程安全等级和基坑工程环境保护等级两方面分别给出了基坑工程监测报警值，如表 6-5 和表 6-6 所示。

根据基坑工程安全等级确定报警值　　　　　　　　表 6-5

监测项目	一级		二级		三级	
安全等级	变化速率 (mm·d^{-1})	累计值 (mm)	变化速率 (mm·d^{-1})	累计值 (mm)	变化速率 (mm·d^{-1})	累计值 (mm)
围护墙侧向最大位移	2~4	0.4%H	3~5	0.5%H	3~5	0.8%H
支撑轴力	设计控制值的 80%					
锚杆拉力						

注：1. H 为基坑开挖深度；

　　2. 报警值可按基坑各边情况分别确定。

根据基坑工程环境保护等级确定报警值　　　　　　　表 6-6

监测项目	一级		二级		三级	
环境保护等级	变化速率 (mm·d^{-1})	累计值 (mm)	变化速率 (mm·d^{-1})	累计值 (mm)	变化速率 (mm·d^{-1})	累计值 (mm)
围护墙侧向最大位移	2~3	0.18%H	3~5	0.30%H	5	0.70%H
地面最大沉降		0.15%H		0.25%H		0.55%H
地下水水位变化	变化速率（mm·d^{-1}）：300；累计值（mm）：1000					

注：1. H 为基坑开挖深度；

　　2. 报警值可按基坑各边情况分别确定；

　　3. 当同一监测项目按以上规定取值不同时，取较小值。

　　《建筑基坑工程监测技术规范》GB 50497—2009 依据《建筑地基基础工程施工质量验收规范》GB 50202—2002 给出的基坑分类，结合大量工程实践经验的积累，从报警值的累计变化值和变化速率两个方面分别给出了基坑及支护结构监测报警值和建筑基坑工程周边环境监测报警值，如表 6-7 和表 6-8 所示。

基坑及支护结构监测报警值

表 6-7

序号	监测项目	支护结构类型	一级 累计值 绝对值(mm)	一级 累计值 相对基坑深度(h)控制值	一级 变化速率(mm·d⁻¹)	二级 累计值 绝对值(mm)	二级 累计值 相对基坑深度(h)控制值	二级 变化速率(mm·d⁻¹)	三级 累计值 绝对值(mm)	三级 累计值 相对基坑深度(h)控制值	三级 变化速率(mm·d⁻¹)
1	墙(坡)顶水平位移	放坡、土钉墙、喷锚支护、水泥土墙	30~35	0.3%~0.4%	5~10	50~60	0.6%~0.8%	10~15	70~80	0.8%~1.0%	15~20
		钢板桩、灌注桩、型钢水泥土墙、地下连续墙	25~30	0.2%~0.3%	2~3	40~50	0.5%~0.7%	4~6	60~70	0.6%~0.8%	8~10
2	墙(坡)顶竖向位移	放坡、土钉墙、喷锚支护、水泥土墙	20~40	0.3%~0.4%	3~5	50~60	0.6%~0.8%	5~8	70~80	0.8%~1.0%	8~10
		钢板桩、灌注桩、型钢水泥土墙、地下连续墙	10~20	0.1%~0.2%	2~3	25~30	0.3%~0.5%	3~4	35~40	0.5%~0.6%	4~5
3	围护墙深层水平位移	水泥土墙	30~35	0.3%~0.4%	5~10	50~60	0.6%~0.8%	10~15	70~80	0.8%~1.0%	15~20
		钢板桩	50~60	0.6%~0.7%	2~3	80~85	0.7%~0.8%	4~6	90~100	0.9%~1.0%	8~10
		灌注桩、型钢水泥土墙	45~55	0.5%~0.6%		75~80	0.7%~0.8%		80~90	0.9%~1.0%	
		地下连续墙	40~50	0.4%~0.5%		70~75	0.7%~0.8%		80~90	0.9%~1.0%	
4	立柱竖向位移		25~35		2~3	35~45		4~6	55~65		8~10
5	基坑周边地表竖向位移		25~35		2~3	50~60		4~6	60~80		8~10
6	坑底回弹		25~35		2~3	50~60		4~6	60~80		8~10
7	支撑内力		(60%~70%)f			(70%~80%)f			(80%~90%)f		
8	墙体内力										
9	锚杆拉力										
10	土压力										
11	孔隙水压力										

注:1. h——基坑设计开挖深度;f——设计极限值;
2. 累计值取绝对值和相对基坑深度(h)控制值两者的小值;
3. 当监测项目的变化速率连续 3 天超过报警值的 50%,应报警。

建筑基坑工程周边环境监测报警值 表6-8

监测对象	项 目		累计值		变化速率 (mm·d⁻¹)	备 注
			绝对值(mm)	倾斜		
1	地下水位变化		1000	—	500	—
2	管线位移	刚性管道 压力	10~30	—	1~3	直接观察点 数据
		刚性管道 非压力	10~40	—	3~5	
		柔性管线	10~40	—	3~5	—
3	邻近建(构)筑物	最大沉降	10~60	—	—	—
		差异沉降	—	2/1000	0.1H/1000	

注：1. H——建(构)筑物承重结构高度；
　　2. 第3项累计值取最大沉降和差异沉降两者的小值。

6.5.3 施工监测报警

在施工险情预报中，应综合考虑各项监测内容的累积变化量和变化速度，结合对支护结构、地层和周围环境状况等的现场调查作出预报。设计合理可靠的基坑工程，在每一工况的挖土结束后，表征基坑工程结构、地层和周围环境力学性状的物理量应随时间渐趋稳定；反之，如果监测得到的表征基坑工程结构、地层和周围环境力学性状的某一种或某几种物理量，其变化随时间不是渐趋稳定，则可以断言该基坑工程存在不稳定隐患，必须及时分析原因，采取相关的措施，保证工程安全。

当出现下列情况之一时，必须立即报警；若情况比较严重，应立即停止施工，并对基坑支护结构和周边的保护对象采取应急措施。

（1）当监测数据达到报警值；

（2）基坑支护结构或周边土体的位移出现异常情况或基坑出现渗漏、流砂、管涌、隆起或陷落等；

（3）基坑支护结构的支撑或锚杆体系出现过大变形、压屈、断裂、松弛或拔出的迹象；

（4）周边建（构）筑物的结构部分、周边地面出现可能发展的变形裂缝或较严重的突发裂缝；

（5）根据当地工程经验判断，出现其他必须报警的情况。

6.6 监测期限与频率

6.6.1 监测期限

基坑工程监测工作应贯穿于基坑工程和地下工程施工全过程。监测工作一般应从基坑工程施工前开始，直至地下工程完成为止，当工程需要时，应延长监测时间。对有特殊要求的周边环境的监测，应根据需要延续至变形趋于稳定后才能结束。

6.6.2 监测期限与频率

在基坑开挖前应埋设监测设备，并读取初读数。初读数是监测的基准值，需复校无误后才能确定，通常是在连续三次测量无明显差异时，取其中一次的测量值作为初始读数，否则应增加测读次数，获取稳定的初始值。埋设在土层中的测试元件如土压力计、孔隙水压力计、测斜管和分层沉降环等测试元件最好在基坑开挖一周前埋设完毕，以便被扰动的土有一定的恢复和稳定时间，从而保证初读数的可靠性。混凝土支撑内的钢筋应力计、钢支撑轴力计、土层锚杆测力计及锚杆应力计等需随施工进度而埋设的元件，在埋设后也应读取初读数。

基坑工程监测频率应能系统准确反映支护结构、周边环境的动态变化过程，宜采用定时监测，周边环境或支护结构对某一施工工况反应敏感时宜进行跟踪监测。

各监测项目的监测频率应根据施工工况按表 6-9 确定，并应满足设计要求。

基坑监测频率　　　　　　　　　　　表 6-9

施工工况　　　　　　　项目分类	土方开挖前	从基坑开始开挖到结构底板浇筑完成后 3 天	结构底板浇筑完成后 3 天到地下结构施工完成	
			各道支撑开始拆除到拆除完成后 3 天	一般情况
应测项目	影响明显时 1 次/天，不明显时 1~2 次/周	1 次/天	1 次/天	2~3 次/周
选测项目	1 次/周	2~3 次/周	2~3 次/周	1 次/周

现场施工监测的频率随监测项目的性质、施工速度和基坑的工作性状而变化。具体实施过程中尚需结合基坑开挖的施工方案、支护结构的工作性状以及周围环境的不良反应等因素调整监测频率。当被监测的量值达到报警值或变化速率明显增大时，应加密监测频率，反之，则可适当减少监测次数。

当基坑开挖过程中出现场地勘察中未发现的不良地质条件、基坑出现管涌或流砂、支护结构出现开裂、基坑渗漏或周边管线泄漏、基坑周边环境异常、地面荷载超过设计值、支护结构未按设计施工等不良工程现象时，应提高监测频率。当有事故征兆时，应实时连续监测。

监测数据必须在现场整理，对监测数据有疑问时应及时复测。监测数据的提供要保证准确及时，当数据接近或达到报警值时，应尽快通报基坑工程参建单位及有关部门，当出现危险事故征兆时，应立即报告参建各方，以便施工单位尽快调整施工进度和采取应急措施。

6.7　监测报表与监测报告

6.7.1　监　测　报　表

在基坑监测前要设计好各种记录表和报表。记录表和报表应根据监测项目和监测点的数量合理地设计，记录表的设计应以数据的记录和处理方便为原则，并留一栏用于记录基坑的施工情况和监测中观测到的异常情况。

监测报表一般形式有监测日报表、周报表、阶段报表和最终报告，其中监测日报表最为重要，应及时报送相关单位，通常作为施工方案调整的依据。周报表通常作为参加工程例会的书面文件，对一周的监测成果作简要的汇总。阶段报表作为基坑施工阶段性监测成果的小结，用以掌握基坑工程施工中基坑的工作性状和发展趋势。

监测日报表应及时提交给工程建设、监理、施工、设计、管线与道路监察等有关单位，并另备一份经工程建设或现场监理工程师签字后返回存档，作为报表收到及监测工程量结算的依据。报表中应尽可能采用图形或曲线反映监测结果，如监测点位置图、地面沉降曲线及桩身深层水平位移曲线图等，使工程施工管理人员能够直观地了解监测结果和掌握监测值的发展趋势。报表中必须给出原始数据，应包括相应天气及基坑施工工况，不得随意修改、删除，对有疑问或由人为和偶然因素引起的异常点应该在备注中说明。

6.7.2　监　测　曲　线

在监测过程中除了要及时给出各种监测报表和测点位置布置图外，还要及时绘制各监测项目的各种曲线，用以反映各监测内容随基坑开挖施工的发展趋势，指导基坑施工方案实施和调整。主要的监测曲线包括：

（1）监测项目的时程曲线；

（2）监测项目的速率时程曲线；

（3）监测项目在各种不同工况和特殊日期的变化趋势图。如支护桩桩顶、建筑物和管线的沉降平面图，深层水平位移、深层沉降、支护结构内力、孔隙水压力和土压力分布随深度变化的剖面图。

在绘制监测项目时程曲线、速率时程曲线时，应将施工工况、监测点位置、报警值以及监测内容明显变化的日期标注在各种曲线和图件上，以便能直观地掌握监测项目物理量的变化趋势和变化速度，以及反映与报警值的关系。监测过程中应重视监测数据的综合分析，当观测数据出现异常时，应进行必要的复测，并分析原因，指导现场信息化施工。

6.7.3 监 测 报 告

在基坑工程施工结束时应提交完整的监测报告，监测报告是监测工作的回顾和总结，监测报告主要包括如下几部分内容：

（1）工程概况。

（2）监测项目和监测点布置。

（3）仪器设备和监测方法。

（4）监测频率和报警值。

（5）监测数据处理方法和监测成果汇总表和监测曲线。

在整理监测项目汇总表、时程曲线、速率时程曲线的基础上，对基坑及周围环境等监测项目的全过程变化规律和变化趋势进行分析，给出特征位置位移或内力的最大值，并结合施工进度、施工工况、气象等具体情况对监测成果进行进一步分析。

（6）监测成果的评价。

根据基坑监测成果，对基坑支护设计的安全性、合理性和经济性进行总体评价，分析基坑围护结构受力、变形以及相邻环境的影响程度，总结设计施工中的经验教训，尤其要总结监测结果的信息反馈在基坑工程施工中对施工工艺、施工方案的调整和改进所起的作用，通过对基坑监测成果的归纳分析，总结相应的规律和特点，对类似工程有积极的借鉴作用，有助于促进基坑支护设计理论和设计方法的完善。

6.8 工 程 实 例

6.8.1 工 程 概 况

南京国际金融中心位于南京市中心——新街口，北临汉中路，东接中山南路，南临天安国际商城，西邻友谊商厦。南京国际金融中心由主楼、公寓楼、裙楼及地下室组成，主楼高 48 层，公寓楼 28 层，裙楼 6 层及地下室 3 层，基坑开挖面积约 21000m²。基坑开挖深度主楼部分为 12.50m，其余开挖深度为 10.00m；基坑周长约 570m。支护结构西北角和东南角采用单排钻孔灌注桩，加一道钢筋混凝土角撑；东侧、北侧采用Ⅱ形钻孔灌注桩；西部和南部采用人工挖孔桩加一道斜拉锚杆，支护结构如图 6-28 所示，并在软土区采用双排双头深层搅拌桩止水；硬土区采用单排双头深层搅拌桩止水。

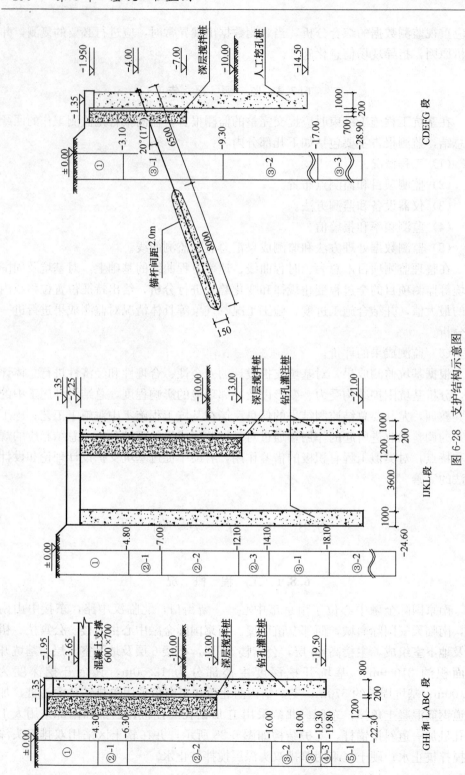

图 6-28　支护结构示意图

表 6-10

土的物理力学指标*

土层编号	土名	含水量 $w(\%)$	密度 ρ (g/cm³)	孔隙比 e	三轴强度指标(UU)		固快强度指标		渗透系数(×10⁻⁷)		压缩系数 E_{s1-2} (MPa)	回弹指数 C_e
					c (kPa)	$\varphi(°)$	c (kPa)	$\varphi(°)$	k_v (cm/s)	k_h (cm/s)		
①	杂填土	33.1	1.89	0.896	16.1	7.2	10.1	16.9		29.0	4.6	
②-1	粉质黏土	29.8	1.92	0.830	13.7	9.9	22.6	20.7		2.87~49.3	6.3	
②-2	淤泥质粉质黏土	36.8	1.83	1.028	29.9	4.4	10.5	16.6	1.5~403.0	1.18~271.0	3.6	
②-3	粉质黏土	31.8	1.92	0.868	28.7	6.0	10.0	22.3	1.4~2.3	1.81~68.1	6.7	
③-1	粉质黏土	27.8	1.97	0.778	89.1	10.1	58.2	17.8	0.6~9.5		9.6	0.009
③-2	粉质黏土夹粉土	29.0	1.93	0.821	34.5	8.5	27.3	18.7	2.3~246.0	1.8~797.0	7.7	0.008
③-3	粉质黏土	27.7	1.95	0.787	41.4	8.8	49.3	13.7	4.8	9.7	8.2	0.007
④-1	粉质黏土	23.2	1.99	0.709							13.8	
④-2	中细砂夹粉土	20.5	2.05	0.578							13.5	
④-3	含卵砾粉质黏土	23.7	2.03	0.659							7.7	
⑤-1	强风化泥岩、粉砂岩	12.3	2.20									

* 江苏省地质工程勘察院《南京招商局国际金融中心工程地质勘察报告》，1995。

6.8.2   场地工程地质和水文地质条件

拟建场地位于古秦淮河冲积漫滩向阶地过渡地段，自东北部由浅层沉积的漫滩相软弱黏性土向西南部强度较高的粉质黏土（二级掩埋阶地）过渡。场地西部和南部软土缺失，构成硬土区，场地北部和东部为软土区，土的物理力学指标见表6-10。

场地地下水主要为赋存于杂填土和②层粉质黏土和淤泥质粉质黏土中的孔隙潜水，受大气降水补给，渗透性和富水性随土性变化，渗透系数在 $10^{-6} \sim 10^{-7}$ cm/s 之间。赋存于④层细砂夹粉土和含卵砾粉质黏土中的孔隙承压水，以接受径流补给为主，含水量丰富，但对基坑开挖无影响。

6.8.3   场地周边环境

拟建场地位于新街口闹市区，北侧和东侧为汉中路和中山南路，西侧紧邻友谊商厦，西南角距基坑约 $5 \sim 10m$ 有多栋住宅楼，东北角紧邻新街口人行天桥，汉中路和中山南路人行道下埋设有大量地下管线，且道路上行人和车辆较多，场地周边环境复杂，如图6-29所示。

6.8.4   基坑监测目的

基坑开挖施工监测是保证工程信息施工的重要手段，主要从预控手段上保证基坑开挖施工的顺利进行和对周围环境（道路、管线、建筑物等）进行有效的保护。

通过监测充分了解基坑开挖过程中支护结构的稳定性和基坑开挖引起的岩土工程周边环境的变化和发展趋势，指导修订施工方案。当发现因施工而引起的异常情况或达到报警值时，及时将监测信息反馈施工方，在分析原因的基础上，采取补救措施，控制其发展趋势。

6.8.5   基坑监测内容

南京国际金融中心深基坑地处闹市区，基坑面积大，开挖深度深，为确保基坑和周围环境的安全，全方位对基坑开挖施工过程进行监控，主要监测内容包括：

1. 周围环境监测

（1）邻近建筑物的沉降观测；（2）邻近地面沉降观测；（3）地下管线沉降观测；（4）新街口广场人行天桥及灯塔的沉降观测。

2. 基坑围护体系观测

（1）围护桩桩顶圈梁水平位移观测；（2）围护结构及外侧土体深层水平位移观测；（3）基坑外地下水位观测；（4）支撑轴力观测；（5）围护结构外土压力观测；（6）支护结构内力观测。

6.8.6　监 测 点 的 布 置

根据周围环境监测和基坑围护体系两方面内容布置监测点，监测点布置原则以掌握基坑开挖过程中基坑的整体工作性状和周边环境的变化，同时考虑相对重要部位进行重点监测。

1.周围环境监测

（1）邻近建筑物的沉降监测点

用于了解基坑开挖对周围建筑物的影响。主要针对基坑西南侧紧临基坑的5～7层多层建筑及基坑边沿搭建的临时办公、商用房屋。

（2）邻近地面、地下管线、人行天桥及灯塔沉降监测点

用于了解基坑开挖对周围道路及地下管线的影响。主要针对中山南路、汉中路两条马路，观测点沿马路方向并结合地下管线的位置布置。

2.基坑围护体系监测

（1）围护桩桩顶圈梁水平位移监测点

用于了解在基坑开挖过程中，围护桩顶圈梁水平位移的变化趋势。

（2）围护结构及土体深层水平位移监测点

用于了解在基坑开挖过程中，围护桩桩身及桩侧土体水平位移的变化趋势。

（3）地下水位监测孔

用于了解在基坑开挖过程中，基坑外地下水位的变化。

（4）支撑轴力监测监测点

用于了解在基坑开挖过程中，支撑结构轴力的大小。

（5）围护结构土压力监测点

用于了解在基坑开挖过程中，围护结构外侧主动区土体内土压力的大小及随开挖深度的变化。监测点的布置详见图6-29。

6.8.7　监 测 工 作 实 施

1.前期准备工作

根据监测项目购置监测设备以及相应辅助材料，并完成仪器设备的率定工作。在基坑开挖前完成测试仪器设备埋设，并做好相应的标志和保护设施，确保监测工作的连续性和完整性。

2.初始数据采集

基坑开挖施工前，各监测点埋设完毕后，对各测试项目进行2～3次测量，取得初始读数，以保证初始数据的准确、可靠。

3.监测工作实施

根据基坑开挖的进程，按监测方案实施监测工作，如出现异常或险情，应随时进行监测，以确保基坑开挖的安全。

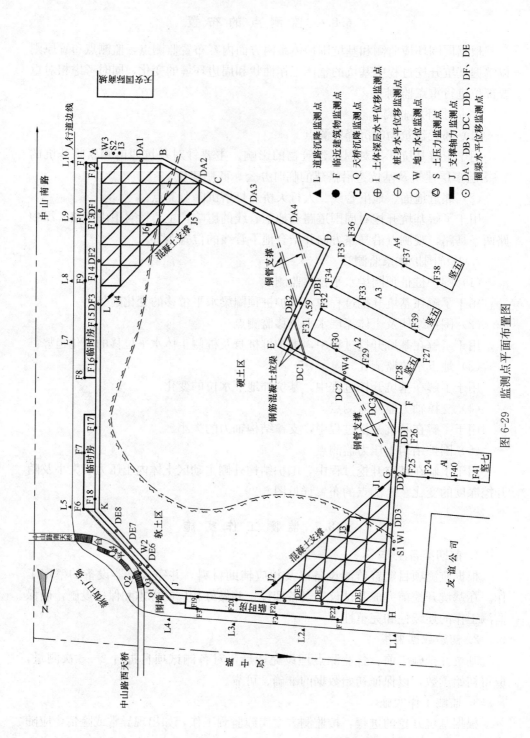

图 6-29 监测点平面布置图

6.8.8 监测结果及分析

监测工作于 1996 年 10 月 12 日至 1997 年 7 月 15 日实施，获得了大量的监测数据，下面仅给出有代表性的监测结果。

1. 周围房屋监测

周围房屋监测主要针对基坑西侧的七层楼房和西南侧五层楼房及汉中路、中山南路的临时房进行。

图 6-30 给出了汉中路侧临时房沉降时程曲线，临时房最大沉降为 83.26 mm（F2），δ_{vmax}/H 达 8.33‰（δ_{vmax} 为最大沉降；H 为基坑开挖深度）。1997 年 3 月 9 日，F1 与 F22 测点的实测差异沉降为 7.44mm，局部倾斜约为 1.14‰，临时房墙体出现裂缝。5 月 24 日，实测差异沉降达 18.7mm，局部倾斜约为 2.88‰，墙体出现明显开裂。

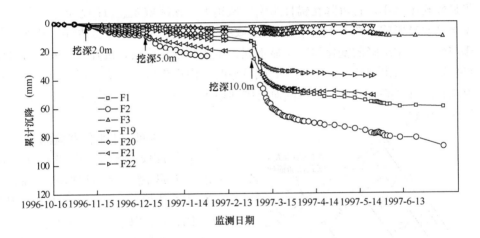

图 6-30　汉中路侧临时房沉降时程曲线

图 6-31 给出了人行天桥的沉降曲线，人行天桥 Q3 测点的最大沉降达 51.12mm，δ_{vmax}/H 为 5.11‰，Q2 测点与 Q3 测点的实测最大差异沉降为 9.64mm，局部倾斜约为 3.21‰，导致人行天桥结构连接处出现局部松动。

软土区汉中路侧临时房和人行天桥沉降监测结果表明，沉降与施工工况（开挖深度）关系密切，并表现出明显的时间效应。基坑挖土卸荷使得基坑周边土体中应力状态变化，导致土体变形产生沉降。在挖土过程中及挖土完成后的短时间内，沉降急剧发展，沉降速率较大；而在开挖间歇期内，由于软土的固结和蠕变，沉降随时间不断发展，但沉降速率逐渐减小，基坑底板浇筑完成后，沉降趋于稳定。挖土卸荷产生的沉降和时间效应都随开挖深度的增大而加大。

图 6-32 给出了基坑西南角硬土区五层住宅楼区域的最终沉降等值图，沉降

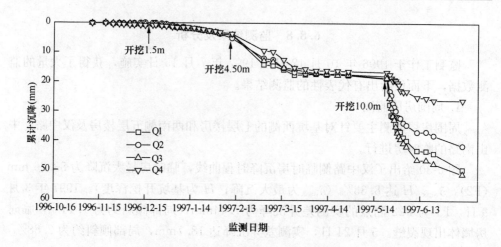

图 6-31　人行天桥沉降时程曲线

明显较软土区小，且沉降在锚杆影响区域稍大，该区域 δ_{vmax}/H 仅为 1.10‰，房屋未见明显影响。图 6-33 给出的该区域中 F31 测点的沉降时程曲线，其变化规律与软土区中沉降的变化规律明显不同，土体开挖完成后，沉降缓慢发展，并渐趋稳定，并未出现软土区中挖土完成后短时间内产生较大沉降的现象，除后期回填土挖除沉降略有增加外，沉降对坑内回填土反压、加钢管支撑等施工工况的反映并不敏感。

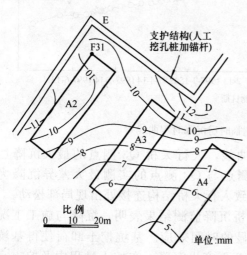

图 6-32　西南角五层住宅楼沉降等值线

2. 桩顶圈梁水平位移监测

桩顶圈梁水平位移监测结果见图 6-34。桩顶圈梁水平位移监测是确定报警的主要依据，有着十分重要的工程意义。DE 段位于硬土区，在开挖至 4.5m 后进行土锚施工，土锚施工阶段圈梁的水平位移约为 20mm，随后在短时间内一次开挖至 10.0m，使得圈梁的水平位移迅速增加 30mm，桩顶水平位移达 52.89mm，导致墙后地面出现张裂缝。为了防止水平位移的进一步发展，立即进行回填土反压处理。从水平位移曲线上可知，回填土后在短期内水平位移得到初步控制，但在其后又因基坑排水及

土体变形引起下水道漏水等因素的影响，造成水平位移继续发展，为了保证基坑安全，在该区段安装水平钢支撑，使得变形得以控制，监测结果表明基坑开挖中一次性快速卸载对基坑的工作性状会产生明显的影响，不利于基坑的安全。

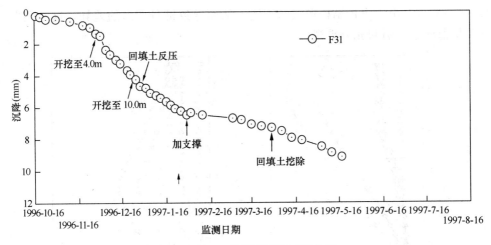

图 6-33 F31 监测点沉降时程曲线

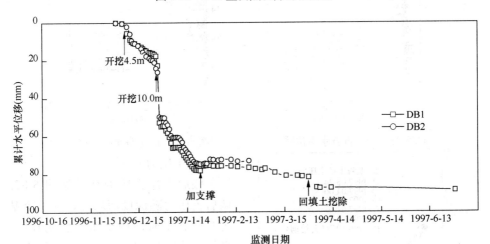

图 6-34 桩顶圈梁水平位移时程曲线

3. 桩身水平位移监测

桩顶圈梁的水平位移能较好地反映悬臂桩的工作性状，但对有支撑的支护结构来说，桩顶圈梁的水平位移并不能真正反映支护桩的实际工作性状，必须采用测斜管监测桩身的水平位移。

桩身水平位移监测结果见图 6-35 和图 6-36。随着开挖深度的增加，桩身水平位移逐渐增加。A59 和 I3 测斜管所反映桩身位移曲线有明显的区别，A59 号桩水平位移曲线形态呈"悬臂桩型"特点，位移上大下小，虽然该支护结构在—4.0m 处设有一道锚杆，但在施工中发现锚杆围檩压坏，锚头松动，从曲线上并未反映锚杆存在，后期安装水平钢支撑后，桩顶变形受到支撑的约束。由于 I3 号桩桩顶受水平支撑的约束较为明显，曲线形态呈"鼓肚型"特点，随基坑开挖深度的增加水平位移最大值的位置逐步下移，且最大值出现在基坑底面上

1.0m左右处。由于支护结构形式的不同，从而导致桩身变形的差异，这一问题在基坑监测中要引起充分重视。

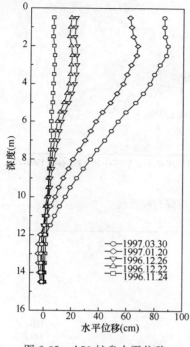

图6-35　A59桩身水平位移

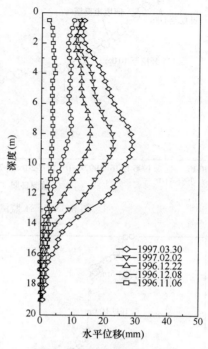

图6-36　I3桩身水平位移

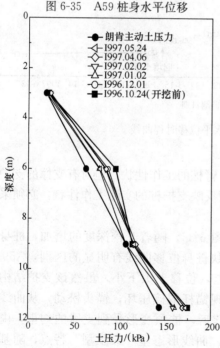

图6-37　墙后土压力分布

4. 土压力监测

墙后土压力监测结果见图6-37。墙后土压力随深度而增加，在整个基坑开挖施工阶段中土压力变化较小；平均变化率为11.6%；实测土压力介于静止土压力和主动土压力之间，最终土压力约为朗肯主动土压力的1.15倍，墙后土体并未达到主动极限状态。

5. 支撑轴力监测

支撑轴力监测结果见图6-38。支撑轴力随基坑开挖深度的增加而增加，同时支撑轴力受施工和温度变化等因素影响，支撑体系的受力状况十分复杂，轴力变化较大。1997年3月23日测得的支撑轴力超过了设计值，最大轴力达到7300kN，为设计值的

1.6 倍，钢筋混凝土支撑上出现了沿支撑断面平行分布的裂纹。监测结果表明支撑轴力的大小随开挖深度增加，主撑轴力要明显大于连梁的轴力。由于该区域土层为软塑—流塑的软土，挖土施工造成部分基坑底部土体扰动，在一定程度上降低了基坑底部土体的强度，致使轴力随时间进一步增加，故支撑体系设计时必须保证有足够的安全度。

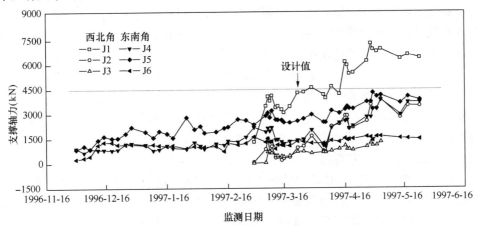

图 6-38　支撑轴力时程曲线

6. 地下水位监测

地下水位监测结果见图 6-39。W3 和 W4 测点的地下水位变化较小，说明该处的止水帷幕有良好的止水效果，坑内降水对坑外地下水的影响较小。W1 和 W2 测点的地下水位在基坑施工中的变化幅度约为 2.0m，对周围环境的影响较小。地下水位的变化在一定程度上受到大气降水及施工降水等因素的影响，地下

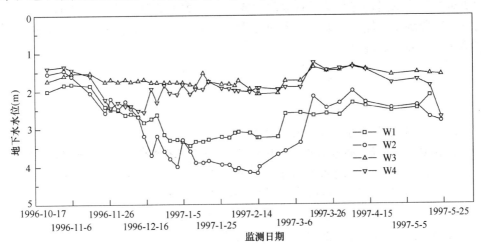

图 6-39　地下水位时程曲线

水位监测有助于掌握基坑施工过程中地下水变化对周围环境的影响和判断基坑止水帷幕的止水效果。

6.8.9　基坑监测预警分析

基坑监测为基坑工程的信息化施工提供了可靠的依据，通过对监测数据的分析，及时发现问题和险情，为基坑施工方案的调整和抢险工作的实施提供帮助。在该基坑开挖监测过程中，先后于 1996 年 12 月 28 日、1997 年 2 月 15 日、1997 年 3 月 8 日三次对基坑施工中的隐患进行预警。

（1）1996 年 12 月 28 日由于基坑挖土卸载过快，造成 DE 段桩顶圈梁水平位移超过报警值，桩顶水平位移达 52.89mm，位移速率达 30mm/d。经及时回填土反压，使位移趋于稳定，其后又因基坑排水及土体变形引起下水道漏水等因素的影响，使得桩顶圈梁水平位移进一步增加，为了保证基坑安全，在该区段安装水平钢支撑，使得位移得以控制。

（2）1997 年 2 月 15 日监测结果发现中山南路一侧基坑南端的房屋、道路沉降速率明显增大，基坑边沿的临时房墙体出现较大范围的斜向裂缝。经分析造成这一不良现象的主要原因是基础设计方案更改，在基坑中加补人工挖孔桩施工及抽水引起，停止施工后沉降趋于稳定。

（3）1997 年 3 月 28 日监测结果发现在友谊商厦一侧的支撑轴力超过设计值且混凝土支撑梁出现裂纹，其主要原因是挖土卸载过快，以及土方开挖不对称造成支撑轴力集中，随后通过调整挖土施工方案和保护坑底土层等措施保证了基坑的安全。

基坑监测工作在基坑开挖施工过程中起着十分重要的作用，是信息化施工工程决策的重要依据，它有助于对原设计成果进行验证和判断施工方案的合理性，为施工阶段的设计优化和施工方案的合理调整提供可靠的信息，具有十分显著的经济效益和社会效益。

思 考 题

1. 简述基坑监测的目的和主要内容。
2. 沉降监测基准点设置的基本要求和建筑物沉降监测点布设的一般原则是什么？
3. 地表水平位移监测的常用方法有哪些？
4. 简述测斜仪量测土体深层水平位移的基本原理。
5. 简述测斜管埋设方法及埋设时应注意的问题。
6. 简述钢弦土压力计工作原理及埋设方法。
7. 监测报警值的确定原则是什么？
8. 基坑监测报告应包括哪些主要内容？

第7章　地下工程的监测和监控

7.1　概　　述

7.1.1　地下工程监测的目的和意义

现场量测和监视是监控设计中的主要一环，也是目前国际上流行的新奥法（NATM）中的重要内容。归结起来，量测的目的是掌握围岩稳定与支护受力、变形的动态或信息，并以此判断设计、施工的安全与经济。具体来说，有如下几点。

1. 提供监控设计的依据和信息

建设地下工程，必须事前查明工程所在地岩体的产状、性状以及物理力学性质，为工程设计提供必要的依据和信息，这就是工程勘察的目的。但地下工程是埋入地层中的结构物，而地层岩体的变化往往又千差万别，因此仅仅靠事前的露头调查及有限的钻孔来预测其动向，常常不能充分反映岩体的产状和性状。此外，目前工程勘察中分析岩体力学性质的常规方法是用岩样进行室内物理力学试验。众所周知，岩块的力学指标与岩体的力学指标有很大不同，因此，必须结合工程，进行现场岩体力学性态的测试，或者通过围岩与支护的变位与应力量测反推岩体的力学参数。为工程设计提供可靠依据。当然，现场的变位与应力量测不止是为了提供岩体力学参数，它还能提供地应力大小、围岩的稳定度与支护的安全度等信息，为监控设计提供合理的依据和计算参数。

2. 指导施工，预报险情

在国内外的地下工程中，利用施工期间的现场测试，预报施工的安全程度，是早已采用的一种方法。对那些地质条件复杂的地层，如塑性流变岩体、膨胀性岩体、明显偏压地层等，由于不能采用以经验作为设计基准的惯用设计方法，所以施工期间须通过现场测试和监视，以确保施工安全。此外，在拟建工程附近有已建工程时，为了弄清并控制施工的影响，有必要在施工期间对地表及附近已建工程进行测试，以确保已建工程安全。

近20年来，随着新奥法的推广，在软弱岩体中现场测试更成为工程施工中一个不可缺少的内容。除了预见险情外，它还是指导施工作业，控制施工进程的必要手段。如应根据量测结果来确定二次支护的时间、仰拱的施作与否及其支护时间、地下工程开挖方案等。这些施工作业原则上都应通过现场量测信息加以确定和调整。

3. 作为工程运营时的监视手段

通过一些耐久的现场测试设备，可对已运营的工程进行安全监视，这样可对接近危险值的区段或整个工程及时地进行补强、改建，或采取其他措施，以保证工程安全运营，这是一个在更大范围内受到重视和被采用的现场测试内容。如我国一些矿山井巷中利用测杆或滑尺来测顶板的相对下沉，当顶板相对位移达到危险值时，电路系统即自动报警。

4. 用作理论研究及校核理论，并为工程类比提供依据

以前地下工程的设计完全依赖于经验，但随着理论分析手段的迅速发展，其分析结果越来越被人们所重视，因而对地下工程理论问题的物理方面——模型及参数，也提出了更高的要求，理论研究结果须经实测数据检验。因此系统地组织现场测试，研究岩体和结构的力学性态，对于发展地下工程理论具有重要意义。

5. 为地下工程设计与施工积累资料

7.1.2　地下工程监测的内容与项目

1. 现场观测

现场观测包括掌子面附近的围岩稳定性、围岩构造情况、支护变形与稳定情况及校核围岩分类。

2. 岩体力学参数测试

岩体力学参数测试包括抗压强度、变形模量、黏聚力、内摩擦角及泊松比。

3. 应力应变测试

应力应变测试包括岩体原岩应力，围岩应力、应变，支护结构的应力、应变及围岩与支护和各种支护间的接触应力。

4. 压力测试

压力测试包括支撑上的围岩压力和渗水压力。

5. 位移测试

位移测试包括围岩位移（含地表沉降）、支护结构位移及围岩与支护倾斜度。

6. 温度测试

温度测试包括岩体温度、洞内温度及气温。

7. 物理探测

物理探测包括弹性波（声波）测试和视电阻率测试。

上述监测项目，一般分为必测项目和选测项目，如表 7-1 所示。

隧道现场监控量测必测项目 表 7-1 (a)

序号	项目名称	方法及工具	布　置	测试精度	量测间隔时间			
					1～15d	16d～1个月	1～3个月	大于3个月
1	洞内、外观察	现场观测、地质罗盘等	开挖及初期支护后进行	—	—			
2	周边位移	各种类型收敛计	每 5～50m 一个断面，每断面 2～3 对测点	0.1mm	1～2次/d	1次/2d	1～2次/周	1～3次/月
3	拱顶下沉	水准测量的方法，水准仪、钢尺等	每 5～50m 一个断面	0.1mm	1～2次/d	1次/2d	1～2次/周	1～3次/月
4	地表下沉	水准测量的方法，水准仪、钢钢尺等	洞口段、浅埋段($h_0 \leqslant 2b$)	0.5mm	开挖面距量测断面前后＜2b 时，1～2 次/d；开挖面距量测断面前后＜5b 时，1 次/2～3d；开挖面距量测断面前后＞5b 时，1 次/3～7d			

注：b—隧道开挖宽度；h_0—隧道埋深。

隧道现场监控量测选测项目 表 7-1 (b)

序号	项目名称	方法及工具	布　置	测试精度	量测间隔时间			
					1～15d	16d～1个月	1～3个月	大于3个月
1	钢架内力及外力	支柱压力计或其他测力计	每代表性地段 1～2 个断面，每断面钢支撑内力 3～7 个测点，或外力 1 对测力计	0.1MPa	1～2次/d	1次/2d	1～2次/周	1～3次/月
2	围岩体内位移（洞内设点）	洞内钻孔中安设单点、多点杆式或钢丝式位移计	每代表性地段 1～2 个断面，每断面 3～7 个钻孔	0.1mm	1～2次/d	1次/2d	1～2次/周	1～3次/月
3	围岩体内位移（地表设点）	地面钻孔中安设各类位移计	每代表性地段 1～2 个断面，每断面3～5 个钻孔	0.1mm	同地表下沉要求			
4	围岩压力	各种类型岩土压力盒	每代表性地段 1～2 个断面，每断面 3～7 个测点	0.1MPa	1～2次/d	1次/2d	1～2次/周	1～3次/月

序号	项目名称	方法及工具	布　置	测试精度	量测间隔时间			
					1～15d	16d～1个月	1～3个月	大于3个月
5	两层支护间压力	压力盒	每代表性地段1～2个断面，每断面3～7个测点	0.01MPa	1～2次/d	1次/2d	1～2次/周	1～3次/月
6	锚杆轴力	钢筋计、锚杆测力计	每代表性地段1～2个断面，每断面3～7根锚杆（索），每根锚杆2～4测点	0.01MPa	1～2次/d	1次/2d	1～2次/周	1～3次/月
7	支护、衬砌内应力	各类混凝土内应变计及表面应力解除法	每代表性地段1～2断面，每断面3～7个测点	0.01MPa	1～2次/d	1次/2d	1～2次/周	1～3次/月
8	围岩弹性波速度	各种声波仪及配套探头	在有代表性地段设置	—			
9	爆破震动	测振及配套传感器	临近建（构）筑物	—	随爆破进行		
10	渗水压力、水流量	渗压计、流量计		0.01MPa	—		

表中 1～4 项为必测项目，5～11 项为选测项目。必测项目是现场量测的核心，它是设计、施工等所必须进行的经常性量测；选测项目是由于不同地质、工程性质等具体条件和对现场量测要索取的数据类型而选择的测试项目。由于条件的不同和要取得的信息不同，在不同的工程中往往采用不同的测试项目。但对于一个具体工程来说，对上述列举的项目不会全部应用，只是有目的地选用其中的几种。

在某些工程中，由于特殊需要，还要增测一些一般不常用而对工程又很重要和必需的测试项目，如底鼓量测、岩体力学参数量测、原岩应力量测等。

7.2　围岩压力量测

7.2.1　围岩应力应变和围岩与支护间接触应力量测

1. 测试原理

岩体作为大地的构造体来说，它的各部位都处在一定的应力状态下，这种应力一般称为原岩应力。由于洞室的开挖，改变了部分岩体的原岩应力状态，而把岩体中原岩应力改变的范围称为围岩，其应力称为围岩应力。在开挖前进行钻孔或在开挖后在洞室内紧跟掌子面钻孔，在孔中按要求埋设各种类型的应力计、应变计，对围岩应力、应变进行观测，能够及时、较好地掌握围岩内部的受力与变形状态，进而判断围岩的稳定性。围岩应力重分布与时间和空间有关——即时间效应与空间效应。及时地提供支护作用力，能有效地调整和控制应力重分布的过程和结果。支护与围岩间这种相互作用力通常称为接触应力。在围岩与支护间埋设各种压力盒等传感器，对接触应力进行观测，可以及时掌握围岩与支护间的共同工作情况、稳定状态及支护的力学性能等。

2. 测试手段

(1) 围岩应力应变测试

围岩应力应变的观测方法较多，有电测类型的，也有机械测试类型的。依据工程的具体情况和对量测信息的要求与设备、仪器条件等，决定所采用的量测手段的类型。

1) 钢弦式应变计：钢弦应变计，在使用中，把单个应变计与被测围岩刚度相匹配的钢管（钢筋）连接起来，用水泥砂浆埋入岩孔，用频率计进行激发、接收测试。钢弦式应变计不受接触电阻、外界电磁场影响，性能较稳定，耐久性能好，是地下工程中比较理想的测试手段。

2) 差动式电阻应变计：差动式应变计的特点是灵敏度较高，性能稳定，耐久性好。

3) 电阻片测杆（电测锚杆）：把电阻片按需要贴在一根剖为两半的金属或塑料管内壁上，再把两半合拢、并做好防水、防潮处理，用水泥砂浆固结在围岩测孔中。测杆的刚度要尽量与被测围岩的刚度相匹配。用应变仪进行测试，测得围岩不同部位的应变值。

电阻片测杆的优点是简便经济、灵敏度高，但在潮湿的地下工程中，长期应用效果不好，性能不稳定，有待进一步完善。

(2) 接触应力量测

通常情况下，是指围岩与支护或喷层与现浇混凝土间的接触应力的测试。它能反映出支护所承受的"山岩压力"（亦即支护给山体的抗力）。接触应力的量值和分布形态，除了同围岩与支护结构的特性有关外，还与两者间的接触条件有很大关系（如密贴、回填等）。

1) 钢弦式压力盒：钢弦式压力盒，作为一种弹性受力元件，具有性能稳定，便于远距离、多点观测，受温度与其他外界条件干扰小的优点。但它也存在着工作条件与标定条件不一致的弱点，还存在着与埋设介质间的刚度匹配、压力盒的边缘效应等问题。因而，除了在软黏土介质中能测得较为满意的结果之外，一般情况下都不理想。近年来，为了克服上述缺点，国内外都作了不少工作，改单膜

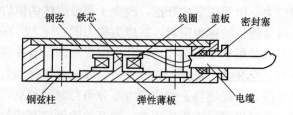

图 7-1　Jx 型钢弦压力盒

为双膜式压力盒，或者在薄膜前设沥青囊。国内钢弦式压力盒品种很多，图7-1
为 Jx 型压力盒。

2）变磁阻调频式土压力传感器：采用变磁阻传感元件与 L-C 震荡原理，薄
膜混合集成振荡电路，体积小，与谐振电容一起在传感器的后腔；同传感器元件
合为一体，构成变磁阻调频式土压力传感器，如图 7-2 所示。

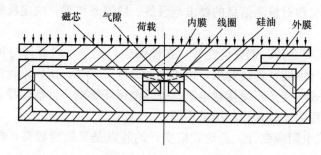

图 7-2　变磁阻调频式土压力传感器

其工作原理为：当压力作用于承压板上时，通过油层传到传感单元的二次膜
上，使之产生变形，改变了磁路气隙、磁阻和线圈电感，从而改变了 L-C 振荡
电路的输出信号频率，其转换过程为：$\Delta p \rightarrow \Delta \delta \rightarrow \Delta Rm \rightarrow \Delta L \rightarrow \Delta f$。若制作工艺
得当，Δf 的变化与 Δp 成正比，其关系为：

$$\Delta p = K \Delta f$$

式中　Δp——被测压力的变化值；

　　　Δf——频率变化量；

　　　K——传感器分辨力。

该传感器输出信号幅度大，抗干扰能力强，灵敏度高，适于遥测。但它也同
钢弦式压力盒一样，在硬介质中应用，亦存在刚度匹配问题，效果不太理想。

3）格鲁茨尔（Glözel）压力盒（应力计）：它是一种液压式压力计，传感元
件为一扁平油腔，通过油压泵加压，由油压表可直接测得油腔的压力（应
力）——即接触压力（应力），如图 7-3 所示。该种压力盒，不但可用于接触应
力测试，亦能用于同种介质内部应力测试。

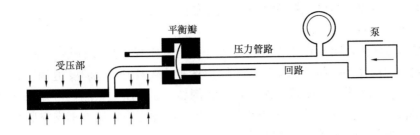

图 7-3 格鲁茨尔（Glözel）压力盒（应力计）

7.2.2 支护的应力应变量测

地下洞室支护的类型很多，但支护目的与作用都是为岩体提供支护力，调节围岩受力状态，充分发挥围岩的自承能力，促使围岩稳定，保证地下空间的正常使用。通过对支护的应力应变测试，不仅可直接提供关于支护结构的强度与安全度的信息，且能间接了解到围岩的稳定状态，并与其他测试手段相互验证。

1. 锚杆轴力量测

锚杆轴力量测的目的在于掌握锚杆实际工作状态，结合位移量测，修正锚杆的设计参数。主要使用的是量测锚杆。量测锚杆的杆体是用中空的钢材制成，其材质同锚杆一样。量测锚杆主要有机械式和电阻应变片式两类。

机械式量测锚杆是在中空的杆体内放入四根细长杆，将其头部固定在锚杆内预计的位置上（图 7-4）。量测锚杆一般长度在 6m 以内，测点最多为 4 个，用千分表直接读数，量出各点间的长度变化，而后被测点间距除得出应变值，再乘以钢材的弹性模量，即得各测点间的应力。由此可了解锚杆轴力及其应力分布状态，再配合以岩体内位移的量测结果就可以设计锚杆长度及锚杆根数，还可以掌握岩体内应力重分布的过程。

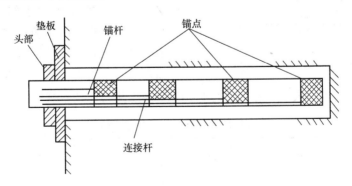

图 7-4 量测锚杆构造与安装

电阻应变片式量测锚杆是在中空锚杆内壁或在实际使用的锚杆上轴对称贴四块应变片，以四个应变片的平均值为量测应变值，这样可消除弯曲应力的影响，测得的应变值乘以钢材的弹性模量可得该点的应力。

2. 钢支撑压力量测

如果隧道围岩类别低于Ⅳ类，隧道开挖后常需要采用各种钢支撑进行支护。量测围岩作用在钢支撑上的压力，对维护支架承载能力、检验隧道偏压、保证施工安全、优化支护参数等具有重要意义。例如，通过压力量测，可知钢支撑的实际工作状态，从钢支撑的性能曲线上可以确定在此压力作用下钢支撑所具有的安全系数，视具体情况确定是否需要采取加固措施。

（1）测力计分类

围岩作用于钢支撑上的压力可用多种测力计量测。根据测试原理和测力计结构的不同，测力计可分类如下：

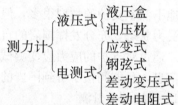

液压式测力计的优点是结构简单、可靠，现场直接读数，使用比较方便。电测式测力计的优点是测量精度高，可远距离和长期观测。这里仅以液压式测力计为例，介绍测力计的结构原理和压力测试方法。

（2）液压测力计结构原理

液压测力计结构如图 7-5 所示，主要由油缸、活塞、调心盖、接管式高压软管、减震器和压力表组成。除此之外，为了在组装时排净系统中空气，在油缸壁上设有球形排气阀。在使用中突然卸载时，为了不使压力表损坏，还设

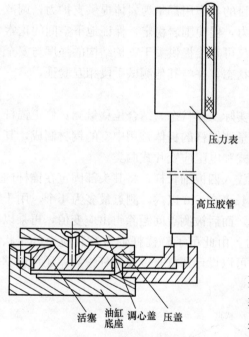

图 7-5　液压测力计结构

有螺钉减震装置。表 7-2 为常用的 HC45 型液压测力计技术规格。

HC45 型液压测力计技术规格									表 7-2
额定载荷 (kN)	承载面积 (m^2)	额定油压 (MPa)	配用压力 表规格 (MPa)	油缸内径 (mm)	压力 表外径 (mm)	精度 (%)	允许 偏心角 (°)	质量 (kg)	液压油 型号
450	0.0135	57.3	0~60	100	100	5	5	12.5	≥30 号机油

图 7-6 和图 7-7 分别是测力计的布置及安装示意图。

3.衬砌应力测试

衬砌应力量测的目的在于研究复杂工作条件下的地压问题,检验设计、积累资料和指导施工,衬砌应力量测通常是压力量测。这里以钢弦式应力计为例介绍混凝土衬砌应力的量测。

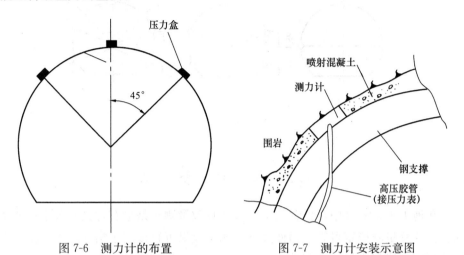

图 7-6　测力计的布置　　　　图 7-7　测力计安装示意图

(1)压力盒的类型

钢弦式传感器根据它的用途、结构形式和材料不同,一般有多种类型。国产常用压力盒类型、使用条件及优缺点列于表 7-3。

压力盒类型及使用特点　　　　　　表 7-3

工作原理	结构及材料	使用条件	优　缺　点
单线圈激振型	钢丝卧式 钢丝立式	测土、岩压力	(1) 构造简单; (2) 输出间歇非等幅衰减波,故不适用于动态测量和连续测量,难于自动化
双线圈激振型	钢丝卧式	测水、土、岩压力	(1) 输出等幅波,稳定,电势大; (2) 抗干扰能力强,便于自动化; (3) 精度高,便于长期使用
钨丝压力盒	钢丝立式	测水、土压力	(1) 刚度大,精度高,线性好; (2) 温度补偿好,耐高温; (3) 便于自动化记录
钢弦摩擦压力盒	钢丝卧式	测井壁与土层摩擦力	只能测与钢筋同方向的摩擦力
钢筋应力计	钢弦	测钢筋中应力	比较可靠
混凝土应变计	钢弦	测混凝土变形	比较可靠

(2)压力盒的布置与埋设

由于测试目的及对象不同,测试前必须根据具体情况作出观测设计,再根据观测设计来布置与埋设压力盒。埋设压力盒总的要求是：接触紧密和平稳，防止滑移，不损伤压力盒及引线，且需在上面盖一块厚 6～8mm、直径与压力盒直径大小相等的铁板。常见压力盒的布设方式如图 7-8 所示。

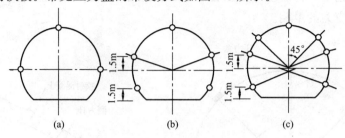

图 7-8　压力盒的布置

7.3　位 移 量 测

在地下工程测试中，位移量测（包括收敛量测）是最有意义和最常用的量测项目。位移量测稳定可靠，简便经济，测试成果可直接用于指导施工、验证设计以及评价围岩与支护的稳定性。

7.3.1　净空相对位移测试（收敛测试）

洞室内壁面两点连线方向的位移之和称为"收敛"，此项量测称"收敛量测"。收敛值为两次量测的距离之差。收敛量测是地下洞室施工监控量测的重要项目，收敛值是最基本的量测数据，必须量测准确，计算无误。

1. 测试装置的基本构成

净空相对位移测试观测手段较多，但基本上都是由壁面测点、测尺（测杆）、测试仪器和连接部分等组成。

（1）壁面测点：由埋入围岩壁面 30～50cm 的埋杆与测头组成，由于观测的手段不同，测头有多种形式，一般为销孔测头与圆球测头。它代表围岩壁面变形情况，因而要求对测点加工要精确，埋设要可靠。

（2）测尺（测杆）：一般是用打孔的钢卷尺或金属管对围岩壁面某两点间的相对位移测取粗读数。除对测尺的打孔、测杆的加工要精确外，观测中还要注意测尺（杆）长度的温度修正。

（3）测试仪器：一般由测表、张拉力设施与支架组成，是净空位移测试的主要构成部分。测表多为 10、30mm 的百分表或游标尺，用此对净空变化量进行精读数。张拉力设施一般采用重锤、弹簧或应力环，观测时由它对测尺进行定量施加拉力，使每次施测时测尺本身长度处于同一状态。支架是组合测表、测尺、张拉力设施等的综合结构，在满足测试要求的情况下，以尺寸小、重量轻为宜。

（4）连接部分：是连接测点与仪器（测尺）的构件，可用单向（销接）或万向（球铰接）连接，它们的核心问题是既要保证精度，又要连接方便，操作简单，能作任意方向测试。

2. 工程中常用的收敛测试手段

（1）位移测杆：由数节可伸缩的异径金属管组成，管上装有游标尺或百分表，用以测定测杆两端测点间的相对位移。位移测杆适用于小断面洞室观测。

（2）净空变化测定计（收敛计）：目前国内收敛计种类较多，大致可分为如下三种：

1）单向重锤式：主要由支架、百分表、钢尺（带孔）、连接销、测杆、重锤等几部分组成。图 7-9 示出了 SWJ-81 型隧道净空变化测定计。

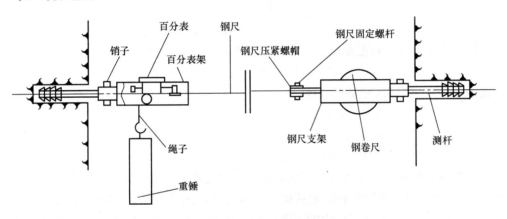

图 7-9 SWJ-81 型隧道净空变化测定计

2）万向弹簧式：主要由支架、百分表、带孔钢尺、弹簧、连接球铰、测杆等几部分组成。

3）万向应力环式：主要由应力环、带孔钢尺、球铰、测杆等几部分组成。其特点是测尺张拉力的施加，不用重锤或弹簧，而用经国家标定的量力元件应力环。因此其测试精度高、性能稳定、操作方便。图 7-10 示出了 GSL 钢环式收敛计结构示意图。

3. 净空相对位移计算

根据测量结果，可通过如下方法计算净空相对位移：

$$U_n = R_n - R_0$$

式中　U_n——第 n 次量测时净空相对位移值；

　　　R_n——第 n 次量测时的观测值；

　　　R_0——初始观测值。

测尺为普通钢尺时，还需要消除温度的影响。当洞室净空大（测线长）、温

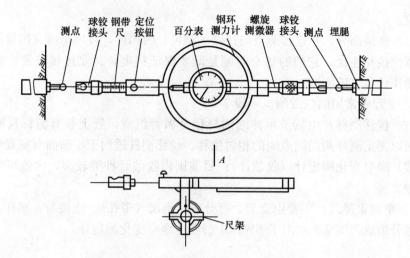

图 7-10 GSL 钢环式收敛计结构示意图

度变化大时，应进行温度修正，其计算式为：

$$U_n = R_n - R_0 - \alpha L(t_n - t_0)$$

式中　t_n——第 n 次量测时温度；

　　　t_0——初始量测时温度；

　　　L——量测基线长；

　　　α——钢尺线膨胀系数（一般 $\alpha = 12 \times 10^{-6}/℃$）。

当净空相对位移值比较大，需要换测试钢尺孔位时（即仪表读数大于测试钢尺孔距时），为了消除钻孔间距的误差，应在换孔前先读一次，并计算出净空相对位移值（U_n）。换孔后应立即再测一次，从此往后计算即以换孔后这次读数为基数（即新的初读数 R_{n0}），此后净空相对位移（总值）计算式为：

$$U_k = U_n + R_k - R_{n0}(k > n)$$

式中　U_k——第 k 次量测时净空相对位移值；

　　　R_k——第 k 次量测时观测值；

　　　R_{n0}——第 n 次量测时换孔后读数。

若变形速率高，量测间隔期间变形量超出仪表量程，可按下式计算净空相对位移值：

$$U_k = R_k - R_0 + A_0 - A_k$$

式中　A_0——钢尺初始孔位；

　　　A_k——第 k 次量测时钢尺孔位。

7.3.2　拱 顶 下 沉 量 测

隧道拱顶内壁的绝对下沉量称为拱顶下沉值，单位时间内拱顶下沉值称为拱顶下沉速度。

1. 量测方法

对于浅埋隧道，可由地面钻孔，使用挠度计或其他仪表测定拱顶相对于地面不动点的位移值。对于深埋隧道，可用拱顶变位计，将钢尺或收敛计挂在拱顶点作为标尺，后视点可视为设在稳定衬砌上，用水平仪进行观测，将前后两次后视点读数相减得差值 A，两次前视点读数相减得差值 B，计算 $C=B-A$；如 C 值为正，则表示拱顶向上位移；反之表示拱顶下沉。

2. 量测仪器

拱顶下沉量测主要用隧道拱部变位观测计。由于隧道净空高，使用机械式测试方法很不方便，使用电测方法造价又很高，铁道科研部门设计了隧道拱部变位观测计。其主要特点是：当锚头用砂浆固定在拱顶时，钢丝一头固定在挂尺轴上，另一头通过滑轮可引到隧道下部，测量人员可在隧道底板上测量，如图 7-11

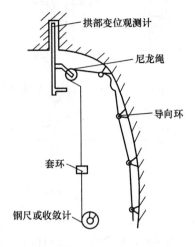

图 7-11　拱部变形观测图

所示。测量时，用尼龙绳将钢尺拉上去，不测时收在边上，不致影响施工，测点布置又相对固定。

7.3.3　地表下沉量测

洞顶地表沉降测试，是为了判定地下工程建筑对地面建筑物的影响程度和范围，并掌握地表沉降规律，为分析洞室开挖对围岩力学形态的扰动状况提供信息。一般是在浅埋情况下观测才有意义。

7.3.4　围岩内部位移量测

由于洞室开挖引起围岩的应力变化与相应的变形，距临空面不同深度处是各不相同的。围岩内部位移量测，就是观测围岩表面、内部各测点间的相对位移值，它能较好地反映出围岩受力的稳定状态、岩体扰动与松动范围。该项测试是位移观测的主要内容，一般工程都要进行这项测试工作。

1. 测试原理

埋设在钻孔内的各测点与钻孔壁紧密连接，岩层移动时能带动测点一起移动（图7-12）。变形前各测点钢带在孔口的读数为 S_{i0}，变形后第 n 次测量时各点钢带在孔口的读数为 S_{in}。测量钻孔不同深度岩层的位移，亦即测量各点相对于钻孔最深点的相对位移。第 n 次测量时，测点 1 相对于钻孔的总位移量为 $S_{1n}-S_{10}=D_1$，测点 2 相对于孔口的总位移量为 $S_{2n}-S_{20}=D_2$，测点 i 相对于孔口的总位移量 $S_{in}-S_{i0}=D_i$。于是，测点 2 相对于测点 1 的位移是 $\Delta S_{2n}=D_2-D_1$，测点 i

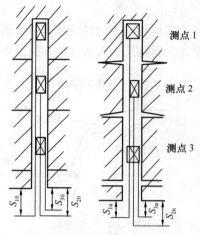

图7-12　围岩内位移量测

相对于测点1的位移量是 $\Delta S_{in} = D_i - D_1$。

当在钻孔内布置多个测点时，就能分别测出沿钻孔不同深度岩层的位移值。测点1的深度愈大，本身受开挖的影响愈小，所测出的位移值愈接近绝对值。

2. 量测装置的基本构成

国内围岩内部位移测试类型、手段很多，通常采用钻孔伸长计或位移计，由锚固、传递、孔口装置、测试仪表等部分组成。

（1）锚固部分。把测试元件与围岩锚固为一整体，测试元件的变位即为该点围岩的变位。常用的形式有：楔缝式、胀壳式、支撑式，压缩木式、树脂或砂浆浇筑式及全孔灌注式等，如图7-13和图7-14所示。由于具体测试要求和使用环境的不同，采用的锚固方式也不尽相同，一般情况下，软岩、干燥环境采用胀壳式、支撑式、砂浆灌注式为好，而硬岩、潮湿环境采用楔缝式、压缩木式较好。

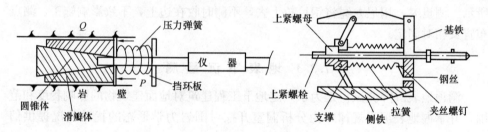

图7-13　胀壳式锚固器　　　　　　　图7-14　支撑式锚固器

（2）传递部分。把各测点间的位移进行准确的传递。传递位移的构件可分为直杆式、钢带式、钢丝式等；传递位移的方式可分为并联式和串联式。

（3）孔口装置部分。为了量测的具体实施而在孔口处设的必要装置。一般包括在孔口设置基准面及其固定、孔口保护、导线隐蔽及集线箱等，如图7-15所示。

传感器与测读仪表——测读部分是位移测试的重要组成部分，所采用的仪表通常分为机械式与电测式。

3. 工程中常用的测试仪器

（1）机械式位移计：机械式位移计结构简单，稳定可靠，价格低廉，但一般精度偏低，观测不方便，适用于小断面及外界干扰小的地下洞室的观测。

1）单点机械式位移计：由楔缝式锚头、圆钢位移传递杆、孔口测读部分（百分表与外锚头）组成，如图7-16所示。

根据测量结果，可按下式计算相对位移：

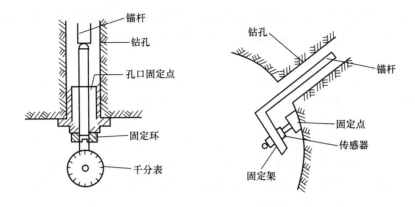

图 7-15 直杆式伸长计孔口固定装置图

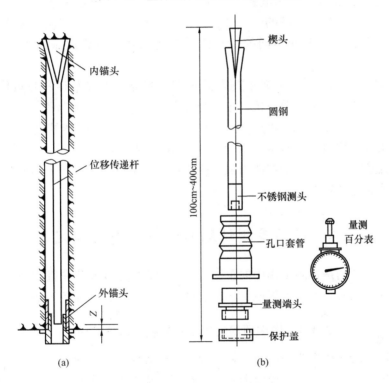

(a)   (b)

图 7-16 单点杆式位移计

（a）原理图；（b）构造图

$$U_i = Z_0 - Z_i$$

式中　U_i——第 i 次量测时孔口与锚固点间的相对位移；

　　　Z_0——初读数；

　　　Z_i——第 i 次测读时百分表读数。当锚固点为不动点时，此时 U_i 即为孔口（壁面）的绝对位移值。

2）机械式两点位移计：这种位移计有两个内锚头，两根金属测杆分别同两个锚头连接，用百分表分别量测两测杆外端测点和孔口端面（观测基准面）间的相对位移变化。

3）多点机械式位移计：在同一钻孔中，设多个锚头（测点），通过相应的位移传递杆或传递钢丝、传递钢带等，可以了解各测点（不同孔深处）至孔口间沿钻孔方向上的位移状态。

（2）电测式位移计：电测式位移计，是把非电量的位移量通过传感器（一次仪表）的机械运动转化为电量变化信号输出，再由导线传送给接收仪（二次仪表）接收并显示。这种装置施测方便，操作安全，能够遥测，适应性强；但受外界影响较大，稳定性较差，费用较高。

1）电感式位移计：利用电磁互感原理，传感器在恒定电压情况下，铁芯的位移变化可由二次绕组线圈的电压变化进行准确地反映，再由二次仪表测读。电感式位移计因使用需要和不同的位移传递系统与孔口设施而制成单点式或多点式。

2）差动式位移计：由差动变压器式位移传感器、电缆及位移测量仪组成，根据使用上的要求，可为单点式，也可经过系统构造上的组合为多点式。

3）电阻式位移计：位移的变化是通过传感器的滑动电阻体的电阻变化来反映的，再由导线传给二次仪表，有的可经过仪表内部率定，直接读出位移测试值。电阻式位移计抗外界干扰能力强，性能稳定，价格便宜；但灵敏度差，在一般情况下能满足测试要求。

7.4　现场量测计划和测试的有关规定

现场量测计划是量测工作中的重要一环，它必须是在初步调查的基础上，依据地下工程的地质条件、工程概况、量测目的、施工进程和经济效果而编制。

7.4.1　量测项目的确定和量测手段的选择

量测项目的选择主要是依据围岩条件、工程规模及支护的方式。我国锚喷支护规范中规定：Ⅳ、Ⅴ类不稳定围岩及大跨度洞室Ⅲ类围岩应进行监控量测。监控量测中的应测项目是必须量测的，选测项目则视工程要求及其具体情况择其部分进行量测。通常，包括围岩内部位移、围岩松动区及锚杆轴力的量测等。在特殊地段或对一些重大工程还应进行喷层内切向应力或围岩与喷层间接触压力的量测。对特殊地段及特殊工程有时要求增测一些项目。如浅埋工程应增测地表沉降；塑性流变地层应增测底鼓位移；而对需要深入进行理论分析的重大工程，还需增测岩体力学参数及地应力等。表 7-4 列出了日本《新奥法设计施工指南》按围岩条件而确定量测项目的重要性等级。表中 A 类为必须进行的量测项目，B

类是根据情况选用的量测项目。

量测手段应根据量测项目及国内量测仪器的现状来选用。一般应选择简单、可靠、耐久、成本低的量测手段。要求选择的被测物理量概念明确、量值显著、便于进行分析和反馈。通常情况下，机械式手段与电测式手段结合使用。

各种围岩条件量测项目的重要性　　　　　　　　　　表 7-4

围岩条件　　　项　目	A 类量测					B 类量测				
	洞内观察	净空变位	拱顶下沉	地表和围岩内下沉	围岩内部位移	锚杆轴力	衬砌应力	锚杆拉拔试验	围岩试件试验	洞内测弹性波
硬岩（断层等破碎带除外）	◎	◎	◎	△	△*	△*	△	△	△	△
软岩（不发生强大塑性地压）	◎	◎	◎	△	△*	△*	△*	△	△	△
软岩（发生强大塑性地压）	◎	◎	◎	△	◎	◎	○	△	○	△
土　砂	◎	◎	◎	◎	○	△*	△*	○	◎（土质实验）	△

注：◎：必须进行的项目；
　　○：应进行的项目；
　　△：必要时进行的项目；
　　△*：这类项目的量测结果对判断设计是否保守很有作用。

7.4.2　量测部位的确定和测点的布置

1. 量测间距

在国家锚喷支护规范中，对应测项目与选测项目的量测间距已有规定，见表 7-5。在具体工程测试中，量测间隔还要根据围岩条件、埋深情况、工程进展等进行必要的修正。

选测项目的测点纵向间距一般为 200～500m，或在几个典型地段选取测试断面。增测项目的测试断面应视需要而定。表 7-6 列出了地表下沉（隧道中线上）测点的纵向间距。

净空位移、拱顶下沉的测点间距　　表 7-5

条　件	量测断面间距（m）
洞口附近	10
埋深小于 2D	10
施工进展 200m 前	20（土砂围岩减小到 10）
施工进展 200m 后	30（土砂围岩减小到 20）

注：D 为洞室跨度。

地表下沉量测的测点纵向间距　　表 7-6

埋深 h 与洞室跨度关系	测点间距（m）
$2D<h$	20～50
$D<h<2D$	10～20
$h<D$	5～10

2. 测点的布置

（1）净空位移的测线布置。净空位移的测线布置见表 7-7 及图 7-17。

净空变化量测基准线布置表   表 7-7

地 段\施工方法	一般地段	特 殊 地 质			
		洞 口	埋深小于 2D	膨胀或偏压地段	实施 B 类量测地段
全断面	1～2 条水平基线	1～2 条水平基线	三条三角形基线	三条基线	三条基线
短台阶	两条水平基线	两条水平基线	四条基线	四条基线	四条基线
多台阶	每台阶一条水平基线	每台阶一条水平基线	外加两条斜基线	外加两条斜基线	外加两条斜基线

注：D 为开挖宽度。

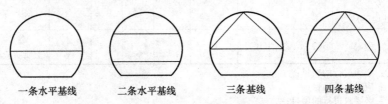

一条水平基线   二条水平基线   三条基线   四条基线

图 7-17   净空变化量测基准线布置

拱顶下沉量测的测点，一般可与净空位移测点共用，这样可节省安设工作量，更重要的是使测点统一在一起，测点结果能互相校验。

（2）围岩位移测孔的布置。围岩位移测孔布置，除应考虑地质、洞形、开挖等因素外，一般应与净空位移测线相应布设。测孔布置见图 7-18。

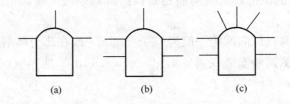

(a)   (b)   (c)

图 7-18   围岩内部位移测孔布置

（3）锚杆轴力量测锚杆的布置。量测锚杆要依据具体工程中支护锚杆的安设位置和方式而定。如是局部加强锚杆，要在加强区域内有代表性位置设量测锚杆；若为全断面设系统锚杆（不含底板），在断面上布置位置可参见图 7-18 围岩位移测孔布置方式进行。

（4）衬砌应力量测布置。衬砌应力量测，除应与锚杆受力量测孔相对应布设外，还要在有代表性的部位设测点，如图 7-19 所示。

（5）地表、地中沉降测点布置。地表、地中沉降测点，原则上应布置在洞室

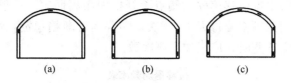

图 7-19 衬砌应力量测点布置

中心线上，并在与洞室轴线正交平面的一定范围内布设必要数量的测点，见图7-20。并在有可能下沉的范围外设置不会下沉的固定测点。

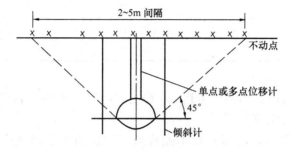

图 7-20 地表下沉测点布置

（6）声波测孔布置。声波测试的目的是测试围岩松动范围与提供分类参数验证围岩分类，要求测孔位置要有代表性，见图7-21。在每个部位上的测孔布置，要兼顾单孔、双孔两种测试方法，还要考虑到围岩层理、节理与双孔对穿测试方向的关系。有时在同一个部位上，可呈直角形布设三个测孔，以便充分掌握围岩构造对声测结果的影响。

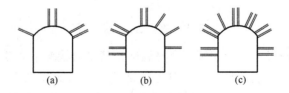

图 7-21 声波测孔布置

7.4.3 测试实施计划

测点安装应尽快进行，以尽量及早获得靠近推进工作面的动态数据。一般规定，应测项目测点的初读数，应在爆破后24h内，并在下一循环爆破前取得。测读初读数时，测点位置距开挖工作面距离不应超过2m，实际上有的已安设在距开挖掌子面0.5m左右的断面上，观测效果更好，但需加强测点的保护。

量测频率主要根据位移速率和测点距开挖面距离而定，一般按表 7-8 选定，即元件埋设初期测试频率要每天 1～3 次，随着围岩渐趋稳定，量测次数可以减少，当出现不稳定征兆时，应增加量测次数。

位移量测频率表　　　　　　　　表 7-8

位移速率(mm/d)	距开挖工作面距离	测试频率(次/d)
＞5	(0～1)B	1～3
1～5	(0～2)B	1
0.5～1	(2～4)B	1
0.2～0.5	(2～5)B	1/1～3
＜0.2	(2～5)B	1/7～15

注：B 为开挖断面宽度（m）。

结束量测的时间：当围岩达到基本稳定后，以 1 次/3d 的频率量测 2 周，若无明显变形，则可结束量测。

对于膨胀性岩体，位移长期不能收敛时，量测主变形速率小于每月 1mm 为止。

在选测项目中，地表沉降量测频率，在量测区间内原则上是 1～2d 一次。

围岩位移量测、锚杆轴力量测、衬砌应力量测等的量测频率，原则上与同一断面内应测项目量测频率相同。

7.5　施工监控及量测数据的分析与应用

7.5.1　施　工　监　控

在地下工程建设中，由于围岩自身属性及其受力状况十分复杂，初拟选的支护参数往往带有一定的盲目性，尤其不能适应地质和施工情况的变化。20 世纪60 年代起，一些发达国家在推行新奥法于隧道设计施工的基础上，通过对施工开挖和支护过程中的量测，以一些量测值进行反演分析，用来监控围岩和支护的动态及其稳定与安全，根据及时获得的量测信息进一步修改和完善原设计，并指导下阶段施工。目前，由于计算机技术的飞速发展，在量测数据采集、数据处理与分析及反演计算、正演数值计算等方面都可由计算机来实现。借助于互联网技术，可将现场的施工信息及时传到远在数十乃至上百公里以外的设计和技术主管部门，以便迅速发出下一步施工指令。这种施工、监测和设计于一体的施工方法即称为施工监控，又称信息化施工方法。

在施工监控中，位移反分析法为其核心，其基本原理是：以现场量测的位移作为基础信息，根据工程实际建立力学模型，反求实际岩体的力学参数、地层初始地应力以及支护结构的边界荷载等。广义的反分析法还包括在此之后，利用有限元、边界元等数值方法，进行正分析，据之进行工程预测和评价，并进行工程决策和决定采取措施，最后进行监测并检验预测结果。如此反复，达到优化设计、科学施工之目的。

7.5.2 量测数据的分析

根据量测获得的位移-时间曲线，即能看出各时刻的总位移量、位移速度以及位移加速度的趋势等。但要衡量围岩的稳定性，除了量测值外，还必须有判断围岩稳定性的准则，这些准则可以由总位移量、位移速率或位移加速度等表示，其值一般由经验或统计数据给定。

1. 围岩壁面位移分析

用总位移量表示的围岩稳定准则通常以围岩内表面的收敛值、相对收敛值或位移值等表示。《铁路隧道监控量测技术规程》QCR 9218—2015 第 4.5.2 条规定，隧道周边壁任意点的实测相对位移值或用回归分析推算的总相对位移值均应小于表7-9所列数值。拱顶下沉值亦即参照应用。

隧道周边允许位移相对值（%）　　　　表 7-9

围岩类别	埋深 h（m）		
	$h<50$	$50 \leqslant h \leqslant 300$	$h>300$
Ⅳ	0.10～0.30	0.20～0.50	0.40～1.20
Ⅲ	0.15～0.50	0.40～1.20	0.80～2.00
Ⅴ	0.20～0.80	0.60～1.60	1.00～3.00

注：1. 相对位移值是指实测位移值与两测点间距离之比，或拱顶位移实测值与隧道宽度之比；

2. 脆性围岩取表中较小值，塑性围岩取表中较大值；

3. Ⅰ、Ⅴ、Ⅵ类围岩可按工程类比初步选定允许值范围；

4. 本表所列位移值可在施工过程中通过实测和资料积累作适当修正。

日本新奥法设计施工指南提出，按测得的总位移值或从测得数据预计的最终位移值，确定围岩类别（见表 7-10）。

净空变化值（mm）　　　　表 7-10

围岩类别	单线隧道	双线隧道
Ⅰs—特s	>75	>150
Ⅰ$_N$	25～75	50～150
Ⅱ$_N$—Ⅴ$_N$	<25	<50

2. 位移速度

位移速度也是判别围岩稳定性的标志。开挖通过量测断面时位移速度最大，以后逐渐降低。一般情况下，初期位移速度约为总位移值的 1/4～1/10。日本新奥法设计施工指南提出，当位移速度大于 20mm/d 时，就需要特殊支护。有的则以初期位移速度，即开挖后 3～7 天内的平均位移速度来确定允许位移速度，以消除空间作用及开挖方式的影响。

目前，围岩达到稳定的标准通常都采用位移速率。如我国《锚杆喷射混凝土技术规范》（GBJ 86—85）中以收敛速率为 0.1～0.2mm/d，拱顶下沉速率为 0.07～0.15mm/d 作为围岩稳定的标志之一。法国新奥法施工标准中规定：当月累计收敛量小于 7mm，即每天平均变形速率小于 0.23mm，认为围岩已达基本稳定。

3. 位移加速度

围岩典型的位移-时间曲线如图 7-22 所示。由图可见：

（1）位移加速度为负值 $\left(\dfrac{\mathrm{d}^2 u}{\mathrm{d}t^2}<0\right)$，即 $\overset{\frown}{OA}$ 段标志围岩变形速度不断下降，表明围岩变形趋向稳定。

（2）位移加速度为零 $\left(\dfrac{\mathrm{d}^2 u}{\mathrm{d}t^2}=0\right)$，即 $\overset{\frown}{AB}$ 段曲线标志变形速度长时间保持不变，表明围岩趋向不稳定，须发出警告，要及时加强支护衬砌。

（3）位移加速度为正值 $\left(\dfrac{\mathrm{d}^2 u}{\mathrm{d}t^2}>0\right)$，即 $\overset{\frown}{BC}$ 段曲线标志围岩变形速度增加，表明围岩已处于危险状态，须立即停止开挖，迅速加固支护衬砌或采取措施加固围岩。

4. 围岩内位移及松动区的分析

围岩内位移与松动区的大小一般用多点位移计量测，按此绘制各位移计的围岩内位移图（图 7-23），由图即能确定围岩的松动范围。由于围岩洞壁位移量与松动区大小一一对应，相应于围岩的最大允许变形量就有一个最大允许松动区半径，当松动区半径超过此允许值时，围岩就会出现松动破坏，此时必须加强支护或改变施工方式，以减少松动区范围。

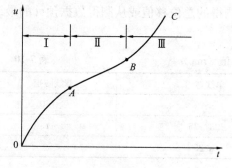

图 7-22　围岩位移-时间曲线

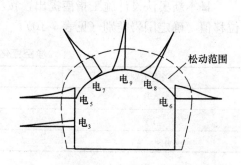

图 7-23　围岩内部位移图

5. 锚杆轴力量测分析

根据量测锚杆测得的应变，即可得到锚杆的轴力。锚杆轴力在洞室断面各处是不同的，根据日本隧道工程的实际调查，可以发现：

(1) 锚杆轴力超过屈服强度时，净空变位值一般超过 50mm。

(2) 同一断面内，锚杆轴力最大值多数在拱部 45°附近到起拱线之间的锚杆。

(3) 拱顶锚杆，不管净空位移值大小如何，出现压力的情况是不少的。

6. 围岩压力量测分析

根据围岩压力分布曲线立即可知围岩压力的大小及分布状况。围岩压力大，表明喷层受力大，这可能有两种情况：一是围岩压力大但围岩变形量不大，表明支护时机，尤其是仰拱的封底时间过早，需延迟支护和仰拱封底时机，让原岩释放较多的应力；另一是围岩压力大，且围岩变形量也很大，此时应加强支护，以限制围岩变形。当测得的围岩压力很小但变形量很大时，则还应考虑是否会出现围岩失稳。

7. 喷层应力分析

喷层应力主要是指切向应力，而径向应力不大。喷层应力反映喷层的安全度，设计者据此调整锚喷参数，特别是喷层厚度。喷层应力是与围岩压力密切相联系的，喷层应力大，可能是由于支护不足，亦可能是仰拱封底过早，其分析与围岩压力的分析大致相似。

8. 地表下沉量测分析

地表下沉量测主要用于浅埋洞室，是为了掌握地面产生下沉的影响范围和下沉值而进行的。地表下沉曲线可以用来表征浅埋隧道的稳定性，同时亦可以用来表征对附近地表已建建筑物的影响。

横向地表下沉曲线如左右非对称，下沉值有显著不同时，多数是由于偏压地形、相邻隧道的影响以及滑坡等引起。故应附加其他适当量测，仔细研究地形、地质构造等影响。

9. 物探量测分析

物探量测主要指声波法量测。按测试结果绘制的声波速度可以确定松动区范围及其动态，并应与围岩内位移图获得的松动区相对照，以综合确定松动区范围。

7.5.3　量测数据在监控设计中的应用

1. 评价围岩稳定性

评价围岩稳定性主要是应用围岩位移、位移速率及围岩位移加速度（由位移-时间曲线看出）等数据。我国锚喷支护规范规定，当隧道支护上任何部位的实测收敛相对值达到表 7-9 中所列的数值 70%或用回归分析进行预报的总收敛相对值接近表 7-9 所列数值时，必须立即采用补强措施，并改变原支护设计参数。从监视施工中围岩稳定的角度看，尤应注意围岩位移加速度的出现。这时应采取紧急加固措施。对于浅埋隧道则应根据地表下沉量来判断围岩稳定性。

2. 评价围岩达到稳定的标准，确定最终支护时间及仰拱灌注的时间

我国锚喷支护规范规定，隧道最终支护时间应在围岩达到稳定以后，即应满足下述要求：

(1) 周边收敛速度明显下降；

(2) 收敛量已达总收敛量的 80%～90%；

(3) 收敛速率小于 0.1～0.2mm/d，或拱顶位移速率小于 0.07～0.15mm/d。

一般软弱围岩仰拱灌注时间可在围岩稳定以后最终支护之前进行；而对于极差的围岩及塑性流变地层，当位移量和位移速度很大时，为维持围岩稳定，仰拱灌注应尽早进行。通常，封底后位移速度会迅速下降，围岩会逐渐趋于稳定，否则应加强支护。当围岩变形量不大，而围岩压力与喷层应力很大时，则应适当延迟封底时间，以提高支护的柔性。

3. 调整施工法与支护时机

当测得的位移速率或位移量超过允许值时，除加强支护外还应调整施工方法，如缩短台阶层数，提前锚喷支护的时间和仰拱封底时间。如这种方案仍未能使变形速度降至允许值之下，则应对开挖面进行加固，如采用先支护（斜插锚杆、钢筋、钢插板等）稳定顶部围岩，用喷射混凝土及锚杆等稳定掌子面。

4. 调整锚杆支护参数

锚杆参数包括锚杆长度、直径、数量（即间距）及钢材种类等。

当围岩位移速率或位移量超过允许值时，一般应增加锚杆的长度。如果拉拔力足够时，增加锚杆直径亦能起到一定效果，且施工方便。

锚杆长度应大于测试所得的松动区范围，并留有一定富裕量。如量测显示锚杆后段的拉应变很小和出现压应变时，可适当减小锚杆的长度。

当锚杆轴向力大于锚杆屈服强度时，应优先考虑改变锚杆材料，采用高强钢材。增加锚杆数量或直径也可获得降低锚杆应力的效果。

根据质量检验中所进行的锚杆抗拔力试验，当抗拔力小于锚杆屈服强度时，可考虑改变锚杆材料或缩小其直径。但要注意，设计安全度亦会由此降低。

5. 调整喷层厚度

初始喷层厚度一般在 5～10cm 左右。当初始喷层厚度较小，喷层应力大或围岩压力大，喷层出现明显裂损时，应适当加厚初始喷层厚度。若喷层厚度已选得较大时，则可增加锚杆数量，调整锚杆参数或调整施工方法，改变仰拱封底时间以减小初始喷层受力状况。

如测得的最后喷层内的应力较大而达不到规定安全度时，必须增加最后喷层的厚度或改变二次支护的时间。

6. 调整变形余裕量，修改开挖断面尺寸

根据测得的收敛值或位移值，调整变形余裕量。当收敛值超过允许值，但喷

射混凝土未出现明显开裂时，可增大变形余裕量。

7.6 工 程 实 例

7.6.1 宝中线上的大寨岭隧道

大寨岭隧道全长 3 136m，最大埋深约 170m，隧道穿越大寨黄土塬，进口位于洞沟旁老百姓住的窑洞下面，出口位于三岔沟右岸两条冲沟交汇处的小土梁下。

隧道穿越黄土梁，洞身除出口约 80m 范围为 Q_2 老黄土地层外，其余均为 Q_1 砂黏土地层，Q_1 砂黏土结构紧密，质地坚硬，硬塑，天然含水量 14.9% ～26%，隧道围岩分类为Ⅳ、Ⅴ类。

隧道通过大寨塬，塬面平坦开阔，均为耕地，塬顶最大高程 1540m，塬周缘黄土冲沟极为发育，沟床狭窄，两岸陡峻，岸坡多为滑坡，错落溜坍体。塬表层为第四系上更新统风积新黄土（Q_3），厚 3～11m；中层为第四系更新统冲洪积老黄土（Q_2），中央数层古土壤薄层，厚 50～80m；下层为第四系更新统冲洪积砂黏土（Q_1），含砂砾石，结构紧密，土质较均匀，节理发育，液限为 29.1% ～35.7%，属非膨胀土，但具有一定的膨胀性。隧道进口 218m，出口 318m，地段为Ⅱ类围岩，其余 2600m 围岩为Ⅲ类围岩。

隧道采用复合衬砌，初期支护及二次衬砌的有关设计参数如表 7-11。

大寨岭隧道施工设计参数表　　　　表 7-11

	起止里程	DⅡK159+632 ～DⅡK159+850	DⅡK159+850 ～DⅡK162+450	DⅡK162+450 ～DⅡK162+768	备　　注
	围岩级别—长度	Ⅴ级—218m	Ⅳ级—2600m	Ⅴ级—318m	
初期支护	C20 混凝土厚度	15cm	10cm	15cm	
	$\phi6mm×\phi6mm$ （环×纵）钢筋网	拱墙设	拱墙设	拱墙设	网格 20cm×20cm
	$\phi22mm$ 锚杆	$L=2.5m$ 100cm×80cm （环×纵）	$L=2.0m$ 120cm×100cm （环×纵）	$L=2.5m$ 100cm×80cm （环×纵）	系统锚杆， Ⅴ级 24.4 根/m， Ⅳ级 16.5 根/m
二次衬砌	拱墙 C20 素 混凝土厚度	35cm	30cm	35cm	
	仰拱 C15 混凝土厚度	40cm	35cm	40cm	
	仰拱 C20 混凝土厚度	（长 63cm）40cm	无	（长 18cm）40cm	
	预留变形量	10cm	7cm	10cm	

隧道进、出口分别于 1990 年 12 月 20 日及 25 日开工，进口位于老百姓住的窑洞下，窑洞室内地坪距洞顶开挖线仅 2.5m。进深 27m 处，洞顶埋深 20m，出口位于岔沟（流水沟）交汇处土坡上，洞顶埋深 8.0m，进深 30m 处埋深 18.0m，两口进洞段均属浅埋地段。

1. 隧道开挖及支护情况

施工时先对洞顶 2 倍洞径范围设地表预加固锚杆，锚杆长 $L=3.5m$，间距 1.0m×1.0m 交错排列，洞门仰坡刷至起拱线后，沿洞体开挖线外 0.2m 设双层水平超前锚杆，长 3.5m，锚杆尾端用环筋连接成支承构架，按先拱后墙法完成了洞口段的施工，洞身地段按短台阶法施工，上台阶用风镐开挖，架子车运土倒在下台阶，下台阶以 0.6m³ 电动反铲（WY60A）控装，配合 3m³ 梭矿有轨运输，自制构件衬砌台车进行二次衬砌，每 12h 完成一个开挖、出碴、喷锚、仰拱开挖灌筑作业循环，每天基本完成两个循环，施工作业程序如图 7-24 所示。

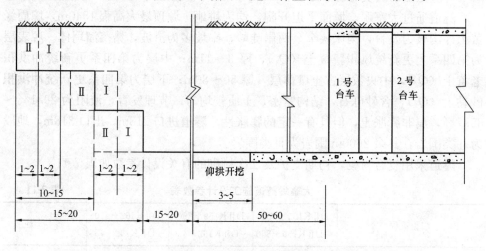

图 7-24 隧道施工作业程序图（尺寸单位：m）

2. 监控量测

施工中按照设计文件要求进行了支护状态观察和地表下沉、拱顶下沉、周边收敛及围岩内部位移五项监控量测，现场监控量测项目及量测方法见表 7-12。

大寨岭隧道现场监控量测项目及量测方法   表 7-12

序 号	量测项目	量测方法、工具	点位布置	量测频率
1	支护状态观察	裂纹观察、描述	初期支护表面	1 次/d
2	拱顶下沉	钢尺、水平仪抄平	每 10m 一个断面	1 次/周
3	周边位移	JQ-85 型收敛仪	每 5～10m 一个断面设二对测点	1～2 次/d
4	围岩内部位移	三点式位移计、百分表水准	按设计文件要求办理	1 次
5	地表下沉	水准尺、水平仪抄平	同上	1 次/15d

隧道施工开始后，根据施工量测得到的数据进行分析，判断施工设计的初期支护参数不能抑制围岩变形，围岩与初期支护变形无稳定趋势，经多次研究，对初期支护进行多次修改与调整。如隧道进口段的 V 级围岩地段初期支护参数，调整为预留变形量 100mm，锚杆长由 2.0m 改为 2.5m，间距由 1.2m×1.0m 改为 1.0m×1.0m（环×纵），喷层厚度改为 15cm，增设格栅等，并采用硫铝酸盐早强水泥进行初喷与 SF 早强锚固药卷施作锚杆等加强措施，以达到提高初期支护的早期强度，增强初期支护的刚度，抑制围岩与初期支护变形，使之向稳定的趋势发展，但这些措施实施后均未获得明显效果，说明经过调整后的支护参数仍然没有达到抑制围岩变形的要求。

通过对大寨岭隧道施工量测资料信息分析，隧道开挖后变形速率较大，开挖 5d 后的变形率大于 5mm/d 时，很难获得收敛的变形曲线，施工中再不采取措施必将引起围岩的失稳导致坍方。因此提出开挖 5d 后变形收敛速度应小于 5mm/d 作为引起施工注意的警戒值。作为施工单位除认真搞好监控量测和切实按设计要求和质量要求施工外，应将有关量测资料及时反馈给设计单位，作为设计的参考依据，合理地修正设计参数以达到安全合理施工。大寨岭隧道施工量测资料分析表明，二次衬砌的施作时间"水平收敛（拱脚附近）速度小于 0.2mm/d，或拱顶位移速度小于 0.15mm/d"的要求，很难满足。因此在施工中二次衬砌的施作时间可不受此条限制，应在围岩和初期支护基本稳定并具备下列条件时施作：

（1）隧道周边位移速率有明显的减缓趋势；

（2）施作二次衬砌前的收敛量已达总收敛量的 80％以上；

（3）初期支护表面没有再发展的明显裂缝。

根据现有量测数据分析，周边总收敛量的 80％大致定量指标为 IV 级围岩 40mm，V 级围岩 60mm，可作为参考标准，施工单位应认真做好量测和分析工作，对量测数据进行回归分析，以推算最终位移值和掌握不同地段的位移变化规律。土质隧道在开挖后的极短时间里变形很快，要求量测点的布设和初始读数尽可能早地进行，由于土质隧道不需要爆破，用机械和人工开挖，这就有可能在一次开挖循环之后即安装测点和测初始读数，时间可控制在 12h 或更短的时间内，这样能够较准确掌握围岩的全部变形过程及其规律。

7.6.2　京珠高速公路某双连拱隧道

京珠高速公路某双连拱隧道全长 200m，隧道最大开挖宽度 32.5m，最大开挖高度 10.89m（图 7-25），最大埋深 40m，洞口浅埋段埋深 3～10m。全隧道均处于断层挤压破碎带，地质条件差，属 IV、V 级围岩。主要为泥质砂岩夹页岩，岩石风化不均，常出现"夹层风化"现象，厚度不一。进口处及右侧露出部分灰岩，岩体呈灰黑色，其余地段均为全-强风化泥质砂岩夹页岩，浅灰黄色，岩体风化呈半岩半土状，风化裂隙十分发育（围岩力学参数见表 7-13）。隧道从两座山丘间的垭口处通过，一侧山势较高，另一侧山势较低，形成明显的自然偏压（地质情况见图7-26）。隧道采用三导洞超前开挖，施工工序繁多，施工过程中各工序结构内力转换直接影响隧道的稳定。为此，对隧道变形进行了全过程的现场监测，并及时反馈到设计施工中去，指导施工，并针对变形情况提出了相应的工程措施，确保了快速、优质、安全施工。

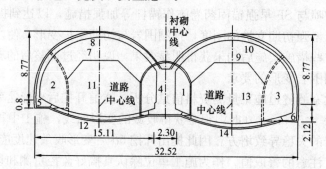

图7-25　结构断面及开挖顺序示意图

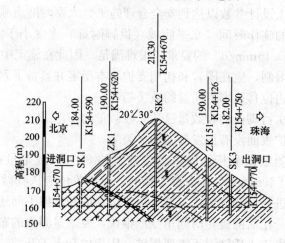

图7-26　隧道地质纵断面图

围岩力学参数   表7-13

围岩级别	E（10^3MP$_a$）	C（MP$_a$）	γ（kN·m^{-3}）	φ/（°）	υ
Ⅳ级	1.5	0.04	19.4	31	0.35
Ⅴ级	4.0	0.03	18.3	21	0.3

1. 变形监测分析

隧道进行信息化施工，及时反馈施工信息。主要进行的监测项目如下：①洞口段地表下沉；②洞内拱顶下沉监测；③洞内水平收敛监测。

下沉监测使用配以 FS 型测微器的 PSSZ2 自动安平水准仪及铟钢尺及钢挂尺进行，收敛监测采用 SD-1A 型数显式坑道收敛计进行。监测数据依据计算机绘制成曲线，进行分析整理。

（1）洞内变形监测分析

超前导洞变形监测分析。在导洞施工中，进行了结构拱顶与水平收敛的监测，沿导洞纵向每10m布置一个断面，每断面测点布置如图7-27。

各导洞拱顶下沉测点的纵向分布及处于相近位置的3个导洞拱顶下沉测点的时态曲线如图7-28和图7-29。对3个导洞的变形监测结果进行统计，详见表7-14。

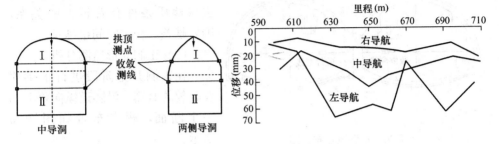

图 7-27 导洞测点布置示意图　　　图 7-28 导洞拱顶下沉纵向分布

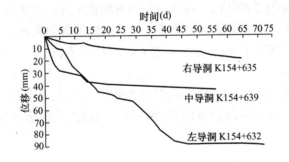

图 7-29 导洞拱顶下沉时态曲线

各导洞变形统计表　　　　　　　　　　表 7-14

位　　置	拱顶下沉（mm）		净空收敛（mm）			
			上　部		下　部	
	平均值	最大值	平均值	最大值	平均值	最大值
左导洞	44.97	66.22	65.04	131.77	27.18	50.13
中导洞	28.86	43.32	12.99	29.65	6.79	25.26
右导洞	14.14	50.05	29.34	64.05	7.65	12.45

根据统计结果及所绘制图形，可以看到：

1）各个洞室变形大小的关系如下式所示：$U_左 > U_中 > U_右$。原因是洞室变形的大小与所处的地质条件有着很大的关系。根据现场揭示的情况来看，从左到右各个洞室的地质状况依次变好，这与监测结果是吻合的。

2）各个洞室的变形：中导洞以拱顶下沉为主，而侧导洞由于其较为狭长的形状以收敛为主。洞室的变形特征与断面的形状有关系。另外，监测结果也表明，由于在三导洞的台阶法施工中，上台阶均未设临时仰拱，没有及时地进行封闭，造成上部的收敛要大于下部的收敛。

3）从变形的纵向分布来看，随着埋深的增加，变形值逐渐增大，说明隧道具有明显的浅埋特征，埋深的增加使荷载增大。

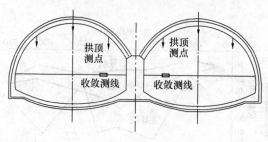

图 7-30   正洞测点布置图

4）隧道支护结构的稳定时间也与地质条件有着较大的关系，围岩越差，稳定时间也越长。

（2）正洞变形监测分析

在正洞开挖阶段进行了拱顶及收敛的监测，沿隧道纵向每 10m 一个断面，测点布置如图 7-30 所示。

在三导洞开挖完毕后，施作了中墙及左右边墙的二衬结构。在进行正洞开挖支护时，主要是进行拱部的初期支护，因此正洞的变形主要表现为拱顶下沉。从监测数据来看，左、右隧道正洞初期支护的拱顶下沉量在 10～20mm 左右，而收敛值较小，一般在 2mm 以下，并多数呈外扩趋势。

左、右线正洞初期支护拱顶下沉的监测统计结果见表 7-15。正洞拱顶下沉测点的纵向分布及处于相近位置的两个拱顶下沉测点的时态曲线分别见图 7-31 和图 7-32。

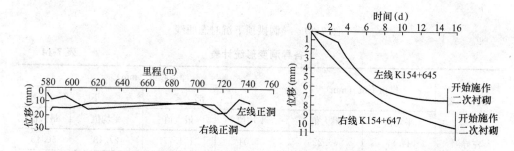

图 7-31   正洞初支拱顶下沉纵向分布示意图   图 7-32   正洞初支拱顶下沉时态曲线图

正洞初期支护拱顶下沉统计表   表 7-15

位 置	下沉平均值（mm）	下沉最大值（mm）
左线正洞	10.35	17.56
右线正洞	15.87	26.38

从表7-15及图7-30～图7-32可以看到如下特征：

1）由于设计要求二次衬砌要及时跟进施作并承担施工阶段70%的荷载，所以对初期支护的观测时间较短，变形尚未收敛就已经开始做二次衬砌，未释放的地层荷载势必对二次衬砌产生压力，促使二衬产生一定的变形。从现场监测结果看，结构二衬的变形均在20mm以下，呈整体性下沉。

2）从整个隧道测到的初期支护沉降量看，除了在两端洞口段由于右侧山势较高，右线隧道承受较大的荷载而沉降比左线大外，在洞身阶段左右线沉降比较一致。

（3）地表下沉监测分析

在隧道进口端上方地表埋设了一组地表横断面，测点布置如图7-33所示。测点最终沉降见表7-16。进口端地表测点横断面各阶段沉降曲线图如图7-34所示。

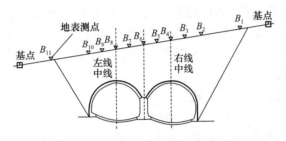

图7-33　地表测点布置图

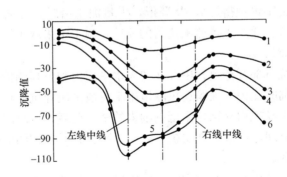

图7-34　横断面各点各阶段下沉趋势图

测点最终沉降表　　　　　　　　　　　　　表 7-16

测点	B1	B2	B3	B4	B5	B6	B7	B8	B9	B10	B11
s（mm）	−76.98	−51.49	−47.53	−82.14	−93.2	−96.45	−98.54	−105.87	−65.48	−41.86	−42.31

注：s为累计沉降值。

从图7-34中可看到

1）沉降初期，洞口上方地表的沉降基本上呈现一漏斗状曲线，由中心逐渐向两边扩散，沉降主要集中于隧道正上方，与 Peck 曲线的描述基本一致。

2）当中导坑通过横断面后，地表的沉降呈现出一般的规律，最大的沉降点位于中导坑正上方的测点，沉降值为 14.45mm。此时，下方的长管棚尚未施作。

3）长管棚施作过程中，这期间地表测点出现了一次较大的沉降，沉降主要集中于左、右隧道中线之间的土体，长管棚施作完毕后，随着洞室的开挖，上方地表仍发生了 40~60mm 的沉降，部分测点达到 80mm。其原因主要是受到钻孔洗孔时水的影响。下层土受到水的侵蚀，软化形成软弱面，从而导致上层土体向下层蠕动，形成地层沉降。

4）由曲线 3、4 可看到，左、右导坑的施工对上方地表的影响基本一致，各测点的下沉量增加了 10mm 左右，约占总下沉量的 12%，左、右导坑的断面相对较小，但由于时值雨期施工，雨水及右导坑爆破振动的影响时使地表产生沉降的主要因素。

5）正洞的开挖引起地表出现第二次较大的沉降，洞室大面积的开挖打破了原来的应力场，表现为较大地表下沉。各测点下沉约 30mm 左右，占总下沉量的 35%。由曲线 5 可知，沉降主要集中于左、右洞之间的土体，其受到两侧洞室开挖的双重影响。

2. 抑制过大变形的工程措施

隧道在施工过程中，中导洞及侧洞均发生了过大变形，引起初支结构破坏。特别是中导洞，表现为初期喷混凝土支护表面出现较大的纵向和环向裂缝，局部裂缝超过 3cm，并伴有较大的错台。施工中架设的横支撑弯曲，钢拱架严重变形，局部地方的工字钢被挤压成“S”形，大量泥土沿纵、环向裂隙被挤出，中柱顶部钢筋被压弯。通过现场监测资料的反馈，施工中采取了以下措施，达到了抑制过大变形的效果：

（1）针对导坑下部开挖过程中存在较大水平应力和位移的情况，加强了边墙初期支护及内壁临时支护。大跨连拱隧道施工一般采用导坑先行的减跨原则，在很长一段时间是靠导坑初支结构来抵制围岩的全部荷载，从时间效应来看，它所单独承受荷载的时间比拱墙初期支护还要长，况且临时支护的失稳将会增加正洞整个结构附加荷载。

（2）右导坑的开挖对已经施作完毕的中导坑产生较大影响，中导坑的回填必须及时，且结构中柱的基础必须处理好。保证中柱稳定是建成连拱隧道的前提和基础。本隧道施工中将中柱和中导坑之间的空间用夯实黏土和混凝土回填，抵制了中柱左右位移，避免了正线隧道发生倾斜。必要时可采取灰土桩、挤密桩、树根桩或注浆加固等措施对中柱基础进行改良处理，提高地基承载力，达到均衡荷载的目的。

（3）及时施作仰拱，封闭支护结构是改善结构受力、抑制隧道变形的有效途径。仰拱及时封闭是隧道施工安全的保证，大跨隧道仰拱及时封闭更为重要。监测资料表明，在施工完成二次衬砌到仰拱封闭前，下沉量较大，仰拱封闭后达到基本稳定。仰拱施工前，隧道始终为两开口的环，结构靠边墙和中柱，承载面积小，抗倾覆、抗压、抗弯均不理想，整体受力极其不利。

（4）控制台阶长度在 6m 以内，拱部二衬紧跟，仰拱的施作必须紧跟隧道下部的开挖。

（5）二衬在各施工阶段，不仅是作为安全储备，而且是极为重要的承载结构。由于开挖跨度大，结构扁平，开挖时产生较大的位移，应及早施作二次衬砌，最大限度地抑制过大的变位。

（6）强调锚杆的作用。本隧道采用万通 WTD25 锚杆，其形式为中空锚杆的一种，它能够依靠注浆压力，使锚固体与锚杆孔紧密接触，使锚固砂浆密实、饱满，从而增大锚固力。注浆锚杆在施工中必须解决好排气问题，并在浆液中加入膨胀剂、早强剂，以提高其功效。

思 考 题

1. 为什么要进行地下工程监控？
2. 隧道现场监控量测的内容主要有哪些？
3. 何谓围岩？如何测试围岩应力？
4. 何谓接触应力？如何量测接触应力？
5. 测力计可分为哪些类型？
6. 何谓"收敛"？工程中常用的"收敛"测试手段有哪些？
7. 何谓信息化施工方法？

第8章 边坡工程监测

8.1 概　述

边坡按其成因可分为自然边坡和人工边坡，按岩土体性质可分为岩质边坡和土质边坡。自然边坡是地表岩体在漫长的地质年代中经河流的冲蚀、切割以及风化、卸荷等作用形成的。人工边坡是由工程活动进行的挖方、填方所形成的边坡，相对于自然边坡，其坡面几何形状较规整，坡面暴露时间短，岩土体较为新鲜，边坡的稳定性经过计算设计。综合而言，边坡岩土体力学性质的变化、地下水的作用、气象条件的改变、所受荷载的改变以及地震作用等是影响边坡稳定的主要因素。我国国土面积的 70% 为山地，是一个山地灾害频发的国家。随着我国经济建设规模的迅猛发展，各种土木工程和采矿工业方兴未艾，在许多工程建设中形成一些临时或永久的工程边坡。由于边坡岩土体性质的复杂性，岩土体地质分布的不均匀性，岩土体性质受施工过程、外部环境、大气因素的影响，以及边坡的不合理设计，人工边坡在施工过程中或形成后失稳仍时有发生。大多数的山地灾害和人工边坡的工程事故以滑坡为主要的表现形式，因滑坡造成的经济损失巨大，还造成自然环境的破坏，人民生命财产的损失和工程损坏。1981 年雨期，宝成铁路宝鸡至广元段共发生滑坡 289 处，使该路段 37 个区间断道 32 次，中断行车 2 个月，抢建工程费达 2.56 亿元。1989 年漫湾水电站左岸开挖时发生 10.6 万 m³ 的滑坡，使工期推迟一年，被迫移走一台机组，增加了相应 50 万 t 抗滑力的加固工程。

如何有效地预防和减轻自然边坡滑坡灾害和人工边坡事故一直是岩土工程师的重大任务，但至今仍难以找到准确评价的理论和方法。比较有效的处理方法是理论分析、专家群体经验知识和监测控制系统相结合的综合集成的理论和方法。因此，边坡监测是研究边坡工程的重要手段之一。边坡工程的监测是一个复杂的系统工程，它不仅仅取决于监测手段的高低和优劣，更决定于监测人员对岩（土）体介质的了解程度和工程情况的掌握程度。

本章就边坡工程监测的目的、边坡工程监测的方法和内容、仪器，边坡工程监测设计、监测工程实例等方面对边坡监测的有关内容加以介绍。

8.2　边坡工程监测目的和任务

8.2.1　边坡工程监测的目的和任务

边坡工程的监测目的在于获取边坡变形与力学性质的真实信息，以判断边坡变形的趋势和进行边坡稳定性预测预报，稳定性预测预报的资料主要来源于边坡的变形监测以及地下水化学场及其物理性质的动态特征信息。

边坡工程监测除了及时掌握边坡的工作形态，对其安全、稳定性作出预测预报外，还有多方面的必要性。美国垦务局认为，使用观测仪器和设备对工程进行长期和系统的监测，是诊断、预测、法律和研究等四方面的需要。

边坡工程的监测是一个复杂的系统工程，它不仅仅取决于监测手段的高低和优劣，而更决定于监测技术人员对岩土体介质的了解程度和工程情况的掌握程度。因而进行边坡工程的监测时，首先应对该地区的工程地质背景作充分了解，并选择相应的方法和手段。

边坡工程监测的目的必须根据工程条件明确地确定。根据边坡岩土体的性质、状态和施工、设计的要求侧重点各有不同。一般情况下，边坡工程监测目的包括：

(1) 监测最基本和最重要的目的是提供所需要的资料，用于评价各种不利情况下边坡的工作性能，以及在施工期、运行期对工程安全进行评估。即由监测工作所取得的信息来分析判断边坡的变形趋势和进行稳定性预测预报。监测作为预报信息获取的有效手段，对已经或正在滑动的边坡掌握其演变过程，及时捕捉崩滑灾害的特征信息，为边坡的位移、变形发展趋势提供可靠的资料和信息，制定相对应的防灾救灾对策，尽量避免和减轻工程人员的损失。如 1985 年 6 月 12 日在长江西陵峡上段兵书宝剑峡出口的新滩镇，发生总方量 0.2 亿 m^3，高度达 800m 的滑坡，经成功的监测预报，1371 人在滑坡前数小时安全撤离，减少直接经济损失 8700 万元；1986 年 7 月 16 日湖北省秭归县马家坝滑坡，捕捉滑动前兆后报警，使 924 人幸免于难。

(2) 进行工程的修改设计或反馈设计，在勘测、设计和施工阶段即对边坡工程进行监测，采集资料和数据，及时反馈到设计中，指导和改进设计，即所谓动态设计与施工。利用监测资料数据，可以跟踪和控制施工进程，对原有的设计和施工组织的改进提供最直接的依据，合理采用和调整有关施工工艺和步骤，做到信息化施工和取得最佳经济效益。对已发生滑坡和加固处理后的滑坡，监测结果也是检验崩塌、滑坡分析评价及滑坡治理工程效果的尺度，可以对实际监测数据建立相关的计算模型，进行有关反分析计算。最初的做法是在建（构）筑物运行后采集各项观测数据，进行统计分析，并与设计比较，研究其差异和原因，必要时对工程进行加固和改进，一般只能起总结经验和改进以后工作的作用。我国过去在前期工作和施工期进行监测的项目很少，难以起反馈作用。

（3）改进分析技术。工程技术一般需要根据岩土、材料特性和结构性能的假设来进行严密而复杂的力学分析。监测提供的资料及各种因素对工程运行性能影响的评价，将有助于减少假设中的不确定因素，可以进一步完善和改进分析技术及工程试验，使未来的各种设计参数的选择更趋于经济合理。

（4）提高对边坡工程性能受各种参数影响的认识。对可能危害岩土工程安全的早期或发展中险情作出预先警报，在设计、施工中采取预防和补救措施。

目前对边坡稳定性及变形的理论分析方法尚不成熟，由于岩土体性质的复杂性，使得边坡滑动的预测预报尚难以从理论上解决。国内外一些成功的预测预报滑坡灾害事故的实例都是基于对滑坡的发展演化过程的，自始至终长期、全面的监测。边坡的监测受到诸如地形地貌、地质条件、工程施工情况、边坡的稳定性程度、监测经费、监测目的等众多因素的制约。人工开挖边坡在开挖过程及运行期间，对边坡体进行有效观测与监测，掌握岩土体变形特性，分析、判断岩土体的变形趋势和边坡的稳定性，对指导边坡的开挖动态设计与施工，保证边坡施工和运行期的安全都是十分重要。

8.2.2　边坡工程监测的特点

边坡工程按岩土介质可分为土质边坡与岩质边坡两大类。对于不同的工程，由于场区范围较大，岩土介质的复杂性和特殊性，地质构造和地应力分布也不相同。边坡工程的监测具有以下特点：

（1）岩土体介质的复杂性。对于某一具体工程而言，整个监测区域范围较大，其应力分布不均，很难形成统一的理论模型，所获得的监测参数之间往往有一些矛盾，因而监测人员不仅仅是简单地采集数据，更为重要的是需要判断和对所取得的数据加以处理后进行整体分析。

（2）监测的内容相对较多，主要有地面变形监测和地下变形监测，物理参数如应力等监测，环境因素如地下水、天气、地震因素的监测。监测的工作量大，工种复杂，对于监测人员而言，必须是多面手，对于不同的工作都能胜任。

（3）监测的周期较长，一般不少于 2 年或更长时间，有时需贯穿于整个工程建设过程中，即在工程的可行性研究阶段开始，在建设施工过程和工程运行期间始终进行，对于监测人员和设备的要求一定要有连续性，提供的监测数据及报表格式需统一。

8.2.3　边坡工程监测的内容

边坡工程监测内容的选取应根据边坡所处的状态有所侧重，从边坡变形的角度，边坡的状态可分为初始蠕变、稳定蠕变和加速蠕变三个阶段。

（1）初始蠕变阶段。变形速率小，变形趋势不明显，一般在该阶段不一定有发生破坏的征兆，监测系统的设计要求测试精度较高，侧重于长期监测。

（2）稳定蠕变阶段。边坡变形发展加快，有时变形宏观可见，坡面或坡顶可能出现拉张裂缝，坡脚也有可能出现剪切裂缝。此阶段位移量开始增大，监测系统设计要求测试敏感部位，量程和精度均要考虑。

（3）加速蠕变阶段。边坡变形速率大，变形趋势明显，监测系统设计对监测仪器的精度要求可适当降低，侧重于短期临滑监测。

根据边坡所处于的状态，边坡的监测内容可以包含以下几种：

（1）变形监测：边坡或滑坡的失稳通常都会发生较大的变形，变形监测又分为岩土体地面变形监测和地下变形监测。通过对边坡表面和地下的位移监测，可以及时确定边坡变形的范围、破坏的可能性、破坏的方式、滑动面形态和位置、滑动方向等，对边坡稳定性的判断、边坡地质灾害的防灾救灾对策的制定具有重要价值。

（2）应力监测：包括边坡岩土体的地应力和应力变化，监测自然边坡的滑动，人工边坡的开挖施工，爆破引起边坡应力的变化，围岩应力的改变等。许多自然边坡和人工边坡为了维持边坡的稳定性，相应设计了抗滑桩、锚杆等支挡结构物。边坡工程监测设计也必须包括对这些结构物的变形和内力的监测。

（3）水及环境条件的监测：自然边坡的滑坡多出现在雨期或河流水位骤涨剧降时，水是诱发滑坡的最主要原因。人工边坡由于开挖改变了岩土体内原有的渗流场，一般会采取一些工程措施如地表截水、排水和山体排水等以降低岩土体的水压力。应对地下水位的变化和排水设施的排水量进行监测。

环境条件的监测包括降雨量、降雨强度、温度、湿度、地震、风力、冰冻、气压的监测，通过这些监测资料，可以全面地分析边坡状态受各种因素的影响程度。

8.3　边坡工程监测的方法和仪器

8.3.1　边坡监测方法

边坡工程监测可以采用简易观测法、设站观测法、仪表观测法和远程观测法，对边坡的变形机理、地质灾害防治和治理加固处理的反馈以及对工程的影响等获取信息，通过监测资料的分析得到边坡变形的各种特征信息，分析其动态变化规律，进而预测边坡工程可能发生的破坏，为防灾、减灾提供依据。

1. 简易观测法

该方法是通过人工观测边坡工程中地表裂缝、地面鼓胀、沉降、坍塌、建筑物变形特征（发生、发展的位置、规模、形态、时间等）及地下水位变化、地温变化等现象，也可在边坡体关键裂缝处埋设骑缝式简易观测桩；在建（构）筑物（如房屋、挡土墙、浆砌块石沟等）裂缝上设简易玻璃条、水泥砂浆片、贴纸片；在岩石、陡壁面裂缝处用红油漆画线作观测标记；在陡坎（壁）软弱夹层出露处设简易观测标桩等，定期用各种长度量具测量裂缝长度、宽度、深度变化及裂缝形态、开裂延伸的方向。如图 8-1 所示为一些简易观测装置。

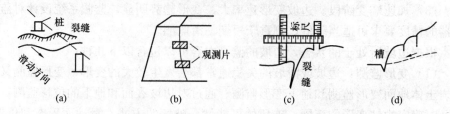

图 8-1   简易观测装置

(a) 设桩观测；(b) 设片观测；(c) 设尺观测；(d) 刻槽观测

该方法对于发生病害的边坡如滑坡等进行观测较为适合，对崩塌、滑坡的宏观变形迹象和与其有关的各种异常现象进行定期的观测、记录，从宏观上掌握崩塌、滑坡的变形动态及发展趋势。它也可以结合仪器监测资料综合分析，初步判定崩滑体所处的变形阶段及中短期滑动趋势，即使是采用先进的仪表观测方法监测边坡体的变形，该方法仍然是直接的、行之有效的观测方法。

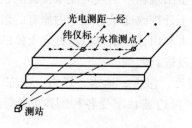

图 8-2   水准站点布置图

2. 设站观测法

该方法是在充分了解工程场区的工程地质背景基础上，在边坡体上设立变形观测点（成线状、格网状等），在变形区影响范围之外稳定地点设置固定观测站，用测量仪器（经纬仪、水准仪、测距仪、摄影仪及全站型电子速测仪、GPS 接收机等）定期监测变形区内网点的三维（X、Y、Z）位移变化的一种行之有效的监测方法。此法主要泛指大地测量、近景摄影测量及 GPS 测量与全站式电子测速仪等设站观测边坡地表的三维位移方法。如图 8-2 所示为某水准站点布置图。

（1）大地测量法

常用的大地测量法主要有两方向（或三方向）前方交会法、双边距离交会法、视准线法、小角法、测距法、几何水准测量法以及精密三角高程测量法等，常用前方交会法、距离交会法监测边坡变形的二维（X、Y 方向）水平位移；用视准线法、小角法、测距法观测边坡的水平单向位移；用几何水准测量法、精密三角高程测量法观测边坡的垂直（Z 方向）位移，利用高精度光学和光电测量仪器如精密水准仪、全站仪等仪器，通过测角、测距来完成。

大地测量法有三个突出的优点：

①　能确定边坡地表变形范围。在监测的初期，监测的重点部位往往难以确定，甚至事与愿违，埋设了监测仪器的地方无变形，没有埋设仪器的地方反而不稳定。因此，对于地面变形的监测，确定变形的范围是当务之急，往往采用大地测量方法方可奏效。边坡变形范围确定不准或失误，往往给工程带来不可估量的损失。意大利瓦伊昂滑坡事件，即是一个沉痛教训。该水库坝高 267m，为当时世界上最高的双曲拱坝，1960 年建成。同年 11 月，水库蓄水到一半后，库区左岸发生 $69 \times 10^4 \text{m}^3$ 的滑坡；1963 年 10 月 9 日，蓄水后库区左岸又产生长约 2km、宽 1.6km、高 150m 的大范围巨型滑坡。滑体以高达 $25 \sim 30 \text{m/s}$ 的速度沿层面下滑，约 $2.4 \times 10^8 \text{m}^3$ 土石迅速淤满水库，掀起 250 余米高的涌浪，库水渲泄而下，摧毁下游 3km 处的隆加罗（Longarone）镇，造成 2400 多人死亡。之所以损失惨重，其中一个重要原因是没有估计到会产生这样大的滑坡范围，如果采用大地测量方法则可观测、察觉到这个问题。因为大地测量方法不仅可以对重点部位进行定点变形监测，而且监控面积大，可以有效地监测确定边坡变形状态。

②　量程不受限制。采用仪表观测法埋设的仪器都会受量程限制，当变形量较大，超过仪器的量程时，仪器不能继续使用，使得监测中断。大地测量方法不受量程的限制，因为大地测量法是设站观测，仪器量程能满足边坡变形监测，可以观测到边坡变形演变的全过程。

③能观测到边坡体的绝对位移量。采用仪表观测法，埋设仪器所获取的观测数据是每种仪器各自独立（互相之间没有联系）和相对的，缺乏整体概念，给评价滑坡的安全度造成困难。大地测量方法是以变形区外稳定的测站为基准（或参照物）进行观测，能够直观测定边坡地表的绝对位移量，掌握整体变形状态，为评估边坡的稳定性提供可靠依据。

正因为大地测量方法有上述的优点，故在边坡的地表监测中占有主导地位，受到监测人员的高度重视。大地测量法技术成熟，精度较高，监控面广，成果资料可靠，便于灵活地设站观测等，但它也受到地形通视条件限制和气象条件（如风、雨、雾、雪等）的影响，工作量大，周期长，连续观测能力较差。

（2）GPS（全球定位系统）测量法

其基本原理是用 GPS 卫星发送的导航定位信号进行空间后方交会测量，确定地面待测点的三维坐标。GPS 可全天候作业，不受通视条件的限制，在大型边坡工程如库区边、岸等的变形监测中有着广泛的应用前景。

将 GPS 用于边坡工程监测有以下优点：①观测点之间无需通视，选点方便；②观测不受天气条件限制，可以进行全天候观测；③观测点的三维坐标可以同测定，对于运动的观测点还能精确测出它的速度；④在测程大于 10km 时，其相对精度可达到 $5 \times 10^{-6} \sim 1 \times 10^{-6}$，甚至能达到 10^{-7}，优于精密光电测距仪。此法适用于边坡体地表的三维位移监测，特别是适合处于地形条件复杂、起伏大或建筑物密集、通视条件差的边坡监测。

另外，根据《建筑边坡工程技术规范》GB 50330—2013 规定，地表位移监测可采用 GPS 法和大地测量法，可辅以电子水准仪进行水准测量。在通视条件较差的环境下，采用 GPS 监测为主；在通视条件较好的情况下则采用大地测量法。边坡变形监测与测量精度应符合现行国家标准《工程测量规范》GB 50026 的有关规定。

目前，我国已在长江三峡工程坝区建立了 GPS 监测网，并将 GPS 技术应用于新滩链子崖崩塌、滑坡的变形监测和铜川市川口滑坡治理效果的监测。实践证实，GPS 定位精度可达毫米级，完全可用于边坡工程的位移监测。

（3）近景摄影测量法

这是把近景摄影仪安置在两个不同位置的固定测点上，同时对边坡范围内观测点摄影构成立体像对，利用立体坐标仪量测像片上各观测点三维坐标的一种方法。摄影（周期性重复摄影）方便，外业省时省力，可以同时测定许多观测点在某一瞬间的空间位置，所获得的像片资料是边坡地表变化的实况记录，可随时进行比较。目前，采用近景（一般指 100m 以内的摄影距离）摄影方法进行滑坡变形测量时，在观测的绝对精度方面还不及某些传统的测量方法，而对于边坡滑坡监测中，可以满足崩滑体处于加速蠕变、剧变阶段的监测要求，即适合于危岩临空陡壁裂缝变化（如链子崖陡壁裂缝）或滑坡地表位移量变化速率较大时的监测。

3. 仪表观测法

用精密仪器仪表对边坡进行地面及地下的位移、倾斜（沉降）动态，裂缝相对张、闭、沉、错变化及地声、结构的应力应变等物理参数与环境影响因素等内容进行监测。按所采用的仪表可分为机械仪表观测法（简称机测法）和电子仪表观测法（简称电测法）两类。其共性是监测的内容丰富，精度高（灵敏度高），测程可调，仪器便于携带。可以避免恶劣环境对测试仪表的损害，观测成果资料直观、可靠度高，适用于边坡变形的中、长期监测。

电测法往往采用二次仪表观测，将电子元件制作的传感器（探头）埋设于边坡变形部位，通过电子仪表（如频率计之类）测读，将电信号转换成测读数据的方法。该方法技术比较先进，原理、结构比机测仪表复杂，监测内容比机测法丰富，仪表灵敏度高，也可进行遥测，适用于边坡变形的短期或中期监测。

就适用条件而言，电子仪表对使用环境要求相对较高，电子仪表往往不适应在潮湿、地下水浸湿、酸性及有害气体的恶劣环境条件下工作。观测的成果资料不及机测可靠度高，其主要原因：一是传感器长期置于野外恶劣环境中工作，防潮、防锈问题不能完全解决；二是测试仪表电子元件易老化，长期稳定性差，携带防震性差。因此，在选用电测仪表时，一定要具有防风、防雨、防腐蚀、防潮、防震、防雷电干扰等性能，并与监测的环境相适应，以保障仪器仪表的长期稳定性及监测成果资料的可靠度。

一般而言，精度高、测程短的仪表适用于变形量小的边坡变形监测；精度相对低，测程范围大，量测范围可调的仪表适用于边坡变形处于加速变形或临崩、临滑状态时的监测。为增加可靠性、直观性，将机测与电测相结合使用，互相补充、校核，效果最佳。

4. 远程自动化监测法

伴随着电子技术及计算机技术的发展，各种先进的自动遥控监测系统相继问世，为边坡工程特别是崩塌、滑坡的自动化连续遥测创造了有利条件。电子仪表观测的内容，基本上能实现连续观测、自动采集、存储、打印和显示观测数据。远距离无线传输是该方法最基本的特点，由于其自动化程度高，可全天候连续观测，故省时、省力、安全，是当前和今后一个时期滑坡监测发展的方向。仪器设备的可靠性和长期稳定性是远程自动化系统成败的关键。目前，远程自动化监测设计主要针对人工边坡实施，自然边坡由于仪器设备必须长期在恶劣的野外环境工作（如雨、风、地下水侵蚀、锈蚀、雷电干扰、瞬时高压等）以及人为毁坏等影响因素，其可靠度和稳定性尚难如人意。

针对边坡的类型较多，其特征各异，变形机理和所处的变形阶段不同，监测的技术方法也不尽相同。对于边坡监测又可根据监测内容按所取得的参数分为：（1）地面位移监测和地下位移监测，它包括边坡地表及地下变形的二维（X、Y二方向）或三维（X、Y、Z三方向）位移、倾斜变化监测；（2）有关物理参数，如应变、应力、地声变化的监测；（3）环境因素，如地震、降雨量、气温、地表（下）水（水质、水温、泉流量、孔隙水压力、库水位）等的监测。现将主要的内容列于表8-1。

边坡监测方法一览表   表8-1

监测内容	主要监测方法	主要监测仪器	监测方法的特点	适用性评价
地面变形	大地测量法（三角交会法、几何水准法、小角法、测距法、视准线法）	经纬仪水准仪测距仪	投入快、精度高、监测范围大、直观、安全、便于确定滑坡位移方向及变形速率	适应于不同变形阶段的位移监测；受地形通视和气候条件影响，不能连续观测
		全站式速测仪、电子经纬仪等	精度高、速度快，自动化程度高，易操作，省人力，可跟踪自动连续观测，监测信息量大	适应于变形阶段的位移监测；受地形通视条件的限制；适应于变形速率较大的滑坡水平位移及危岩陡壁裂缝变化监测；受气候条件影响较大

续表

监测内容	主要监测方法	主要监测仪器	监测方法的特点	适用性评价
地面变形	近景摄影法	陆摄经纬仪等	监测信息量大、省人力、投入快、安全，但精度相对低	适应于变形速率较大的边坡水平位移及危岩陡壁裂缝变化监测；受气候条件影响较大
	GPS法	GPS接收机	精度高，投入快，易操作，可全天候观测，不受地形通视条件限制；发展前景可观	适应于边坡体不同变形阶段地表三维位移监测
	测缝法（人工测缝法、自记测缝法）	钢卷尺、游标卡尺、裂缝量测仪、收缩自记仪、测缝仪、位移计等	人工、自记测缝法投入快，精度高，测程可调，方法简易直观，资料可靠；遥测法自动化程度高，可全天候观测，安全、速度快，省人力，可自动采集、存储、打印和显示观测值，资料需要用其他监测方法校核后使用	人工、自记测缝法适应于裂缝量测岩土体张开、闭合、位错、升降变化的情况
地下变形	测斜法（钻孔测斜法、竖井）	钻孔倾斜仪、井壁位移计、位错计等	精度高，效果好，可远距离测试，易保护，受外界因素干扰少，资料可靠；但测程有限，成本较高，投入慢	主要适应于边坡体变形初期，在钻孔、竖井内测定边坡体内不同深度的变形特征及滑带位置
	测缝法（竖井）	多点位移计、井壁位移计、位错计等	精度较高，易保护，投入慢，成本高；仪器、传感器易受地下浸湿、锈蚀	一般用于监测竖井内多层堆积之间的相对位移。主要适应于初始蠕变变形阶段，即小变形、低速率，观测时间相对短的监测
	重锤法	重锤、极坐标盘、坐标仪、水平位错计等	精度高，易保护，机测直观、可靠；电测方便，量测仪器便于携带；但受潮湿、强酸、碱锈蚀等影响	适应于上部危岩相对下部稳定岩体的下沉变化及软层或裂缝垂直向收敛变化的监测
	沉降法			
	测缝法（硐室）			适应于危岩裂缝的三向位移（X、Y、Z三方向）监测和危岩界面裂缝沿硐轴方向位移的监测
应变	应变量测法	管式应变计、多点位移计、滑动测微计	精度高，易保护，测读直观、可靠；使用方便，量测仪器便于携带	主要适宜测定边坡不同深度的位移量和滑面（带）位置
地声	地音量测法	声发声仪地探测仪	可连续观测，监测信息丰富，灵敏度高，省人力；测定的岩石微破裂声发射信号比位移信息超前3～7日	适宜于岩质边坡变形的监测及危岩加固跟踪安全监测，为预报岩石的破坏提供依据

监测内容	主要监测方法	主要监测仪器	监测方法的特点	适用性评价
水文	观测地下水位	水位自动记录仪	精度高，可连续观测，直观、可靠	适应于坡体不同变形阶段的监测，其成果可作基础资料使用
	观测孔隙水压	孔隙水压计钻孔深压计		
	测泉流量	三角堰、量杯等		
	测河水位	水位标尺等		
环境因素	测降雨量	雨量计、雨量报警器	精度高，可连续观测，直观、可靠	适应于不同类型边坡及其不同变形阶段的监测，为边坡工程的稳定性分析评价提供基础资料
	测地温	温度记录仪等		
	地震监测	地震检测仪		

8.3.2 监测仪器元件

1. 监测仪器和元件的选择

边坡监测中，根据不同的工程场地和监测内容，监测仪器和元件的选择应从仪器的技术性能、仪器埋设条件、仪器测读的方式和仪器的经济性四个方面加以考虑。其原则如下：

（1）仪器技术性能的要求

1）仪器的可靠性：仪器选择中最主要的要求是仪器的可靠性。仪器固有的可靠性是最简易、在安装的环境中最持久、对所在的条件敏感性最小、并能保持良好的运行性能。为考虑测试成果的可靠程度，一般认为，用简单的物理定律作为测量原理的仪器，即光学仪器和机械仪器，其测量结果要比电子仪器可靠，受环境影响较少。对于具体边坡工程，在满足精度要求下，选用设备应以光学、机械和电子为先后顺序，优先考虑使用光学及机械式设备，提高测试可靠程度；这也是为了避免无法克服的环境因素对电子设备的影响。所以在监测时，应尽可能选择简单测量方法的仪器。

2）仪器使用寿命：边坡监测一般是较为长期、连续进行的，要求各种仪器能从工程建设开始，直到使用期内都能正常工作。对于埋设后不能置换的仪器，仪器的工作寿命应与工程使用年限相当，对于重大工程，应考虑某些不可预见因素，仪器的工作寿命应超过使用年限。

3）仪器的坚固性和可维护性：仪器选型时，应考虑其耐久和坚固，仪器从现场组装率定直至安装运行，应不易损坏，对各种复杂环境条件下均可正常运转工作。为了保证监测工作的有效和持续，仪器选择应优先考虑比较容易率定、修复或置换的仪器，以弥补和减少由于仪器出现故障给监测工作带来的损失，这点对于电子设备更为重要。

4) 仪器的精度：精度应满足监测数据的要求，选用具有足够精度的仪器是监测的必要条件。如果选用的仪器精度不足，可能使监测成果失真，甚至导致错误的结论。过高的精度也不可取，实际上它不会提供更多的信息，只会给监测工作增加麻烦和费用预算。

5) 灵敏度和量程：灵敏度和量程是互相制约的。一般对于量程大的仪器其灵敏度较低。反之，灵敏度高的仪器其量程则较小。因此，仪器选型时应对仪器的量程和灵敏度统一考虑。首先满足量程要求，一般在监测变化较大的部位，宜采用量程较高的的仪器；反之，宜采用灵敏度较高的仪器；对于岩土体变形很难估计的工程情况，既要高灵敏度又要有大量程的要求，保证测量的灵敏度又能使测量范围可根据需要加以调整。

（2）仪器埋设条件的要求

1) 仪器选型时，应考虑其埋设条件。对用于同一监测目的的仪器，在其性能相同或出入不大时，应选择在现场易于埋设的仪器设备。以保证埋设质量，节约劳力，提高工效。

2) 当施工要求和埋设条件不同时，应选择不同仪器。以钻孔位移计为例，固定在孔内的锚头有：楔入式、涨壳式（机械的与液压的）、压缩木式和灌浆式。楔入式与涨壳式锚头，具有埋设简单、生效快和对施工干扰小等优点，在施工阶段和在比较坚硬完整的岩体中进行监测，宜选用这种锚头。压缩木式锚头具有埋设操作简便和经济的优点，但只有在地下水比较丰富或很潮湿的地段才选用。灌浆式锚头最为可靠，完整及破碎岩石条件均可使用，永久性的原位监测常选用这种锚头。但灌浆式锚头的埋设操作比较复杂，且浆液固化需要时间，不能立即生效，对施工干扰大，不适合施工过程中的监测。

（3）仪器测读方式的要求

1) 测读方式也是仪器选型中需要考虑的一个因素。边坡岩土体的监测，往往是多个监测项目子系统所组成的统一的监测系统。有些项目的监测仪器布设较多，每次测量的工作量很大，野外任务十分艰巨。因此，在实际工作中，为提高一个工程的测读工作效率与加快数据处理进度，选择操作简便易行、快速有效和测读方法尽可能一致的仪器设备是十分必要的。有些工程的测点，人员到达受到限制，在该种情况下可采用能够远距离观测的仪器。

2) 对于能与其他监测网联网的边坡监测，如水库大坝坝基边坡监测时，坝基与大坝监测系统可联网监测，仪器选型时应根据监测系统统一的测读方式选择仪器，以便于数据通信、数据共享和形成统一的数据库。

（4）仪器选择的经济性要求

1）在选择仪器时，进行经济比较，在保证技术使用要求时，使仪器购置、损耗及其埋设费用最为经济，同时，在运用中能达到预期效果。仪器的可靠性是保证实现监测工作预期目的的必要条件，但提高仪器的可靠性，要增加很多的辅助费用。另外，选用具有足够精度的仪器，是保证监测工作质量的前提。但过高的精度，实际上不会提供更多的信息，还会导致费用的增加。

2）在我国岩土工程测试仪器的研制已有很大发展。近年来研制的大量国产监测仪器，已在边坡工程的监测中大量采用，实践证明，这些仪器性能稳定可靠且价格低廉，如我国研制的伺服加速度计式测斜仪其性能已接近国际水平。

2. 边坡工程监测仪器的质量标准

监测仪器应考虑的主要技术性能及其质量标准主要有可靠性和稳定性、准确度和精度、灵敏度和分辨力。

（1）可靠性和稳定性

可靠性和稳定性是指仪器在设计规定的运行条件和运行时间内，检测元件、转换装置和测读仪器、仪表保持原有技术性能的程度。要求用于边坡监测的仪器，应能经受时间和环境的考验，仪器的可靠性和稳定性对监测成果的影响应在设计所规定的范围内。仪器由于温度、湿度等因素影响引起的零漂，应限制在仪器设计所规定的限度内，仪器允许使用的温度、湿度范围越大，其适应性越好。

（2）准确度和精度

准确度是指测量结果与真值偏离的程度，系统误差的大小是准确度的标志。系统误差越小，测量结果越准确。精度是指在相同条件下测量同一个量所得结果重复一致的程度。由偶然因素影响所引起的随机误差大小是精度的标志，随机误差越小，精度越高。

（3）灵敏度和分辨力

对传感器而言，灵敏度是输入量（被测信号）与输出量的比值。具有线性特性的传感器灵敏度为常数，当用相等的被测量输入两个传感器时，灵敏度高的传感器的输出量高于灵敏度低的传感器。对于接收仪器来说，当同一个微弱输入量，灵敏度高的接收仪器读数值比灵敏度低的仪器读数值大。

分辨力对传感器来说是灵敏度的倒数，灵敏度越高，分辨力越强，传感器检测出的输入量变化越小。对机测仪器（如百分表、千分表等），其分辨力以表尺面的最小刻度表示。

3. 边坡工程监测仪器简介

随着科学技术的不断进步和对外交流的加强，近年来，监测仪器发展较快，监测仪器不断向精度高、性能佳、适应范围广、监测内容丰富、自动化程度高的方向发展。近年来，随着电子摄像激光技术及计算机技术的发展，各种先进的高精度的电子经纬仪、激光测距仪、GPS接收机等相继问世，为边坡工程的监测提供了极其有效的新手段。目前，监测仪器的类型，一般分为位移监测、地下倾斜监测、地下应力及支护结构应力测试和环境监测四大类。

（1）位移监测

位移监测是指利用经纬仪、水准仪、电子测距仪或激光准直仪，根据起测基点的高程和位置来测量边坡表面标点、视标处高程和位置的变化，详细方法可参阅第 6 章基坑工程监测相应内容。还可在边坡的表面或内部安装、埋设仪器来观测位移。常用的仪器有：

1）位移计，主要有差动电阻式土位移计、钢弦式位移计、引张线式水平位移计、滑线电阻式土位移计、钻孔位移计、三向位移计等。

① 差动电阻式土位移计可以长期测量土体间相对位移的观测仪器。在外界提供电源时，输出电阻比变化量与位移变化量成正比，输出的电阻值变化量与温度变化量成正比。土位移计由变位敏感元件、密封壳体、万向铰接件和引出电缆等组成，如图 8-3 所示。

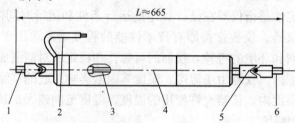

图 8-3　差动电阻式土位移计
1—螺栓连接头；2—引出电缆；3—变形敏感元件；
4—密封壳体；5—万向铰接件；6—柱销连接头

工作原理：由于被测位移量的作用，使差动电阻式变位敏感元件的两组电阻钢丝产生差动变化，引起电阻比变化。位移量变化 Δs 与电阻比变化量 ΔZ 具有线性关系：

$$\Delta s = s_i - s_0 = f \cdot (Z_i - Z_0) = f \cdot \Delta Z \tag{8-1}$$

式中　f——仪器最小读数 $[\text{mm}/(0.01\%)]$；

　　　s_i——位移值（mm）；

　　　s_0——初始位移值（mm）；

　　　Z_i——电阻比；

　　　Z_0——初始电阻比。

②钢弦式位移计采用振弦式传感器，工作于谐振状态，迟滞、蠕变等引起的误差小，温度使用范围宽，抗干扰能力强，能适应恶劣环境。钢弦式位移计组成如图 8-4 所示。

工作原理：当位移计两端伸长或压缩时，传动弹簧使传感器钢弦处于张拉或松弛状态，钢弦频率产生变化，受拉时频率增高，受压时频率降低。位移与频率

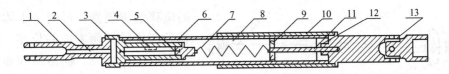

图 8-4　钢弦式位移计结构示意图

1—拉杆接头；2—电缆孔；3—钢弦支架；4—电磁线圈；5—钢弦；
6—防水波纹管；7—传动弹簧；8—内保护筒；9—导向环；10—外
保护筒；11—位移传动杆；12—密封圈；13—万向节（或铰）

呈如下关系：

$$d_t = K(f_0^2 - f_t^2) \tag{8-2}$$

式中　d_t——土体某时刻的位移量（mm）；

K——仪器灵敏度系数（mm/Hz²）；

f_0——位移为 0 时钢弦频率（Hz）；

f_t——相应于位移 d_t 时钢弦频率（Hz）。

③ 引张线式水平位移计是由受张拉的铟瓦合金钢丝构成的机械式量测水平位移的装置。工作原理简单，直观、耐久，观测数据可靠，适合于长期观测。结构形式如图 8-5 所示。

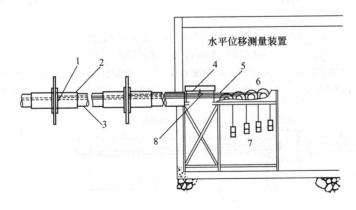

图 8-5　引张线式水平位移计示意图

1—钢丝锚钢点；2—外伸缩管；3—外水平保护管；4—游标尺；
5—ϕ_2 钢钢丝；6—导向轮盘；7—砝码；8—固定标点

工作原理：在测点高程水平铺设能自由伸缩的钢管，从各测点固定盘引出铟瓦合金钢丝至观测台固定标点，经导向轮，在终端系一恒重砝码。测点移动时，带动钢丝移动，在固定标点处用游标卡尺量出钢丝的相对位移，即可算出测点的水平位移量。测点位移等于某时刻读数与初始读数之差加相应观测台内固定标点的位移量。

④ 滑线电阻式土位移计，也称 TS 变位计，是一种坚固、精度高、埋设容易

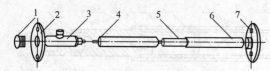

图 8-6　滑线电阻式土位移计示意图

1—左端盖；2—左法兰；3—传感元件；

4—连接杆；5—内护管；6—外护管；

7—右法兰

的位移量测仪器。可测量土体中任意部位的任何方向的位移。适用于填土中埋设。仪器结构如图8-6所示。

工作原理：将电位器内可自由伸缩的铟瓦合金钢连接杆的一端固定在位移计的一个端点上，电位器固定在位移计的另一个端点上，两端产生相对位移时，伸缩杆在电位器内滑动，不同的位移产生不同电位器移动臂的分压，即把机构位移量转换成有一定函数关系电压输出。

⑤ 钻孔位移计，主要用于观测地下（深度大于 20m）基岩变形，分为单点变位计和多点变位计。可在同一个钻孔中沿长度方向设置多个不同深度的测点，最多可达 10 个。仪器示意图如图8-7、图8-8所示。

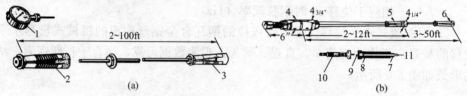

图 8-7　单点变位计和双点变位计示意图

（a）单点锚杆变位计；（b）双点锚杆变位计

1—测微计；2—环轴锚栓；3—钻孔锚栓；4—环轴锚栓；5—中层锚栓；6—下层锚栓；7—不锈钢测杆；

8—基准头；9—深度千分表插孔；10—模拟或数字式深度千分表；11—不锈钢管

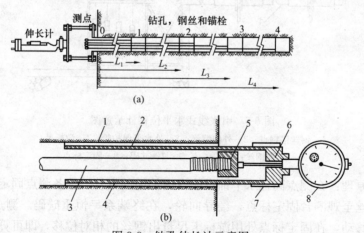

图 8-8　钻孔伸长计示意图

（a）多点钢丝型；（b）岩石锚杆型

1—直径 1% 的钻孔；2—砂浆；3—岩石锚杆；4—直径 1% 的钢管；

5—端盖；6—黄铜塞；7—接头；8—测微表

工作原理：变位计的灌浆锚栓与岩体牢固连成一体，岩体沿钻孔轴线方向发生位移时，锚栓带动传递杆延伸到钻孔孔口基准端，使得位于基准端的伸长测量仪也随着位移产生相应的变化，随着锚点的移动，相对于基准端的伸长即可测出。

⑥ 滑动测微计，是瑞士 Solexperts 公司首创的一种较为新颖的钻孔多点变位计。主要适用于确定在岩土体中沿某一方向的应变和轴向位移的分布情况，如图 8-9 所示。

⑦ 三向位移计，用于确定三向位移分量沿一个垂直钻孔的分布。仪器结构组成如图 8-10 所示。工作原理同滑动测微计。

2）收敛计：又称带式伸长计，主要适用于固定在建筑物、边坡及周边岩土体的锚栓测点间相对变形的监测，它可监测边坡稳定性的表面位移情况。仪器结构组成如图 8-11 所示。测试原理可参阅第 7 章地下工程监测相应内容。

3）测缝计：是测量结构接缝开度或

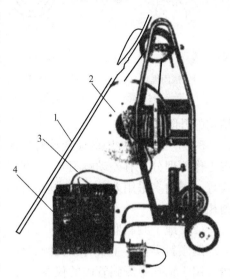

图 8-9 滑动测微计
1—探头；2—带集线环的绞线盘；
3—加强测量电缆 100m；4—测读仪

裂缝两侧块间相对位移的观测仪器。按其原理又可分为差动电阻式、钢弦式、电位器式等，可用于测量边坡基岩的变形情况。

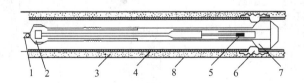

图 8-10 三向位移计结构示意图
1—导杆；2—测斜仪；3—灌浆；4—套管；5—位移传感器 LVDT；
6—测标（锥面）；7—测头（球面）；8—土、岩土或混凝土

4）沉降仪：是观测边坡岩土体垂直位移的主要设备。该类仪器主要有以下几种形式，横梁管式沉降仪、电磁式沉降仪、干簧管式沉降仪、水管式沉降仪、钢弦式沉降仪等。其中横梁管式沉降仪适用于人工坝坡如土石坝内逐层埋设，测量土体的固结沉降。电磁式沉降仪、干簧管式沉降仪适用于人工坝坡如土石坝的分层沉降量的观测以及路堤地基处理过程中的堆载试验。水管式沉降仪适合于人工坝坡如土石坝内部变形观测。钢弦式沉降仪适用于填土、堤坝、公路、基础等

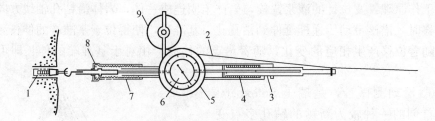

图 8-11　收敛计结构示意图

1—锚固埋点；2—50 英尺钢带（每隔 2 英寸穿一孔）；3—校正拉力指示器；4—压力弹簧；

5—密封外壳；6—百分表（2 英寸量程）；7—拉伸钢丝；8—旋转轴承；9—钢带卷轴

结构的升降或沉陷。

5）应变计：常用的应变计有埋入式应变计、无应力式应变计和表面应变计。按工作原理分，有差动电阻式、钢弦式、差动电感式、差动电容式和电阻应变片式等。国内多采用差动电阻式应变计和钢弦式应变计，可参阅第 7 章地下工程监测相关内容。

（2）地下倾斜监测

测倾斜类仪器主要有钻孔倾斜仪（活动式与固定式）、倾斜计（仪）及倒垂线。用于钻孔中测斜管内的仪器，称之为测斜仪；设置在基岩或建筑物表面，用作测定某一点转动量的仪器称为倾斜计（仪）（图 8-12）。

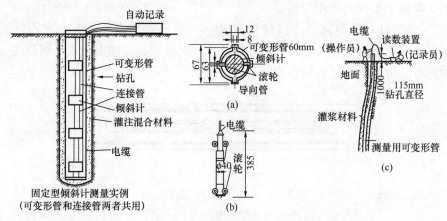

图 8-12　倾斜计（仪）示意图

（a）在可弯曲管中放置倾斜计横截面；（b）倾斜仪单体；（c）由放入型倾斜计在地面测量水平位移

测斜仪是通过量测测斜管轴线与铅垂线之间夹角的变化，来监测边坡岩土体的侧向位移。活动式测斜仪的工作原理和仪器结构与使用可参阅第 6 章基坑监测部分。固定式测斜仪是把测斜仪固定在测斜管某个位置，连续、自动测量仪器所在位置倾斜角的变化。它不能测量沿整个孔深的倾角变化，但可以安装在观测人员难以到达的边坡位置上。按测头采用的传感器不同分为电阻片式、滑动电阻式、钢弦应变计式和是伺服加速度式四种。

倾斜计也称点式倾斜仪，可以快速便捷地监测岩土体和结构的水平倾斜或垂直倾斜。倾斜计可以是便携式的，也可以固定在结构物表面一起运动，是一种经济、可靠、测读精确、安装和操作都很简单的仪器。

倒垂线观测系统一般由倒垂锚块、垂线、浮筒、观测墩、垂线观测仪等组成，如图 8-13 所示。垂线下端固定在基岩深处的孔底锚块上，上端与浮筒相连，在浮力的作用下，钢丝铅直方向被拉紧并保持不动。在各测点设观测墩进行观测，即得各测点对于基岩深处的绝对挠度值。一般由监测单位自行设计安装调试。

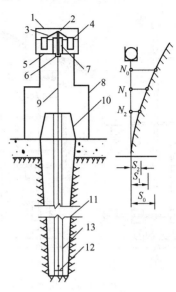

（3）地下应力、支护结构应力测试

地下应力、支护结构应力测试主要包括边坡岩土体压力测试、边坡孔隙压力测试、岩体应力测试和支护结构受力测试。土压力一般采用土压力盒直接量测，按埋设方法分为埋入式和边界式两种。埋入式土压力可参阅第 6 章基坑工程监测相关内容。

边坡工程监测中，孔隙水压力量测可采用竖管式、水管式、差动电阻式和钢弦式孔压计。竖管式孔隙水压力计是美国卡萨格兰德教授发明的，也称测压管。国内所用的测压管式孔压计如图 8-14 所示。水管式孔压计埋设于

图 8-13　倒垂线装置示意图
1—油桶；2—浮子连杆连接点；3—连接支架；4—浮子；5—浮子连杆；6—夹头；7—油桶中间空洞部分；8—支承架；9—不锈钢丝；10—观测墩；11—保护管；12—锚块；13—钻孔

饱和或非饱和土体中，如测头配以高进气值陶瓷板还能测得土中负孔隙水压力值。测头示意图如图 8-15 所示。差动电阻式和钢弦式孔压计可参阅第 6 章基坑工程监测相关内容。

边坡岩体应力测试可以采用传感器和岩石声发射技术测定。其中传感器有钢弦式、电阻应变片式、电容式和压磁式等。可参阅第 7 章地下工程监测相关内容。

当边坡采用有如抗滑桩、锚杆等支护结构时，支护结构的荷载可以采用钢筋应力计和锚杆轴力计等量测。相关测试内容和仪器可参阅第 6 章基坑工程监测和第 7 章地下工程监测。

（4）环境因素测试

测环境因素仪器主要有水位记录、雨量计、温度记录仪等，还有在施工期间对于爆破所引起振动的测振仪器。

边坡水位观测分地表水位观测和地下水位观测两部分，常用仪器有水尺、电

测水位计和遥测水位计。对于雨量计、温度记录仪等仪器，由于种类繁多，监测单位一般根据实际监测工程自制或选用。此处不再赘述。

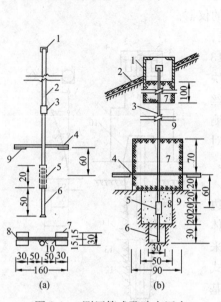

图 8-14　测压管式孔隙水压力
观测设备图（单位：cm）

（a）观测设备；

1—盖帽；2—导管；3—管箍；4—横梁十字板；5—测头；6—沉淀管；7—横梁十字板结构；8—角铁（8.5×5×0.4）；9—铁板（30×30×0.4）；10—焊接

（b）测压管埋设回填示意

1—管口保护设备；2—护坡；3—导管；4—横梁十字板；5—测头；6—沉淀管；7—膨润土；8—反滤砂；9—坝身填土

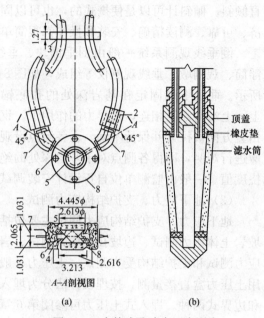

图 8-15　水管式孔隙水压测头
（单位：cm）

（a）圆板式；（b）锥体式

1—尼龙管；2—接头；3—固定板；4—"O"圈；5—滤盘；6—螺钉；7—弯头；8—塑料盖盘

8.4　边坡工程监测的设计

边坡工程监测设计，应在对边坡或滑坡进行必要的工程地质调查和科学分析，确定边坡处于的变形阶段，初步认识边坡的性质或边坡可能变形的范围、规模与可能破坏的方式之后进行，监测设计应遵循以下设计原则。

8.4.1　设　计　原　则

（1）边坡工程监测应遵循工程需要，目的明确，按照整体控制，多层次布置，突出重点，关键部位优先的原则设计。边坡（滑坡）及边坡工程施工和运行期监测的主要目的在于确保边坡及相应工程的安全。边坡监测以边坡整体稳定性监测为主，兼顾局部滑动区域的稳定性监测。由于过大变形是边坡岩土体破坏的主要形式，地面和地下变形监测是重点。对岩石边坡中存在的不利结构面常常是引起边坡破坏的主要内在因素，此岩石边坡监测的重点对象是岩体中的不利结构面，测点应放在这些对象上或测孔应穿过这些对象等。开挖、爆破和水的作用是影响边坡稳定的主要外因，施工期的质点振动速度、加速度监测，运行期的地下水位、渗流、孔压及降雨入渗等监测是必要的。当边坡范围大，需要布置多个监测断面时，重点断面的监测项目和监测仪器的数量应多于一般断面。

（2）施工期、运行期监测相结合，全面监测边坡性状的全过程。监测工作应贯穿工程活动（开挖、加固、运行）的全过程，监测仪器的布设应统一规划、分期实施。施工期监测设施能保留作运行监测的应尽量保留。

（3）仪器选择力求少而精。监测仪器的选型应根据监测对象和运行环境选择不同的仪器。对于天然边坡，由于环境恶劣，选择的仪器应具有防潮、抗雷电、不易被人和动物破坏等特性；对于人工边坡，仪器应具备牢固、抗施工干扰能力强，被破坏后易恢复等特性。考虑监测成果的可靠程度，选用设备一般以光学、机械和电子设备为先后顺序，优先考虑使用光学和机械设备，提高测试精度和可靠程度。精度和量程根据边坡工程变形的阶段、岩土体特性确定，变形大的边坡仪器选择时量程应优先于精度。专作施工期监测的仪器，精度要求可稍低，也可采用简易仪器；运行期仪器安全性、可靠性要求较高。坚硬岩体变形小，采用精度高、量程小的仪器；半坚硬、破碎软弱的岩土体采用精度较低、量程较大的仪器。

（4）减少和避免施工干扰，不影响正常施工和使用。测点布置，观测仪器埋设应考虑施工干扰的影响，且要便于保护。仪器应尽量采用抗干扰能力强的仪器。监测设计应留有余地，对监测过程中可能存在的一些不确定因素，应根据实际需要，补充设计。

（5）边坡监测以仪器量测为主，人工巡视、宏观调查为辅。做到仪器量测与人工巡查相结合，确保重点，万无一失。

（6）特殊边坡工程，应建立长期监测系统。对地质条件特别复杂的、采用新技术治理的一级边坡工程，长期监测系统应包括监测基准网和监测点建设，监测设备仪器安装和保护，数据采集与传输，数据处理与分析，预测预报或总结等。

8.4.2 监测项目选择

监测项目要根据边坡工程性质（天然边坡、人工边坡）、工程处于阶段（施工期、运行期）等确定，若边坡采用有加固措施，还应根据加固方式（锚杆、锚索、抗滑桩、锚固洞、排水措施等）综合考虑。项目齐全的边坡监测系统无疑是最好的，但由于经济原因往往难以实现。无论天然边坡还是人工边坡，以稳定性预测预报和控制为目的的边坡监测，应针对影响边坡稳定的关键问题和控制性观测来选择监测项目。

由于边坡或滑坡的失稳通常都以发生较大的变形为表现形式，大多数的边坡监测系统都会以变形为主要监测项目。其中地面变形以大地测量为主，测量值为绝对变形，范围广，精度高，但只能反映边坡变形的平面分布；地下变形主要采用岩土工程监测仪器如钻孔倾斜仪和多点位移计等，能量测边坡内部的变形分布，但测量范围小，代表性差。应有机结合这两种监测手段，以全面了解边坡变形的平面和空间分布。

另一重要的监测项目是水的监测，对天然边坡，水是诱发滑坡的主要因素；对人工边坡，开挖改变了岩土体内原有的渗流场，护坡工程往往又会阻碍地下水的天然径流而导致边坡体内水压力升高。监测的项目主要包括地下水位变化以及排水设施的排水量等。边坡监测一个非常重要但容易被忽视的是人们往往只注意地下水位及其变化对边坡的影响，而忽略了地下水位以上瞬态压力场的变化。因为降雨对边坡的影响除了引起地下水位升高，饱和区扩大使孔隙压力和渗透力增大以外，还会在地下水位以上的非饱和区内出现局部饱和区，使孔隙压力由负压升为正压，应选用能测量负压的渗压计测量渗透压力的变化过程。

对规模不大或重要性较低的边坡，仅选择变形和地下水或选择其中一种就能满足要求。例如美国旧金山湾附近每年雨期都有成百甚至上千次规模较小的滑坡发生。美国地质调查局和全美气象服务站在该区域内建立了一套滑坡监测系统就仅仅选择了降雨量为监测项目，因为通过长期的统计和监测已建立了滑坡的发生与暴雨强度及降雨历时的关系。对于规模较大或重要性较强的边坡，监测项目则必须比较全面完整，如三峡水利枢纽的永久船闸边坡，岩体中开挖出来的深槽最大高度170m，边坡岩体地应力高，开挖卸荷应力释放范围大，地下渗流场的改变非常明显。对结构复杂、运行要求高的永久船闸边坡，监测项目的选择就应全面，除变形外，还包括地下水、降雨、排水量、地下水质和地应力、岩体和混凝土结构的应力应变、温度等项目。

边坡工程监测项目的确定可根据其地质环境、安全等级、边坡类型、支护结构类型和变形控制等条件，经综合分析后确定，当无相关地区经验时可按《建筑边坡工程技术规范》GB 50330—2013 规定的表 8-2 确定监测项目。尤其对于边坡塌滑区有重要建（构）筑物的一级边坡工程施工时，必须对坡顶水平位移、垂直位移、地表裂缝和坡顶建（构）筑物变形进行监测。

边坡工程监测项目表   表 8-2

测试项目	测点布置位置	边坡工程安全等级		
		一级	二级	三级
坡顶水平位移和垂直位移	支护结构顶部或预估支位移护结构变形最大处	应测	应测	应测

续表

测试项目	测点布置位置	边坡工程安全等级		
		一级	二级	三级
地表裂缝	墙顶背后 $1.0H$（岩质）～$1.5H$（土质）范围内	应测	应测	选测
坡顶建（构）筑物变形	边坡坡顶建筑物基础、墙面和整体倾斜	应测	应测	选测
降雨、洪水与时间关系		应测	应测	选测
锚杆（索）拉力	外锚头或锚杆主筋	应测	选测	可不测
支护结构变形	主要受力构件	应测	选测	可不测
支护结构应力	应力最大处	选测	选测	可不测
地下水、渗水与降雨关系	出水点	应测	选测	可不测

注：1. 在边坡塌滑区内有重要建（构）筑物，破坏后果严重时，应加强对支护结构的应力监测；
　　2. H—边坡高度（m）。

8.4.3　监测断面与测点布置

边坡工程监测设计，首先应确定主要监测的范围，在该范围中按监测方案的要求，确定主要滑动方向，按主滑动方向及滑动面范围选取布置典型断面，再按断面布置相应监测点。

1. 监测断面布置

监测断面选择时应遵循：

（1）监测断面通常选在地质条件差、变形大、可能破坏的部位，如断层、裂隙、危岩体存在部位；或边坡坡度高、稳定性差的部位；或结构上有代表性部位；或分析计算的典型部位等。

（2）断面应有主次之分。根据地质条件的好坏、边坡坡度的高低、结构上的代表性等选定主要断面和次要断面。主次可分成 2～3 级不等。

（3）重要断面布置的监测项目和仪器应比次要的多，且同一监测项目宜平行布置，以保证成果的可靠性和相互印证。

考虑平面及空间的展布，各个测线按一定规律形成监测网，监测网的形成可能是一次完成，也可分阶段按不同时期和不同要求形成。对于不同工程背景的边坡工程一般在布置测点时有所不同（图 8-16）。十字形布置方法对于主滑方向和变形范围明确的边坡较为合适和经济，通常在主滑方向上布设地下位移监测孔，这样可以利用有限的工作量满足

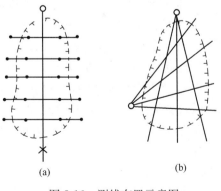

图 8-16　测线布置示意图

(a) 十字形布设；(b) 放射形布设

○测站　×照准点　●测点

监测要求。放射形布置更适用于边坡中主滑方向和变形范围不能明确估计的边坡，在布置测线时可考虑不同方向交叉布置地下位移监测孔，这样可以利用有限的工作量满足监测的要求。

如链子崖危岩体变形监测过程共历时近 30 年，危岩体变形长期监测系统的形成是在地质勘查的基础上，根据岩体变形特征，随调研防治工作的逐步深入，由湖北省岩崩滑坡研究所在有关单位的协助下，于 1968～1998 年的 30 年间先后分几个阶段（1968～1977 年、1977～1988 年、1988～1990 年、1990～1998 年）逐步增设、调整和完善建立起监测网。

其总体设计的技术思想有：一是针对危岩变形特征，采用多方案、多手段监测，使其互相补充、检核；二是选用常规与远距离监测、机械法测试与电测、地表与地下相结合的监测技术和方法；三是形成点、线、面、立体相对三维空间的监测网络和警报系统。

由于监测方案的及时调整，使监测工作能有效地监测链子崖危岩区裂缝及其分割岩体变形的动态变化及其发展趋势，具体了解和掌握其演变过程，及时捕捉崩滑灾害的特征信息，预报崩滑险情，防灾于未然。同时，为危岩体的稳定性评价和防治提供了可靠依据。

2. 监测点布置

监测网的形成不但在平面上，更重要的是应体现在空间上的展布，如主滑面和可能滑动面上、地质分层及界限面、不同风化带上都应有测点，这样可以使监测工作在不同阶段做到有的放矢。

（1）大地测量变形监测的布置

1）大地测量变形监测布置的原则

① 监测网点是高程工作基点，是水平位移和垂直位移观测的工作基点，监测网点应设在稳定地区，远离滑坡体；

② 监测网点的数量在满足控制整个滑坡范围时不宜过多；

③ 滑坡体上监测点的布置应突出重点，兼顾全面，尽可能在滑坡前后缘、裂缝和地质分界线等处设点。当边坡上还有地下位移（如钻孔测斜仪、多点位移计等）测点时，应尽量在地下位移测点附近设点，以便相互比较、印证；

④ 监测点应布置在稳定的基础上，避免在松动的表层建点，且测点数尽量少，以减少工作量，缩短观测时间；

⑤ 监测垂直位移的水准点应布置在滑坡体外，并且必须与监测网点的高程系统统一。

2）变形监测网的布置

为满足监测网点的三维坐标中误差不超过±2～3mm，可以选择：

①建立满足 XY 坐标精度的平行监测网，配合建立满足点位高程精度的精密水准网；

②建立满足点位三维坐标精度要求的三维网。

当地形起伏大或交通不便，精密水准观测有困难时，宜采用本方案。

3）水平位移测点布置方法

①视准线法：在垂直于边坡滑动方向上，沿直线设一排观测点，两端点为监测网点，中间为监测点。以两端为基准，观测中间测点的位移。该法观测工作量小，计算简单；但要求地形适合以下条件：a. 边坡两侧都适合布置监测网点；b. 监测网点之间能互相通视；c. 从监测网点能观测到视准线上所有测点。

对于范围大、狭长的滑坡，采用视准线法，两端的监测网点数多，观测工作量大，或对于滑坡的任何一侧是堆积层，找不到稳定的基点，均不宜采用此方法。

② 联合交会法：是一种角后方交会法为主，角侧方交会法为辅相结合的方法。在监测点上设站，均匀观测周围4个监测网点，计算监测点坐标的观测方法为角后方交会法。该法只需在监测点上设站观测，在同一滑坡上的不同测点可同时施测而互不干扰，观测精度较高。该法观测工作量大，监测网点分布要求均匀，否则影响监测点的精度。但受地形所限时，不一定能满足所有监测点都能均匀观测到周围4个监测网点的要求，需要采用角侧方交会法为辅，提高监测点的精度。该法也是在少数监测网点上设站观测监测点的一种方法。

③ 边交会法：是一种以两个以上的监测网点为基准，观测监测网点到某测点的距离和高差的方法。该法观测方便、精度高，可实现观测自动化，但要求到监测网点的交通方便。

④ 角前方交会法：是一种在两个以上的监测网点设站，观测某一个测点，求取测点坐标的一种方法。该法优点是只需在监测网点上设站观测，适合于滑坡快要发生，不便上滑坡监测的情况。

4）垂直位移监测点的布置

一般采用水准测量法或测距高程导线法等大地测量法布置。

（2）正倒垂线布置

一般用于大型人工边坡的运行期监测，布置方法为：

① 布置在地质条件差或边坡高度大的部位；

② 宜开挖专门的竖井，以避免和其他竖井共用而相互干扰；

③ 利用竖井口和正倒垂线穿过的排水洞进行观测；

④ 正倒垂线互相配合，互相验证；或在倒垂线旁布置正垂线，或在各监测断面利用连续垂线监测边坡水平位移；

⑤ 正倒垂线与地下位移监测的钻孔倾斜仪和多点位移计的监测互相配合，互相验证。

（3）边坡地面倾斜监测的布置

① 人工边坡和自然边坡地面倾斜一般采用倾角计监测；

② 自然边坡应在地质调查、确定滑坡主轴和边界的基础上，在边坡滑坡的

前后缘、滑出口、主轴等特征点上布置测点；

③ 人工边坡测点可布置在边坡的马道、排水洞、监测支洞的地表；

④ 采取加固措施的边坡，可在抗滑挡墙、抗滑桩等结构物的顶部或侧面布置测点。

（4）地面裂缝监测的布置

地面裂缝的张合和位错常用测缝计、收敛计、钢丝位移计和位错计监测，位错计可布置成单向、双向或三向。裂缝监测仪器一般跨裂缝、断层、夹层、层面等布置。在边坡马道、斜坡或滑坡的地表，或排水洞、监测支洞裂缝出露的地方安设仪器。监测地表裂缝、位错等变化时，监测精度对于岩质边坡分辨率不应低于 0.50mm，对于土质边坡分辨率不应低于 1.00mm。

（5）地下位移监测布置

① 地下水平位移一般采用钻孔测斜仪监测，未确定边坡滑动面时，应采用活动式钻孔测斜仪，确定滑动后，可在滑动面上下安装固定式测斜仪；

② 对天然边坡，宜在地质分析、理论计算等预测基础上，在边坡前后缘至少各布置 1 个，且应在土体变形大、可能发生破坏的部位，或地质上代表性地段布置；人工边坡宜布置在边坡各级马道上；

③ 监测钻孔应穿过潜在滑动面，打到稳定的基岩面，宜与地面水平位移监测点靠近布置，以相互比较；

④ 地下沿钻孔轴向位移监测常用多点位移计，一般布置在有断层、裂隙、夹层或层面出露的边坡面，多点位移计在钻孔中一般仅 4～6 个测点。

（6）边坡加固措施监测布置

依据边坡所采用的加固措施进行监测设计。边坡加固措施一般有锚杆、抗滑桩、锚固洞（阻滑键）等。

① 锚杆监测常采用锚杆应力计。选择有代表性地段（如不同地层）和各种形式的锚杆（如不同长度、大小）抽样进行。用于监测的锚杆每根一般布置 3～5 个测点，以便了解锚杆受力状态和加固效果，了解应力沿锚杆的分布规律。监测锚杆的数量一般为锚杆总数的 3%～5%。

② 抗滑桩监测常采用钢筋计、压应力计。仪器布置在受力最大、最复杂的滑动面附近。沿桩的正面背面受力边界面和桩的不同高程布置压应力计，分别监测正面下滑力和背面岩体的抗力大小及其分布。在主滑面附近抗滑桩上的正面混凝土受力方向埋设钢筋计观测桩的最大应力值。

③ 锚固洞（阻滑键）监测常采用钢筋计、应变计、压应力计等。沿洞的有代表性的地段选取监测断面若干个，每个断面根据受力和滑动方向相应布置钢筋计、应变计、压应力计等。

（7）降雨量、水位和孔隙压力监测

① 一般采用雨量计进行降雨量监测，或利用当地气象部门提供的降雨量数据；

②选择边坡最高处的山顶或不同高程马道上钻孔，进行地下水位长期监测；

③在边坡监测断面与排水洞交会处，布置测压管或孔隙水压计。有钻孔倾斜仪时，可在每个钻孔倾斜仪孔底布置孔隙水压力计。

8.4.4　监测频率与周期

对于不同类型、不同阶段的边坡工程，由于工程所处的阶段、工程规模以及边坡变形的速率等因素不同，它们的监测周期及监测频率有所不同。

监测的频次受到了边坡工程的范围和监测工作量的限制，对于具体工程而言一般在施工的初期及大规模爆破阶段，由于该阶段是以监测爆破振动为主，该阶段的监测频率一般结合爆破工程而定。

处于初始蠕变和稳定蠕变状态的边坡，监测以地面及地下位移为主，一般在初测时每日或两日一次，在施工阶段3～7日一次，施工完成后进入运营阶段，且变形及变形速率在控制的允许范围之内时一般以每一个水文年为一周期，每两个月左右监测一次，雨期加强到一个月一次。

处于加速蠕变，变形量增大和变形速率加快的边坡，应加大监测频次，时刻注意其变形值。

8.4.5　监测变形预警及应急措施

边坡工程及支护结构变形值的大小与边坡高度、地质条件、水文条件、支护类型、坡顶荷载等多种因素有关，变形计算复杂且不成熟，国家现行有关标准均未提出较成熟的计算理论。因此，目前较准确地提出边坡工程变形预警值是很困难的，特别是对岩体或岩土体边坡工程变形控制标准更难提出统一的判定标准，工程实践中只能根据地区经验，采取工程类比的方法确定。

边坡工程施工过程中及监测期间遇到下列情况时应及时报警，并采取相应的应急措施：

（1）存在软弱外倾结构面的岩土边坡支护结构坡顶有水平位移迹象或支护结构受力裂缝有发展；无外倾结构面的岩质边坡或支护结构构件的最大裂缝宽度达到国家现行相关标准的允许值；土质边坡支护结构坡顶的最大水平位移已大于边坡开挖深度的1/500或20mm，以及其水平位移速度已连续3天大于2mm/d。

（2）土质边坡坡顶邻近建筑物的累计沉降、不均匀沉降或整体倾斜已大于现行国家标准《建筑地基基础设计规范》GB 50007规定允许值的80%，或建筑物的整体倾斜度变化速度已连续每天大于0.00008。

（3）坡顶邻近建筑物出现新裂缝，原有裂缝有新发展。

（4）支护结构中有重要构件出现应力骤增、压屈、断裂、松弛或破坏的迹象。

（5）边坡底部或周围岩土体已出现可能导致边坡剪切破坏的迹象或其他可能影响安全的征兆。

（6）根据当地工程经验判断已出现其他必须报警的情况。

8.5　监测实施和监测资料汇总及分析

8.5.1　监测工作的实施

在监测方案和测点布置工作完成后，监测就进入实施阶段，在该阶段中元件的埋设和初始的调试工作较为复杂，涉及钻孔、元件埋设以及各个单位、部门之间的协调工作，往往工作的实施在该阶段较为困难，应根据实际情况对方案进行相关调整和补充。我们将实施阶段的有关工作归为以下几方面。

1. 地面位移监测工作

该工作包括，地面测点选择、有关标点的埋设和标记的制作以及相关保护措施的进行，在这些工作完成后即可进入量测实施，在各次量测完成后，可将资料汇总并形成报表。这些工作归纳为以下几点：

（1）地面选点及布置；

（2）监测点制作；

（3）量测实施；

（4）资料汇总及报表形成。

2. 地下位移监测和滑动面测量

该工作的关键是钻孔工作，地下位移监测孔的钻孔技术要求较高，对于孔径、孔斜以及充填材料上都有专门的要求，比如同样是测斜孔的测斜管在土质边坡中其周边通常采用填砂的办法，而在岩体边坡中就不可用砂填，而应根据岩体的物理力学性质配制相应的充填材料，这样才能在测试中准确反映岩土体的实际变形值。

在钻孔完成后可进行有关的埋设工作，有关的元件在进入现场前均应进行标定，埋设完成后应及时进行初测，对相关的测试孔位要进行必要的保护，以免在施工和边坡使用过程中监测孔位及元件发生破坏，在这些工作完成后即可进入量测实施，在各次量测完成后，可将资料汇总并形成报表。

以上工作可归纳为以下几点：

（1）钻孔；

（2）元件埋设及初始量测；

（3）量测实施；

（4）资料汇总及报表形成。

3. 地下应力及支护结构应力监测

根据边坡岩土体和结构物的受力特性、工作性状、影响因素，确定相应的监测项目和测点位置，在结构物的施工时埋设相应的监测元件或仪器，埋设时应注意元件的防潮、防腐蚀和人畜破坏，根据岩土体和结构物的类型，资料汇总并形成报表。可以归纳为：

(1) 岩体地应力测试；

(2) 边坡土压力观测；

(3) 锚索锚杆测力计测试；

(4) 抗滑桩内力测试。

4. 环境因素监测

环境因素的监测一般没有一个统一的实施步骤，如降雨量可根据当地气象部门的有关资料进行统计，水位观测可利用已有监测孔（如测斜孔）进行。在此也将它们归纳为几类：

(1) 地下水位长期观测；

(2) 降雨量统计；

(3) 其他，如地温及地下水浑浊程度和化学组分的变化及流量等；

(4) 声波测试；

(5) 振动测试；

(6) 其他测试的实施。

为做好边坡工程监测工作，边坡工程监测按照《建筑边坡工程技术规范》GB 50330—2013 要求，应符合下列规定：

(1) 坡顶位移观测，应在每一典型边坡段的支护结构顶部设置不少于 3 个监测点的观测网，观测位移量、移动速度和移动方向；

(2) 锚杆拉力和预应力损失监测，应选择有代表性的锚杆（索），测定锚杆（索）应力和预应力损失；

(3) 非预应力锚杆的应力监测根数不宜少于锚杆总数的 3%，预应力锚索的应力监测根数不宜少于锚索总数的 5%，且均不应少于 3 根；

(4) 监测工作可根据设计要求、边坡稳定性、周边环境和施工进程等因素进行动态调整；

(5) 边坡工程施工初期，监测宜每天一次，且应根据地质环境复杂程度、周边建（构）筑物、管线对边坡变形敏感程度、气候条件和监测数据调整监测时间及频率；当出现险情时应加强监测；

(6) 一级永久性边坡工程竣工后的监测时间不宜少于 2 年。

8.5.2　监测资料汇总及分析

边坡工程的监测资料主要有以下几个方面，即每次监测的监测报表、监测总表、监测的相关图件以及阶段性的分析报告。

1. 监测的报表

对于不同的监测内容，每完成一次量测和进行到关键阶段都应为委托方提供监测的报表。

（1）监测日报表

监测日报表一般是最为直接的原始资料，是将野外所得的监测数据直接汇总形成的原始文件。表 8-3 为地下位移监测中水平位移表。

某边坡水平位移日报表　　　　　　　　　　表 8-3

监测日期：　　　　　　天气：　　　　　　人员：

项　目	位移速度（mm/月）			
	G1 孔		G2 孔	
深度（m）	A 方向	B 方向	A 方向	B 方向
1	1.69	0.11	0.08	0.08
2	1.7	0.80	0.09	0.89
3	0.4	0.90	1.10	0.09
4	0.4	0.94	0.80	1.01
5	0.55	0.58	1.06	0.04
6	1.10	0.89	2.01	0.40
7	0.70	0.77	1.13	0.30
8	0.40	0.94	0.80	1.01
9	0.55	0.58	1.06	0.04
	1.10	0.89	2.01	0.40
	0.70	0.77	1.13	0.30

注：1. A 方向：NE45°，B 方向：NE135°；

2. 所列数据为实测值，未作累计。

（2）阶段性报表

在监测工作进行到一定的阶段后，监测人员应对原始的一些监测数据加以处理后，提出阶段性的数据、报表及有关建议，如最大位移表、位移速度表等，见表 8-4。

主剖面方向观测点地表位移速度表　　　　表 8-4

项　目	位移速度（mm/月）			
	1990.5.18～1991.5.20		1990.5.18～1992.6.16	
点　号	水平方向	垂直方向	水平方向	垂直方向
G1	0.69	1.69	0.08	1.08
G2	0.31	1.62	0.44	1.28
G5	2.08	2.31	1.36	1.92
G10	1.69	1.54	0.52	1.00
G15	3.23	0.46	1.08	0.52

注：主剖面方向为 NE45°。

（3）监测总表

监测总表是在一个监测周期的工作完成以后，对该项边坡工程监测提出规律性的归纳和建议。如地表变形汇总成果、地下变形汇总成果、降雨量实测统计表等，见表8-5。

某工程地下变形监测孔位移监测成果表 表 8-5

监测位置	监测仪器	监测孔号	水平位移			垂直位移		
			最大位移量累计值（mm）	发生最大位移处深度（m）	观测时间（年.月.日）	最大位移量累计值（mm）	发生最大位移处深度（m）	观测时间（年.月.日）
主剖面方向	钻孔倾斜仪	DX-1	4.50	9.0	1990.12.25	0	0	0
		DX-2	16.01	12.0	1991.8.3	0	0	0
		DX-3	23.23	6.0	1992.6.15	0	0	0
		DX-7	13.00	9.0	1991.8.24	0	0	0
		DX-8	24.84	6.0	1991.10.20	0	0	0

注：主剖面方向为 NE45°。

2. 相关图件

监测报表由于数据堆积较多，当资料大量集中后可使用必要的图件来说明问题。进行有关监测现场工作的研究人员和工程技术人员可根据各工程的不同情况，绘制相关的图件对监测成果进行进一步说明。

（1）地表位移变形矢量图（图 8-17）。

（2）各时段深度-水平位移曲线及各时段深度-垂直位移曲线（图 8-18、图 8-19）。

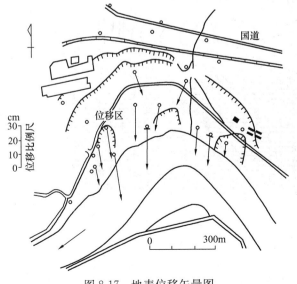

图 8-17 地表位移矢量图

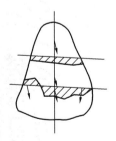

图 8-18 滑坡位移矢量图

注：平面位移距离及方向，横线以上阴影为上升，横线以下阴影为下降。

（3）位移-水位（降雨量）变化曲线或降雨量曲线（图 8-20）。

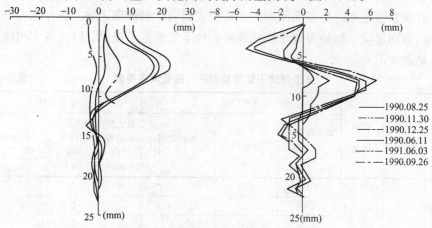

图 8-19　某孔各时段，深度-位移曲线

图 8-20　某工程月平均降雨量曲线

（4）其他图件如地温测试分布图等（图 8-21）。

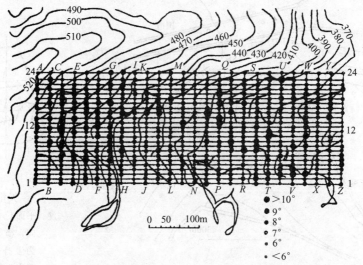

图 8-21　某工程地下 1m 深处地温分布等值线图

以上所列的图件是监测工程中所用的一部分，除此以外，还有变形速率与深度关系、加卸荷与最大位移关系、最大位移深度等值线等各类图件、对于不同类型的边坡工程所用图件有所侧重，但位移深度曲线和变形矢量曲线是最为基本和直观的反映，一般在有条件时应首选提供。

8.5.3 监测资料分析

监测分析报告中应提供监测数据总表、相关图件和监测资料的分析及最终结论，根据监测数据还可进一步进行有关反分析及其他数值计算方法的验证，进行理论与实际的类比，并提出建议及反馈意见。不同的边坡工程对监测的目的有不同要求，在分析报告时应结合有关要求进行，对于利用监测数据进行超前预报工作的报告，其分析报告将提前至每一次监测过程中进行有关分析和反馈。对于滑坡工程，业主更加关心边坡的稳定性，因而分析也应及时和准确。一般分析报告中应包含以下内容：

（1）工程地质背景；

（2）施工及工程进展情况；

（3）监测目的、监测项目设计和工作量分布；

（4）监测周期和频率；

（5）各项资料汇总；

（6）曲线判断及结论；

（7）数值计算及分析；

（8）结论及建议。

另外，根据《建筑边坡工程技术规范》GB 50330—2013 规定，边坡工程监测报告应包括下列主要内容：

（1）边坡工程概况；

（2）监测依据；

（3）监测项目和要求；

（4）监测仪器的型号、规格和标定资料；

（5）测点布置图、监测指标时程曲线图；

（6）监测数据整理、分析和监测结果评述。

8.6 工 程 实 例

本节以江西德兴铜矿大山村选矿厂东部边坡和北部楔形体位移监测（1990～1992 年）为例（引自《土木工程监测技术》，夏才初、潘国荣等编著），说明边坡工程的监测设计、监测项目确定、监测方法和仪器选择、监测资料的整理等环节工作内容。

8.6.1 工 程 背 景

1. 地质概况

大山村选矿厂场地整平之前东部为山坡，坡面总体倾向北东。坡角 10°～40°
之间，坡底有一条流向北西的大冲沟，沟底标高在 170～230m 之间。

因选矿厂场地整平，在其厂址东部平台下方山坡上堆填了约 70 万 m³ 人工弃
土，形成与原山坡倾向一致的人工填土边坡。坡高 50～80m，坡角 27°～40°。在
山坡岩体中有一顺坡倾斜的，由黄褐-红褐色、呈湿-稍湿、可塑-硬塑状态含有约
30％强风化绢云母千枚岩碎屑的粉质黏土组成的 d3 构造加泥带。其产状与绢云
母千枚岩产状一致，走向 NW310°～315°，倾向 NW40°～65°，倾角 23°～37°。
加泥带厚度较大，一般厚度 0.20～0.50m，最大厚度达 1.20m，基本上连续分
布。有些部位多层加泥带重叠出现。加泥带上部为中风化绢云母千枚岩，下部为
微风化绢云母千枚岩及透闪石化闪长玢岩。厂址东部山坡岩土体可能沿 d3 构造
加泥带滑动，形成较大的滑坡。1988 年 4 月在厂址东部山坡上多处发现裂缝及
位移现象，5 月雨期到来后厂址东部已开始出现滑坡。

大山村选矿厂东部滑坡周界清晰，滑坡后缘在选矿厂东侧公路附近，呈
NW-SE 向延伸。后缘标高在 280～300m 之间。滑坡前缘达大冲沟沟底，前缘与
后缘高差为 50～150m，滑坡周界形状不规则。北西—南东方向宽达 400m，西南
—东北方向长达 260m。滑坡面积约 7.8 万 m²，滑体厚 30～40m。滑体体积约
90 万 m³。组成滑坡的主要地层有：人工填土（Q_{ml}），第四系坡残积粉质黏土，
震旦系双桥山群绢云母千枚岩［分强（r3)，中（r2)，微（r1）风化］。滑坡的
主滑面埋藏一般较深，最深可达 40 余米。从主滑面方向的剖面上看：主滑面上
陡下缓，上段切穿人工填土，坡残积粉质黏土和强风化绢云母千枚岩。主滑面的
中、下段追踪最深一层 d3 构造加泥带，延伸直至滑坡前缘；滑坡的后缘滑床从
上至下依次为人工填土、坡残积粉质黏土、强风化绢云母千枚岩。滑床的中、下
部为微风化绢云母千枚岩和透闪石化闪长玢岩、局部为中风化绢云母千枚岩等。
滑坡的分布范围以及组成滑坡各地层的岩性、层厚、分布详见附录。

2. 治理方案

在1988 年 12 月至 1989 年 5 月卸除了山坡上部的弃土 50 多万立方米，并
将整个山坡削成台阶（分 6 级，北东向 2 级、正北向 4 级），坡底大冲沟处设
置一道栏砂坝，阻止砂石的流失。1990 年 4 月至 1991 年 6 月还对选矿厂东部
平台下方的斜坡进行了干砌片石护坡，并在东部边坡上设置了四条地表排
水沟。

8.6.2 监 测 的 目 的

根据以上所述的大山村选矿厂场地工程地质条件，场地的整体稳定性和局部

稳定性尚存在如下问题：

1. 场地西北部楔形地质结构体的长期稳定性问题

场地西北部楔形地质结构体虽属整体稳定，但仍存在浓密池地基开裂的局部稳定问题，而这部分岩体在建筑施工时，未作加固处理，存在是否进一步恶化的长期稳定性问题。

2. 场地东部滑坡的长期稳定性问题

场地东部滑坡虽采取了削方反压措施后获得目前的稳定，但仍存在构造夹泥带 d3 上盘岩体的长期稳定性问题。

为了准确地评价场地西北部楔形地质结构体和东部构造夹泥带 d3 上盘岩体地长期稳定性，以便做出是否需要采取进一步加固措施的合理设计方案，同济大学、中国科学院、武汉岩土力学所与中国有色金属总公司长沙勘察院协作，共同对该工程进行以位移为主的边坡监测。在场地建立了立体的变形长期监测系统，以期获得关于岩体位移的精确数据，对场地的长期稳定性进行评价。

8.6.3 监测工作量

监测点布置工作量见表 8-6。

监测工作量统计表　　　　　　　　　　　　　　　　　　表 8-6

监测孔（点）位置	东边边坡				北部楔形体	
监测项目　　　　工作量	地面位移监测点	钻孔倾斜仪监测孔	六点杆式伸长计监测孔	滑动测微计监测孔	地面位移监测点	地下位移钻孔倾斜仪监测孔
监测孔（点）个数（个）	21	8	3	4	7	6
监测孔（点）总深度（m）		309.00	110.40	124.75		157.30
实测监测次数（次）	25	25	27	27	25	25

北部楔形体监测区布置监测孔（点）12 个，其中地表位移监测点 7 个，编号 G22～G28，地下位移钻孔倾斜仪监测孔 5 个，编号 DX-1～DX-3、DX-7、DX-8。DX-2、DX-7、DX-8 布置呈直线，间距 25～55m，大致与楔形体组合交线平行。DX-1、DX-2、DX-3 呈直线布置，间距 45～50m，位于浓密池以北，距楔形体前缘陡坎约 10m，大致与组合交线垂直。

地面位移监测点 G22～G25 呈直线布置在浓密池以北的公路旁，基本上与楔形体组合交线垂直。间距 40～60m，G26～G28 因浓密池等构筑物的影响呈散点布置。

各监测孔（点）具体位置见图 8-22。

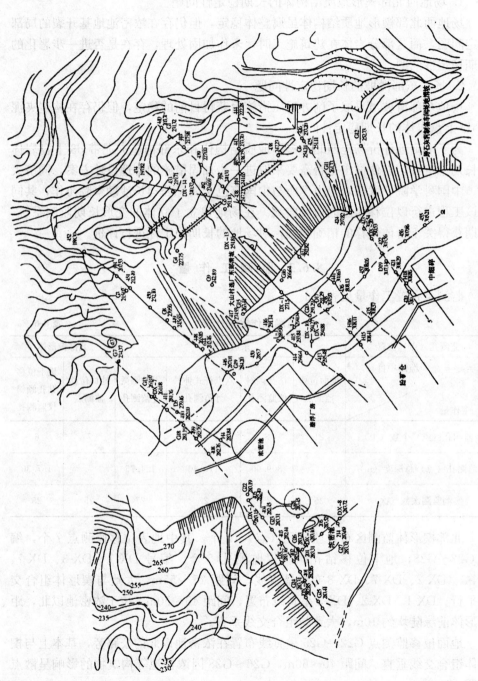

图 8-22　边坡监测平面布置图

8.6.4 变 形 监 测

1. 地面变形监测

（1）控制基准

场地地面变形监测控制基准，包括平面控制网线（四等导线）17km，三等高程控制网线21.69km，四等水准网线12.4km。正的垂直角用J2型经纬仪中丝法2测回测定，边长作仪器型号、气温和气压改正，两差改正和倾斜改正，归化到250m高程上，投影到高斯平面，多边形角度闭合差求得的测角中误差为±1.6″，按往返测较差求得的测边单位权误差为±0.66mm，各边平均测距中误差为±3.4mm。平差后求得节点最大点位中误差为±1.0cm，测角中误差为±1.2″。

高程控制网三等水准定测采用DS3型水准仪，双面水准尺往返观测，环形闭合差分别为±11mm和0mm，由此求得每千米高差全中误差为±2.68mm。

对于控制网作了两次检测：第一次检测于1991年5月完成，测量技术要求和操作程序与初测相同。检测的四等导线网平差后测角中误差为±1.34″，最弱节点 G_h12-1 的点位中误差为±1.3cm。第一次检测与初测的坐标较差大都在2cm以下，高程较差在20mm以下；第二次检测于1992年8月完成，测量图形、线路和操作仍同初测一致，检测的四等导线网平差后测角中误差为±0.9″，节点最大点位中误差为±1.23cm，四等导线点第二次检测与初测坐标较差多在2cm以下，高程较差在10mm以下。两次检测结果表明，监测控制基准点在整个监测过程中没有发生位移。

（2）地面变形位移监测点的布设及监测

在场地西北部楔形地质结构体地面和东部构造夹泥带d3上盘岩体地面共布置有位移监测点28个（其中场地西北部楔形体监测点7个，编号为G22～G28；场地东部构造夹泥带d3监测点21个，编号为G1～G21），场地周围布置了监测点5个（编号为G29～G33）。监测点的水平位移测量方法是在原始点位测定后，每次位移监测都重复原始点位测定的测量程序，记录新测点位同原始点位的纵、横差，由纵、横差求出监测点相对于原始点的水平位移量。监测点的垂直量测方法是以四等水准基点和位移监测点，组成一闭合环，对每次所测高程同初测高程比较求得垂直位移量。位移监测自1990年5月开始到1992年6月终止，共观测25次，平均每月观测一次。

（3）地面变形位移监测数据处理和成果分析

把每个监测点每次测量的水平位移矢量绘制在以该点原始点位为原点的平面坐标图上，将一个监测点25次位移方向的平均方向作为该点的水平位移总方向，25次位移量在水平位移总方向上的投影作为该点在观测期间的总水平位移量。对观测数据作回归分析，剔除了含有粗差的观测数据，参与回归分析观测数据占

地面变形监测点地面位移监测成果表   表8-7

位置	观测点号	水平位移				垂直位移		
		主位移方向	位移量 (mm)	位移速率 (mm/月)	参与回归计算次数的比率（%）	位移量 (mm)	位移速率 (mm/月)	参与回归计算次数的比率（%）
东部山坡（构造夹泥带 d3）部位	G1	0	0	0	0	−26.6	−1.02	96
	G2	N18°46′E	14.4	0.58	83	−35.5	−1.29	100
	G3	0	0	0	0	0	0	0
	G4	0	0	0	0	0	0	0
	G5	N44°19′E	12.0	0.48	83	−53.2	−2.05	100
	G6	N85°09′E	38.9	1.56	96	−76.2	−2.93	92
	G7	N39°04′E	23.5	0.94	96	−22.9	−0.88	100
	G8	S42°04′E	30.2	1.25	83	+7.2	0.27	92
	G9	N19°57′E	17.0	0.68	92			
	G10	0	0	0	0	−25.0	−0.96	100
	G11	0	0	0	0	0	0	0
	G12	N41°43′E N72°09′E	10.2 8.7	0.41 0.48	96 94	0	0	0
	G13	S35°42′E	56.0	0.85	67	0	0	0
	G14	S27°18′E	12.9	0.68	80	0	0	0
	G15	N27°39′E	32.5	1.35	80	−9.5	−0.36	84
	G16	S51°34′E	22.2	0.96	88	0	0	0
	G17	S9°53′E	11.2	0.46	96	−5.4	−0.21	92
	G18	0	0	0	0	−8.1	−0.45	100
	G19	0	0	0	0	0	0	0
	G20	N41°58′E	52.0	1.01	100	−10.8	−0.98	100
	G20′	0	0	0	0	−51.2	−0.27	83
	G21	0	0	0	0	0	0	0
西北部楔形地质结构体部位	G22	0	0	0	0	−37.7	−1.47	100
	G23	0	0	0	0	−13.4	−0.52	96
	G24	N21°11′E	19.9	0.80	96	−22.5	−0.86	100
	G25	N17°30′E	10.3	0.41	96	−15.3	−0.59	100
	G26	S8°49′W	22.7	1.11	88	0	0	0
	G27	S41°51′W S50°23′W	12.4 20.3	3.14 1.07	83 80	0 0	0 0	0 0
	G28	S43°21′E	22.5	0.95	88	−31.4	−1.20	100

注：0 为无水平位移或无垂直位移，垂直位移"−"为沉降，"+"为上升（省略）。

总观测数据的 80％以上，回归分析结果同原始水平位移监测曲线的最大偏差不大于±10mm，置信度为 0.05。一个观测点的测量数据经过处理后，如其各次测到的点位偏移有明显的方向系统性，且最大偏移值超过 2cm，则判为该监测点发生了水平位移，否则就认为基本未发生水平位移。根据上述水平位移判定标准，观测点 G6、G7、G8、G13、G15、G16、G20、G26、G28 共 9 个点发生水平位移，其余 19 个点视为未发生水平位移。

对于垂直位移测量数据，剔除了那些含有观测粗差的观测数据，保留 90％以上的观测数据参与回归分析，回归直线同原始垂直位移监测曲线的最大偏差一般不大于±5mm，置信度为 0.05。如果一个观测点的 25 次监测中最大垂直位移量绝对值大于 1cm，位移的正或负具有系统性或经回归计算后首次和末次位移差较明显，该点就被判定发生了垂直位移。据此判定标准，观测点 G1、G2、G5、G6、G7、G10、G20、G22、G23、G24、G25、G28 共 12 个点发生了垂直位移，其余 16 个点视为未发生垂直位移。地面变形监测点地面位移监测成果见表 8-7。

场地东部构造夹泥带 d3 上盘的 21 个观测点，有 7 个发生了水平位移，其位移量和方向分别为①23.5～52.0mm（NE27°39′～85°09′），②22.2～56.0 mm（SE35°42′～51°34′）。8 个点发生了垂直位移，其位移量和方向分别为：①－10.8～－76.2mm（向 NE18°46′～85°09′下沉），②－25.0～－51.0mm（垂直下沉）。

地下变形监测孔情况一览表   表 8-8

位置	孔号	孔深（m）	监测仪器
西北部楔形地质结构体	DX-1	29.0	钻孔倾斜仪
	DX-2	35.9	
	DX-3	33.1	
	DX-7	29.9	
	DX-8	29.4	
东部山坡顶部靠近主厂房部位	H4	28.3	滑动测微仪
	H15	33.4	
	H16	37.6	
	H18	25.9	
东部山坡顶部近坡部位	D5	47.3	多点伸长计
	D17	30.4	
	D19	32.7	
东部山坡中部顺山坡倾向剖面上以及原有滑坡的南端和北端部位	DX-6	40.2	钻孔倾斜仪
	DX-9	43.2	
	DX-10	41.0	
	DX-11	34.8	
	DX-12	32.5	
	DX-13	45.0	
	DX-14	41.8	
	DX-20	30.5	

2. 大山村选矿厂场地地下变形监测

(1) 地下变形监测孔的布设及监测

在场地西北部楔形地质结构体和东部构造夹泥带 d3 上盘岩体中，布设了地下变形监测孔 20 个，分别安装和使用钻孔倾斜仪、滑动测微计和多点伸长计观测地下岩体变形。表 8-8 列出了各监测孔情况。

1) SX-20 型钻孔倾斜仪：SX-20 型钻孔倾斜仪的测量精度为 0.01mm，总系统误差约 ±1mm/10m，是一种高精度的岩体水平位移测量仪器。钻孔倾斜仪安装在场地西北部的楔形地质结构体上的 DX-1、DX-2、DX-3、DX-7、DX-8 观测孔内和东部山坡原有滑坡体上的 DX-6、DX-Ⅱ、DX-12、DX-13、DX-14、DX-20 观测孔内及山坡顶部的 DX-9、DX-10 观测孔内。

2) 滑动测微计监测：为了能观测到场地东部山坡顶部平台靠近主厂房部位构造夹泥带 d3 上盘岩体的微小变形，使用瑞士产的滑动测微计（Sliding Micrometer ISETH），共布孔 4 个（H4、H15、H16、H18）。根据所测相邻测环间距的变化，求得地下岩体的垂直变形量和发生变形的部位。滑动测微计的精度为 0.003mm，同时还可量测钻孔温度，测量精度 0.2℃，可按温度变化对所测长度数据进行修正。

3) 多点伸长计监测：在场地东部山坡顶部坡眉部位的 D5、D17、D19 观测孔内，安装了中国科学院武汉岩土力学研究所研制的杆式 6 点伸长计来观测地下岩体变形。根据所测到的 6 根连通管测头上的伸缩变化，可以求出地下岩体竖向变形的大小以及发生变形的部位。6 点杆式伸长计的测量精度为 0.01mm。

(2) 地下变形监测成果及其分析

经过两年的地下变形监测，监测频率平均为每月一次，各监测孔地下位移监测成果见监测点位移图及表 8-9。

地下变形监测孔位移监测成果表　　　　　　　　表 8-9

监测位置	监测仪器	监测孔号	水平位移			垂直位移		
			最大位移量累计值 (mm)	发生最大位移处深度 (m)	观测时间 (年.月.日)	最大位移量累计值 (mm)	发生最大位移处深度 (m)	观测时间 (年.月.日)
西北部楔形地质结构体部位	钻孔倾斜仪	DX-1	4.50	9.0	1990.12.25	0	0	0
		DX-2	16.01	12.0	1991.8.3	0	0	0
		DX-3	23.23	6.0	1992.6.15	0	0	0
		DX-7	13.00	9.0	1991.8.24	0	0	0
		DX-8	24.84	6.0	1991.10.20	0	0	0

续表

监测位置	监测仪器	监测孔号	水平位移			垂直位移		
			最大位移量累计值 (mm)	发生最大位移处深度 (m)	观测时间 (年.月.日)	最大位移量累计值 (mm)	发生最大位移处深度 (m)	观测时间 (年.月.日)
东部山坡顶部部位	滑动测微仪	H4	0	0	0	+1.00	4.0	1990.11.25
		H15	0	0	0	+1.50	5.0	1990.11.25
		H16	0	0	0	−2.70	2.5	1992.5.2
		H18	0	0	0	+1.55	2.5	1990.11.2
	多点伸长计	D17	0	0	0	−0.80	11.8	1992.4.1
		D19	0	0	0	−2.20	8.0	1992.6.12
	钻孔倾斜仪	DX-9	14.84	6.6	1991.10.21	0	0	0
		DX-10	8.50	1.0	1991.9.27	0	0	0
东部山坡原滑坡周界以内部位	多点伸长计	D-5	0	0		−10.2	28.0	1992.6.2
	钻孔倾斜仪	DX-6	7.55	8.0	1991.9.24	0	0	0
		DX-11	4.60	8.0	1991.8.23	0	0	0
		DX-12	11.00	1.0	1991.8.24	0	0	0
		DX-13	16.50	17.0	1991.5.8	0	0	0
		DX-14	19.50	25.0	1991.5.8	0	0	0
		DX-20	8.00	14.0	1991.12.23	0	0	0

从表 8-9 可以看出：①场地西北部楔形地质结构体部位，在深度 6.0～12.0m 处也就是构成楔形结构体底部的软弱结构面 F1 和 d1、d2 附近，观测到水平位移为 4.50～24.84mm。②在场地东部山坡的坡顶靠近主厂房部位，在深度为 2.5～5.0m 处，垂直位移量很小，主要为浅部上升岩体回弹上升。③场地东部山坡坡眉附近部位，观测孔 D5 在深 28.0m 处，即构造夹泥带 d3 附近，测到垂直位移 −10.2mm，位移较明显。④D17 和 D19，两观测孔位于原有滑坡后缘以西，在深度 8.0～11.8m 处，仅测到 −0.8mm 和 −2.2mm 的垂直位移，位移量很小。⑤在场地东部山坡原有的滑坡体上的 6 个钻孔倾斜仪观测孔中，有 5 个观测孔测到 7.55～19.50mm 的水平位移量，位移方向指向坡下，发生最大位移处的深度为 8.0～25.0mm，相当于构造夹泥带 d3 附近，位移比较明显。

8.6.5 大山村选矿厂场地位移监测成果与稳定性评价

1. 场地楔形地质结构体的稳定性评估

在两年的监测期间内，楔形地质结构体上有 6 个地面位移观测点发生了位移，水平位移量为 22.5～22.7mm，垂直位移量为 -13.4～-37.7mm，仅在公路北侧的 G24、G25 观测点位移方向为 NE 向，而其他观测点位移方向为 SW 与 NE 向，并不指向 NW 向的组合交线的坡下方向。埋设在楔形地质结构体中的 5 个钻孔倾斜仪观测孔也都测到地下岩体位移，水平位移量为 4.5～24.84mm，发生位移最大的深度为 6.0～12.0m。即地下岩体位移主要发生在楔形地质结构体底部软弱结构面 F1 和 d1、d2 附近。从岩体位移的历时变化来看，地面和地下岩体位移部分测点虽有随时间延长而增大的趋势，但大部分测点的位移时间曲线随着时间延长而趋平缓。

由观测成果可见楔形地质结构体虽有发生缓慢的位移，但位移量很小，这种缓慢位移仍会延续。发生在楔形地质结构体底部软弱结构面的蠕变是导致岩体位移的主要原因。砌置于楔形地质结构体上的精矿事故池旁的观测点 G26、G27、G28 其位移方向不指向 NW，而指向 SW188°49′～230°23′和 SE136°39′，精矿事故池（浓密池）恰在岩块 NW 和 SW 水平位移相反方向的交界处，导致精矿事故池的开裂，并不是楔形体向下滑动所造成的。

2. 场地东部山坡的稳定性评估

场地东部山坡的坡顶部位，在原有滑坡后缘边界以西，靠近选矿厂主厂房，布设在坡顶部位的两个地面位移观测点（G19、G21）都没有发生位移。埋设在东部山坡坡顶的 4 个滑动测微计观测孔，仅在浅部测到微小的垂直位移，位移量为 +1.55～-2.70mm，其中有 3 个观测孔测到的为上升位移，位移主要发生在深度 2.50～5.00m，这是山坡顶部挖方卸荷引起岩体回弹所造成的。埋设在山坡顶部的两个多点伸长计观测孔仅测到 -0.8mm 和 -2.2mm 的垂直位移，位移不明显。根据地面和地下位移监测资料判定：场地东部山坡坡顶部位构造夹泥带 d3 上盘（滑坡后缘边界以西）岩体没有发生沿软弱结构面 d3 的剪切位移，该部位现处于稳定状态。

场地东部山坡坡面，在原滑坡及周围坡面上布设的 21 个地面位移监测点中有 12 个监测点都发生了较明显的位移，水平位移方向指向坡下，位移量为 22.2～56.0mm，垂直位移均为下降，位移量为 -10.8～-76.2mm；埋设在山坡上部原滑坡体北端的多点伸长计观测孔 D5 测到垂直位移 -10.2mm，最大位移发生在深度 28.0m 处，即构造夹泥带 d3 附近；埋设在原滑坡周界内的 6 个钻孔倾斜仪观测孔，除观测孔 DX-11 外，其余 5 孔都观测到明显的水平位移，水平位移指向坡下，位移量为 7.55～19.5mm，发生位移的深度为 8.0～25.0m，即在构造夹泥带 d3 附近，但是其位移随着时间的延长，其位移速率在减少（表 8-10），说明位移已逐渐减慢。结合地面和地下位移监测的成果可以看出场地东部山坡原滑坡周界以内的岩体，仍在向坡下缓慢地位移，发生岩体变形的底界仍在构造夹泥带 d3 附近，构造夹泥带 d3 附近岩体的蠕变是东部山坡岩体位移的主要原因。

项目	位移速度（mm/月）			
	1990.5.18～1991.5.20		1990.5.18～1992.6.16	
点号	水平方向	垂直方向	水平方向	垂直方向
G1	0.69	1.69	0.08	1.08
G2	0.31	1.62	0.44	1.28
G5	2.08	2.31	1.36	1.92
G10	1.69	1.54	0.52	1.00
G15	3.23	0.46	1.08	0.52
G16	1.23	0.31	0.40	0.12
G20	2.54	3.46	2.12	2.08

东部滑坡主剖面方向观测点地表位移速度表　　　表 8-10

3. 场地稳定性评估

在查明大山村选矿厂场地的工程地质条件基础上，对场地西北部的楔形地质结构体和东部构造夹泥带 d3 上盘岩体作为主厂房地基的部分用大直径嵌岩灌桩桩进行加固处理，对场地东部山坡进行上部削方减载反压坡脚处理之后，再选用先进的精密仪器，建立立体的监测网络，对场地中稳定性较差的部位进行两年的长期岩体位移监测，获得地面和地下岩体变形的精确数据，分析监测成果，更深一步地认识了场地的稳定性问题。场地西北部楔形地质结构体虽仍有缓慢的岩体位移，但已渐趋减缓，而且位移并不指向 NW 坡下方向，因而整体向坡下滑动不大可能；场地东部山坡顶部现处于稳定状态，但山坡坡体上原滑坡周界范围内的岩体仍在缓慢地向山坡下位移。软弱结构面 F1、d1、d2 和 d3 的蠕变是引起场地西北楔形地质结构体和东部山坡缓慢位移的主要原因，这种软弱结构面蠕变在今后的发展将逐渐减缓，这对场地这两个部位的长期稳定是有利的。

思 考 题

1. 边坡工程监测的目的是什么？
2. 边坡工程监测的方法有哪些？各有何特点？
3. 边坡工程监测的内容有哪些？
4. 边坡工程监测设计的原则是什么？监测断面与测点布置主要内容有哪些？
5. 边坡工程监测实施工作内容有哪些？

参 考 文 献

[1] 夏才初，潘国荣等编著. 土木工程监测技术. 北京：中国建筑工业出版社，2001.

[2] 夏才初，李永盛编著. 地下工程测试理论与监测技术. 上海：同济大学出版社，1999.

[3] 二滩水电开发有限责任公司. 岩土工程安全监测手册. 北京：中国水利水电出版社，1999.

[4] 栾桂冬，张金锋，金欢阳编著. 传感器及其应用. 西安：西安电子科技大学出版社，2002.

[5] 地基处理手册编写委员会. 地基处理手册. 北京：中国建筑工业出版社，1993.

[6] 叶书麟，叶观宝编. 地基处理. 北京：中国建筑工业出版社，1999.

[7] 建筑地基处理技术规范 JGJ 79—2012. 北京：中国建筑工业出版社，2012.

[8] 建筑桩基技术规范 JGJ 94—2008. 北京：中国建筑工业出版社，2008.

[9] 建筑基桩检测技术规范 JGJ 106—2014. 北京：中国建筑工业出版社，2014.

[10] 建筑地基基础设计规范 GB 50007—2011. 北京：中国建筑工业出版社，2012.

[11] 罗骐先主编. 桩基工程检测手册. 北京：人民交通出版社，2003.

[12] 刘利民，舒翔，熊巨华编著. 桩基工程的理论进展与工程实践. 北京：中国建材工业出版社，2002.

[13] 桩基工程手册编写委员会. 桩基工程手册. 北京：中国建筑工业出版社，1995.

[14] 林宗元. 岩土工程试验监测手册. 沈阳：辽宁科学技术出版社，1994.

[15] 高俊强，严伟标. 工程监测技术及其应用. 北京：国防工业出版社，2005.

[16] 朱红五. 边（滑）坡的安全监测. 大坝观测与土工测试，1996，Vol. 20，No. 4，23-27.

[17] 赵明阶，何光春，王多垠编著. 边坡工程处治技术. 北京：人民交通出版社，2003.

[18] 龚晓南编著. 深基坑工程设计施工手册. 北京：中国建筑工业出版社，1998.

[19] 陈忠汉，黄书秩，程丽萍编著. 深基坑工程. 北京：机械工业出版社，2002.

[20] 李铁汉，骆培云. 边坡变形监测及其资料的分析与应用——以新滩滑坡为例. 中国地质灾害与防治学防，1996，7(supp.)：86－91.

[21] 郝长江. 长江三峡水利枢纽永久船闸高边坡安全监测设计综述. 大坝与安全，1995，31(1)：20-26.

[22] 夏元友，朱瑞赓，李新平等. 大型人工边坡施工期监测系统设计方法. 人民长江，1995，26(7)：16-20.

[23] 刘大安，刘英，罗华阳等. 地质工程自动监测硬件系统若干技术问题. 工程地质学报，1999，7(3)：224-230.

[24] 王德厚，付冰清. 滑坡监控与豆芽棚滑坡治理. 长江科学院院报，1998，15(2)：34-38.

[25] 刘兴权，张学庄，向南平等. 露天矿边坡稳定性监测系统的方案设计. 矿山测量，

1997，(2)：21-24.

[26]　叶青. 三峡永久船闸工程变形监测设计综述. 人民长江，2002，33(6)：33-35.

[27]　李迪. 岩石边(滑)坡安全监测实践. 大坝观测与土工测试，1995，19(6)：3-12.

[28]　邬晓岚，涂亚庆. 滑坡监测的一种新方法-TDR 技术探析. 岩石力学与工程学报，2002，21(5)：740-744.

[29]　上海市工程建设规范. 基坑工程技术规范 DG/T J08—2010. 上海：上海市建筑建材业市场管理总站，2010.

[30]　深圳市基坑支护技术规范 SJG 05—2011. 北京：中国建筑工业出版社，2011.

[31]　建筑基坑工程监测技术规范 GB 50497—2009. 北京：中国建筑工业出版社，2009.

[32]　建筑地基基础工程施工质量验收规范 GB 50202—2002. 北京：中国建筑工业出版社，2002.

[33]　高大钊主编. 祝龙根，刘利民，耿乃兴编著. 地基基础测试新技术. 北京：机械工业出版社，2002.

[34]　史珮栋主编. 桩基工程手册. 北京：人民交通出版社，2008.

[35]　刘兴禄，刘瑛编著. 桩基工程与动测技术 500 问. 北京：中国建筑工业出版社，2013.

[36]　龚维明，戴国亮. 桩承载力自平衡测试技术及工程应用. 北京：中国建筑工业出版社，2006.

高校土木工程专业指导委员会规划推荐教材（经典精品系列教材）

征订号	书　名	定　价	作　者	备　注
V28007	土木工程施工（第三版）	78.00	重庆大学、同济大学、哈尔滨工业大学	21 世纪课程教材、"十二五"国家规划教材、教育部 2009 年度普通高等教育精品教材
V28456	岩土工程测试与监测技术（第二版）	35.00	宰金珉	"十二五"国家规划教材
V25576	建筑结构抗震设计（第四版）（赠送课件）	34.00	李国强　等	"十二五"国家规划教材、土建学科"十二五"规划教材
V22301	土木工程制图（第四版）（含教学资源光盘）	58.00	卢传贤　等	21 世纪课程教材、"十二五"国家规划教材、土建学科"十二五"规划教材
V22302	土木工程制图习题集（第四版）	20.00	卢传贤　等	21 世纪课程教材、"十二五"国家规划教材、土建学科"十二五"规划教材
V27251	岩石力学（第三版）	32.00	张永兴　许明	"十二五"国家规划教材、土建学科"十二五"规划教材
V20960	钢结构基本原理（第二版）	39.00	沈祖炎　等	21 世纪课程教材、"十二五"国家规划教材、土建学科"十二五"规划教材
V16338	房屋钢结构设计	55.00	沈祖炎、陈以一、陈扬骥	"十二五"国家规划教材、土建学科"十二五"规划教材、教育部 2008 年度普通高等教育精品教材
V24535	路基工程（第二版）	38.00	刘建坤、曾巧玲等	"十二五"国家规划教材
V20313	建筑工程事故分析与处理（第三版）	44.00	江见鲸等	"十二五"国家规划教材、土建学科"十二五"规划教材、教育部 2007 年度普通高等教育精品教材
V13522	特种基础工程	19.00	谢新宇、俞建霖	"十二五"国家规划教材
V28723	工程结构荷载与可靠度设计原理（第四版）	34.00	李国强　等	面向 21 世纪课程教材、"十二五"国家规划教材
V28556	地下建筑结构（第三版）（赠送课件）	55.00	朱合华　等	"十二五"国家规划教材、土建学科"十二五"规划教材、教育部 2011 年度普通高等教育精品教材
V13494	房屋建筑学（第四版）（含光盘）	49.00	同济大学、西安建筑科技大学、东南大学、重庆大学	"十二五"国家规划教材、教育部 2007 年度普通高等教育精品教材
V28115	流体力学（第三版）	39.00	刘鹤年	21 世纪课程教材、"十二五"国家规划教材、土建学科"十二五"规划教材
V12972	桥梁施工（含光盘）	37.00	许克宾	"十二五"国家规划教材

征订号	书名	定价	作者	备注
V19477	工程结构抗震设计（第二版）	28.00	李爱群 等	"十二五"国家规划教材、土建学科"十二五"规划教材
V27912	建筑结构试验（第四版）（赠送课件）	30.00	易伟建、张望喜	"十二五"国家规划教材、土建学科"十二五"规划教材
V21003	地基处理	22.00	龚晓南	"十二五"国家规划教材
V20915	轨道工程	36.00	陈秀方	"十二五"国家规划教材
V28200	爆破工程（第二版）	36.00	东兆星 等	"十二五"国家规划教材
V28197	岩土工程勘察（第二版）	38.00	王奎华	"十二五"国家规划教材
V20764	钢-混凝土组合结构	33.00	聂建国 等	"十二五"国家规划教材
V19566	土力学（第三版）	36.00	东南大学、浙江大学、湖南大学苏州科技学院	21世纪课程教材、"十二五"国家规划教材、土建学科"十二五"规划教材
V24832	基础工程（第三版）（附课件）	48.00	华南理工大学	21世纪课程教材、"十二五"国家规划教材、土建学科"十二五"规划教材
V28155	混凝土结构（上册）——混凝土结构设计原理（第六版）（赠送课件）	42.00	东南大学 天津大学 同济大学	21世纪课程教材、"十二五"国家规划教材、土建学科"十二五"规划教材、教育部2009年度普通高等教育精品教材
V28156	混凝土结构（中册）——混凝土结构与砌体结构设计（第六版）（赠送课件）	58.00	东南大学 同济大学 天津大学	21世纪课程教材、"十二五"国家规划教材、土建学科"十二五"规划教材、教育部2009年度普通高等教育精品教材
V28157	混凝土结构（下册）——混凝土桥梁设计（第六版）	52.00	东南大学 同济大学 天津大学	21世纪课程教材、"十二五"国家规划教材、土建学科"十二五"规划教材、教育部2009年度普通高等教育精品教材
V11404	混凝土结构及砌体结构（上）	42.00	滕智明 等	"十二五"国家规划教材
V11439	混凝土结构及砌体结构（下）	39.00	罗福午 等	"十二五"国家规划教材
V25362	钢结构（上册）——钢结构基础（第三版）	52.00	陈绍蕃	"十二五"国家规划教材、土建学科"十二五"规划教材
V25363	钢结构（下册）——房屋建筑钢结构设计（第三版）	32.00	陈绍蕃	"十二五"国家规划教材、土建学科"十二五"规划教材
V22020	混凝土结构基本原理（第二版）	48.00	张誉 等	21世纪课程教材、"十二五"国家规划教材

征订号	书 名	定 价	作 者	备 注
V25093	混凝土及砌体结构（上册）（第二版）	45.00	哈尔滨工业大学、大连理工大学等	"十二五"国家规划教材
V26027	混凝土及砌体结构（下册）（第二版）	29.00	哈尔滨工业大学、大连理工大学等	"十二五"国家规划教材
V20495	土木工程材料（第二版）	38.00	湖南大学、天津大学、同济大学、东南大学	21世纪课程教材、"十二五"国家规划教材、土建学科"十二五"规划教材
V18285	土木工程概论	18.00	沈祖炎	"十二五"国家规划教材
V19590	土木工程概论（第二版）	42.00	丁大钧 等	21世纪课程教材、"十二五"国家规划教材、教育部2011年度普通高等教育精品教材
V20095	工程地质学（第二版）	33.00	石振明 等	21世纪课程教材、"十二五"国家规划教材、土建学科"十二五"规划教材
V20916	水文学	25.00	雒文生	21世纪课程教材、"十二五"国家规划教材
V22601	高层建筑结构设计（第二版）	45.00	钱稼茹	"十二五"国家规划教材、土建学科"十二五"规划教材
V19359	桥梁工程（第二版）	39.00	房贞政	"十二五"国家规划教材
V19338	砌体结构（第三版）	32.00	东南大学 同济大学 郑州大学 合编	21世纪课程教材、"十二五"国家规划教材、教育部2011年度普通高等教育精品教材